Word·Excel
行政与文秘办公

陈洁斌　王　波　张铁军　编著

兵器工业出版社

内 容 简 介

本书以"零起点，百分百突破"为原则，带领读者学习 Word 2010 文档的制作与编辑，以及 Excel 2010 表格的制作与数据处理，其中小实例与大案例交互并存，再以"三步学习法"的模式进行讲解，无论是新手还是经常使用 Word/Excel 的行家，都可以从本书中受益。

全书共分 3 篇共 25 章，基础知识部分介绍了 Word 文档的操作基础、文档内容编排与样式套用、文档页面与版式设计、Excel 表格的基本操作、表格数据的输入与编辑、处理与分析以及数据透视表和图表的使用等内容；行业案例部分介绍了公司员工奖惩制度文档的创建、会议安排流程图的设计、业务受理单的制作、行政四大常用表格的设计、员工应聘登记表和培训管理表等多个案例；技能提高部分介绍了文本的编辑与审阅技巧、表格与图片设置、数据透视表和图表使用技巧、行政人事及销售函数的使用等多个实用技能。

本书结构合理，图文并茂，既适合于各行业行政人员和文秘工作人员使用，也适合作为高职高专院校的学习教材，同时还可以作为 Office 软件短训班的培训教材或学习辅导书。

图书在版编目（CIP）数据

Word·Excel 行政与文秘办公 / 陈洁斌，王波，张铁军编著. —北京：兵器工业出版社，2012.6

ISBN 978-7-80248-751-2

Ⅰ. ①W… Ⅱ. ①陈… ②王…③张… Ⅲ. ①文字处理系统 ②表处理软件 Ⅳ. ①TP391.1

中国版本图书馆 CIP 数据核字（2012）第 111245 号

出版发行：兵器工业出版社		责任编辑：刘 立 焦昭君	
发行电话：010-68962596，68962591		封面设计：深度文化	
邮　　编：100089		责任校对：刘 伟	
社　　址：北京市海淀区车道沟 10 号		责任印制：王京华	
经　　销：各地新华书店		开　　本：889mm×1194mm 1/32	
印　　刷：北京博图彩色印刷有限公司		印　　张：16.5	
版　　次：2012 年 7 月第 1 版第 1 次印刷		字　　数：540 千字	
印　　数：1-4 000		定　　价：45.00 元	

前　言

　　我们学习电脑是想掌握一些实用技能，一方面是希望谋求一份好的工作，另一方面是辅助自己的办公所需。但无论学习电脑的目的是什么，都是为了提高自己的工作效率、操作能力、数据分析能力、数据表现能力，以及整体方案的综合把握能力。

　　本书从基础应用讲起，到行业应用的引导，再到实践技能，并且采用图解的方式，真正做到零起点，百分百突破。本书在编写过程中突出了如下特点。

夯实全面的基础

　　基础知识篇翔实地介绍了Word 2010和Excel 2010基础操作必不可少的知识，包括Word文档的操作基础、文档格式编辑与页面美化、文档内容编排与样式套用、文档页面与版式设计、Excel表格的基本操作、表格数据的输入与编辑、表格数据的处理与分析、图表设置与美化以及数据透视表（图）创建与应用分析设置。该篇内容量身为新手打造，从零开始、由浅入深，使初学者能够真正掌握并熟练应用。

实用的行业案例

　　行业案例篇主要是结合日常办公中常用的行业案例，分别有制作公司员工奖罚制度文档、制作公司会议安排流程图、制作公司客户业务受理单，以及公司行政四大常用表格设计、公司员工应聘登记与培训管理表、公司员工技能考核与岗位等级评定、公司员工档案管理表以及公司员工考勤与工资发放管理表的制作。这些精选的经典案例，以实用为宗旨，让读者真正做到学以致用。

精挑细选的技能

　　技能提高篇汇集了用户在使用Word 2010和Excel 2010时最常见的技能，分别有文本编辑与文字审阅技巧、制作图文并茂文档的技巧、页面设置和目录规划技巧、Excel基础设置技巧、Excel数据透视表与图表使用技巧，以及函数在行政工作、人事管理工作、销售行业中的应用技巧。这些技巧的学习可以提高用户的工作效率，而且在工作中遇到问题时也可以通过本书来找到正常的解决方法。

贴切的三步学习法

通过贴切的三个学习步骤的规划，可以让读者非常有目的性、分阶段地学习，真正做到从零开始，快速提升操作水平。

- "基础知识"篇：突出"基础"，强调"实用"，循序渐进地介绍最实用的行业应用，并以全图解的方式来讲解基础功能。
- "行业案例"篇：紧密结合行业应用实际问题，有针对性地讲解办公软件在行业应用中的相关大型案例制作，便于读者直接拿来应用或举一反三。
- "技能提高"篇：精挑常用而又实用的操作技能，以提升办公人员的工作效率。

本书从策划到出版，倾注了出版社编辑们的大量心血，特在此表示衷心的感谢！

本书由诺立文化策划，陈洁斌、王波和张铁军编写。除此之外，还要对陈媛、陶婷婷、汪洋慧、彭志霞、彭丽、管文蔚、马立涛、张万红、郭本兵、童飞、陈才喜、杨进晋、姜皓、曹正松、陈超、刘健忠、高建平、龙建祥、张发凌表示深深的谢意！

尽管作者对书中的案例精益求精，但可能仍存在疏漏之处。如果您发现书中讲解错误或某个案例有更好的解决方案，请发电子邮件至bhpbangzhu@163.com。我们将尽快回复，且在本书再次印刷时予以修正。

再次感谢您的支持！

编著者

CONTENTS 目录

第 *1* 篇　基础知识

第1章　Word文档的操作基础

第2章　文档格式编辑与页面美化

第3章　文档内容编排与样式套用

第4章　文档页面与版式设计

第5章 Excel表格的基本操作

第6章 表格数据的输入与编辑

第7章 表格数据的处理与分析

第8章 图表创建、设置与美化

第9章 数据透视表（图）创建与应用分析设置

第 2 篇　行业案例

第10章　制作公司员工奖惩制度文档

第11章　制作公司会议安排流程图

第12章 制作公司客户业务受理单

第13章 公司行政四大常用表格设计

第14章　公司员工应聘登记与培训管理表

第15章　公司员工技能考核与岗位等级评定

第 *3* 篇   技能提高

第18章　文本编辑与文字审阅技巧

第19章　制作图文并茂的文档

第20章 页面设置和目录规划技巧

第21章 Excel基础设置技巧

第22章　Excel数据透视表与图表使用技巧

第23章　函数在行政工作中的应用

第24章　函数在人事管理工作中的应用

第25章 函数在销售中的应用

第1篇 基础知识

第1章

Word文档的操作基础

1.1 新建空白文档

对文档的所有操作都是建立在有文档存在的基础上,所以新建文档是文档操作的第一步,如何完成文档的新建,能够新建哪些不同版式的文档,新建的方式有哪些呢?在本节中将具体介绍。

1.1.1 启动Word 2010主程序新建文档

当用户在打开Word 2010软件时,系统会自动新建并打开该新文档,而实现这一操作的方式有多种多样,下面将逐一具体介绍,用户在实际的操作中,可根据需要进行选择。

1. 通过"开始"菜单程序启动Word 2010新建空白文档

❶ 单击"开始"按钮,将鼠标指向"所有程序",打开子菜单,选择"Microsoft Office"命令,在打开的子菜单中选择"Microsoft Word 2010"命令,如图1-1所示。

❷ 系统自动打开"Microsoft Word 2010"程序,并新建默认名为"文档1"的文档,如图1-2所示。

图1-1

图1-2

2. 通过快捷菜单创建新的空白文档

❶ 用户可以在除了"我的电脑"窗口中的任一位置单击鼠标右键,在弹出的快捷菜单中选择"新建"命令,在右侧的子菜单中选择"Microsoft Word 文档"命令,如图1-3所示。

❷ 例如在桌面上按照步骤1的操作,新建一个名为"新建Microsoft Word文档"的图标,如图1-4所示,双击该图标,即可打开新建的文档。

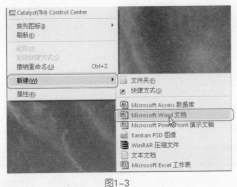

图1-3　　　　　　　　　　　　　图1-4

专家提示

　　用户还可以在桌面上新建"Microsoft Word 2010"的快捷方式，以快速新建文档，重复方法1的步骤，在选择"Microsoft Word 2010"选项后，单击鼠标右键，选择"发送到" | "桌面快捷方式"命令，可在桌面上创建Word 2010的快捷方式，双击即可启动程序，并新建一个空白文档。

1.1.2　在操作过程中新建文档

　　用户在使用Word 2010对文档进行编辑的过程中，同样可以新建文档，更好地满足实际需要，具体可以通过下面的步骤实现。

　❶ 在Word 2010主界面中，单击"文件"菜单，切换到Backstage视图，在左侧的标签栏下选择"新建"标签。

　❷ 在右侧的"可用模板"下默认选择"空白文档"选项，再单击右侧的"创建"按钮，如图1-5所示，即可重新打开新的Word窗口文档，完成文档的新建操作。

图1-5

专家提示

在打开的Word文档中，用户可同时按快捷键Ctrl+N，新建并打开新的空白文档，该方法使用更加方便和快捷，用户可在实际操作中灵活运用。

1.1.3 新建模板文档

在Word 2010中，系统提供了多种模板文档，用户可以根据文档的不同性质选择合适的模板，以提高工作效率。

1. 使用样本模板新建文档

1️⃣ 在Word 2010中，单击"文件"菜单，切换到Backstage视图，选择左侧的"新建"标签，在"可用模板"下的"主页"列表中选择"样本模板"选项，如图1-6所示。

图1-6

2️⃣ 打开"样本模板"列表，根据需要选择合适的模板，如选择"平衡报告"，再单击右侧的"创建"按钮，如图1-7所示。

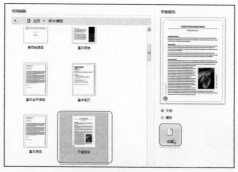

图1-7

3️⃣ 此时即可自动以选择的模板为基础创建新文档。

2. 利用Office.com中的模板新建文档

1️⃣ 单击"文件"菜单，切换到Backstage视图，选择"新建"标签，在"可用模板"下的"Office.com模板"列表中选择合适的模板类型，如选择"费用报表"选项，如图1-8所示。

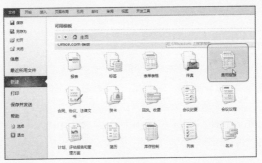

图1-8

2 系统将自动联网，搜索选择的模板下的所有内容，在显示列表中选择合适的模板样式，如选择"旅费报表"，单击右侧的"下载"按钮，如图1-9所示。

图1-9

3 弹出"正在下载模板"对话框，如图1-10所示。完成下载后，自动生成以该模板为基础的模板文档，效果如图1-11所示。

图1-10

图1-11

在"可用模板"的"主页"列表下，用户还可以选择"我的模板"选项，使用自主保存的文档模板，新建文档。

1.1.4 新建书法字帖

Word 2010和Word 2007版本都提供了新建书法字帖的功能，可以为喜爱书法的用户提供标准的字帖模板，方便用户对文档进行打印输出，以作练习之用，下面就具体介绍字帖的新建方法。

❶ 打开Word软件，单击"文件"菜单，切换到Backstage视图，选择"新建"标签，在"可用模板"下的"主页"列表中选择"书法字帖"选项，单击右侧的"创建"按钮，如图1-12所示。

图1-12

❷ 自动新建一个Word文档并打开，同时弹出"增减字符"对话框，在"字体"选项组下选择"书法字体"单选按钮，单击其下拉按钮，选择合适的字体，如选择"汉仪唐隶繁"。

❸ 在"字符"的"可用字符"列表框中选择要添加的字符，单击右侧的"添加"按钮，完成后单击"关闭"按钮，如图1-13所示。

❹ 返回新建的文档中，可看到新建的书法字帖文档，如图1-14所示。

图1-13

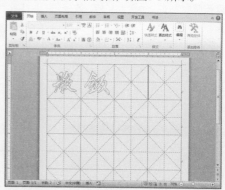

图1-14

第1章

专家提示

　　用户在完成字帖文档的新建后，可看到由于文档的特殊性，该类型的文档处于限制编辑状态，无法使用选项栏进行编辑，用户需要特别注意。

1.2　文档的打开、保存与关闭

　　新建文档后，用户就可以进入到Word软件中进行系统的学习了，学习是一个循序渐进的过程，所以首先要掌握Word文档的基础操作。

1.2.1　打开文档

　　Word文档的打开方法可以分为双击文档直接打开，和在Word软件的运行中继续打开其他的文档，下面将具体讲解。

1. 指定文档进行打开

　　❶ 在电脑中定位到需要打开文档的位置，例如"E:\工作资料"。

　　❷ 选择需要打开的文档，如图1-15所示的"人事管理制度样例"，双击该文件图标，即可启动Word 2010打开该文档。

　　❸ 用户在选择文档后，单击鼠标右键，在打开的快捷菜单中选择"打开"命令，如图1-16所示，也可以启动Word 2010并打开该文档。

图1-15　　　　　　　　　　　　　　　　　图1-16

2. 在Word 2010中打开文档

　　❶ 通过1.1.1小节介绍的方法打开Word 2010主程序，单击"文件"菜单，选择列表中的"打开"标签，如图1-17所示。

　　❷ 弹出"打开"对话框，在"查找范围"中定位文档所在的位置，选择要打开的文档，如"工作资料"下的"企业策划书"，单击"打开"按钮，如图1-18所示。

图1-17　　　　　　　　　　　　　　　　图1-18

3. 以副本方式打开文档

❶ 在Word 2010主界面中，单击"文件"菜单下的"打开"标签，弹出"打开"对话框，选择要打开的文档，如"企业文化建设"，单击"打开"下拉按钮，在下拉菜单中选择"以副本方式打开"命令，如图1-19所示。

❷ 自动打开该文档的副本文档，用户可在副本文档中进行阅读查看，如图1-20所示。

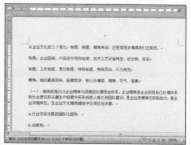

图1-19　　　　　　　　　　　　　　　　图1-20

❸ 在原文档的所在位置生成新的副本文档，如"副本(1)企业文化建设"文档，如图1-21所示。

图1-21

专家提示

　　用户选择需要打开的文档后，单击"打开"下拉按钮，在下拉菜单中选择"以只读方式打开"命令，使文档只能打开阅读，不能修改也不能储存，当单击"保存"按钮后，会弹出"另存为"对话框，保证了原文档不会因为误删而丢失资料。

1.2.2　保存文档

　　用户在完成文档的编辑后，需要对文档进行保存操作才能储存对文档的所有编辑结果，否则就会导致心血的白费，保存文档的方法有哪些？可以保存为何种类型？在本节中都将进行介绍。

1. "保存"或"另存为"文档为默认格式

　　❶ 完成文档的编辑后，单击"文件"菜单，选择"保存"标签，即可完成对原文档的直接保存操作，如图1-22所示。

　　❷ 或者在完成文档的编辑后，在"文件"菜单下选择"另存为"标签，如图1-23所示。

图1-22

图1-23

　　❸ 打开"另存为"对话框，选择合适的保存位置，在"文件名"文本框中可重新命名，再单击"保存"按钮，如图1-24所示。可重新新建一个保存文档，而原文档不会被修改。

图1-24

专家提示

　　在对文档进行编辑过程中，可以随时单击"快速访问工具栏"中的"保存"按钮🖫，或者按快捷键Ctrl+S来保存编辑的文件，以避免文件在编辑过程中因断电或者其他原因导致编辑的内容丢失。

2. 保存文档为特殊格式

使用上面的方法保存文档是最常规的保存方法，除此之外，还可以将文档保存为特殊类型，例如保存为Word 97-2003完全兼容的版本文档、PDF格式以及网页格式等。

3. 保存为Word 97-2003完全兼容的版本文档

1 完成文档的编辑后，单击"文件"菜单下的"另存为"标签，如图1-25所示，打开"另存为"对话框，如图1-26所示。

2 在该对话框中选择合适的保存位置，单击"保存类型"下拉按钮，选择"Word 97-2003文档"选项类型，再单击"保存"按钮，即可将文档保存为低版本Word软件同样可以打开的文档。

图1-25

图1-26

4. 保存文档为PDF格式

1 完成文档的编辑后，打开"另存为"对话框，选择合适的保存位置，单击"保存类型"下拉按钮，选择"PDF"选项，再单击"保存"按钮，勾选"发布后打开文件"复选框，如图1-27所示。

2 完成后保存为PDF格式的文档，并打开该PDF，如图1-28所示。

图1-27

图1-28

5. 保存文档为网页格式

①完成文档编辑后，打开"另存为"对话框，选择合适的保存位置，单击"保存类型"下拉按钮，选择"网页"选项，单击"页标题"右侧的"更改标题"按钮，如图1-29所示。

②打开"输入文字"对话框，在"页标题"文本框中输入标题名称，如"****公司企业规划"，单击"确定"按钮，如图1-30所示，返回至"另存为"对话框，再单击"保存"按钮。

图1-29

图1-30

③自动完成网页格式文档的保存，并打开该Word文档，以"Web版式视图"显示，用户返回至文档保存位置中，可看到新生成的Web网页格式的文档，如图1-31所示。

④双击该文档，则通过浏览器作为网页进行显示，如图1-32所示。

图1-31

图1-32

动手练一练

在"另存为"对话框的"保存类型"下拉列表中还有其他多种保存类型可以选择，用户可以按实际需要选择并按照相同的方法进行保存。

6. 在文档编辑过程中设置自动保存

在进行长文档的编辑过程中，用户可能会忘记随时通过手动方式进行文档保存，当遇到意外情况时，输入的内容就可能丢失，在Word 2010中，提供了自动保存的功能，可以有效地解决这一问题。

1 打开Word软件，选择"文件"菜单下的"选项"标签，如图1-33所示。

2 打开"Word选项"对话框，选择"保存"选项，在右侧的"保存文档"下勾选"保存自动恢复信息时间间隔"和"如果我没保存就关闭，请保留上次自动保留的版本"复选框，在"保存文档"选项组下可设置保存时间，如"3分钟"和保存位置，完成后单击"确定"按钮，如图1-34所示。

图1-33

图1-34

1.2.3 关闭文档

与打开文档相对应的是文档的关闭操作，关闭文档的方法比较简单，下面来具体介绍。

1 在完成文档的编辑和保存后，选择Word 2010主界面右上角的"关闭"按钮 ，可直接关闭该文档，如图1-35所示。

2 在任务栏中选择需要关闭的文档，单击鼠标右键，弹出快捷菜单，选择"关闭"命令，即可关闭选择的文档，如图1-36所示。

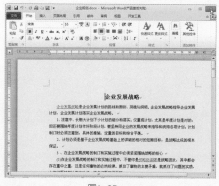

图1-35

图1-36

1.3 输入和选取文本

使用Word必须学会如何输入创建文档内容，才能够顺利地进行编辑，而在编辑过程中，只有在选择文本内容后才能对文本进行各项操作，选择文本的方式多种多样，可以分为鼠标选择和键盘辅助选择两大主要方式，下面详细介绍输入和选取文本的具体方法。

1.3.1 输入文本

1. 通过键盘输入

新建文档，然后选择合适的输入法，将光标定位在文档中，通过键盘输入合适的文档内容，这是最基本的输入文本方法，如输入如图1-37所示的文本内容。

图1-37

2. 从其他资料中进行复制输入

❶ 用户可在PPT、Excel、文本格式的文档，其他的Word文档以及网络等一切可以利用的资源中选择符合需要的文本，如图1-38所示的选择网络中的文本内容，按下快捷键Ctrl+C进行复制。

❷ 返回至编辑的Word文档，按下快捷键Ctrl+V进行粘贴操作，使所选内容导入到Word文档中，如图1-39所示，再进行编辑，完成文档的输入。

专家提示

粘贴后的文档默认情况下会保持原来的格式，用户可以在粘贴时，在"开始"选项卡的"粘贴"下拉菜单中选择合适的粘贴方式，进行自主调整。

图1-38

图1-39

1.3.2 使用鼠标选择文本

在Word文档中，对于简单的文本选取一般用户都是使用鼠标来完成，如：连续单行/多行选取、全部文本选取等。

1. 连续单行/多行文本的选取

打开文档，在需要选中文本的开始处单击鼠标左键，滑动鼠标选择单行/多行文本，松开鼠标即可完成选取，如图1-40所示。

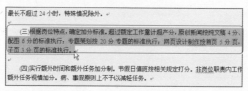

图1-40

2. 段落全选

在文档的左边页边距中，双击鼠标左键可实现对该段落的全选，如图1-41所示，或者在需要选择的段落上连续单击鼠标左键3次，也可实现段落全选。

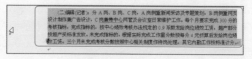

图1-41

3. 选择全部文本

❶ 单击"开始"选项卡，在"编辑"选项组中单击"选择"按钮，在弹出

的下拉菜单中，选择"全选"命令，如图1-42所示。

图1-42

② 此时可快速完成对文档的全部选择操作，如图1-43所示。

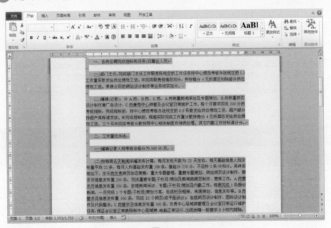

图1-43

1.3.3　键盘辅助选择文本

在实际的文档选择过程中，往往选取的是多处或不连续的区域块，用户可以使用鼠标并配合Ctrl、Shift和Alt以及方向键来实现特殊选择，达到简化操作的目的。

1. 不连续区域的文本选取

打开文档，滑动鼠标选择需要的内容，当再次选择时，按住键盘上的Ctrl

键，继续在需要选中文本的开始处按住鼠标左键拖动选取，即可完成对不连续文档的选择操作，如图1-44所示。

（二）按每周五天新闻采编发布计算，每月发布天数为 23 天左右，每天基础信息人均发布量平均 22 条，每月人均基础发布量 500 条，基础分 250 分，不足按 2 条/分扣分。具体安排如下：主任岗负责网页动态更新，重大专题管理，重要专题策划、网站网页设计制作，要求月信息发布量 200 条，完成重要专题（子栏目）策划及新闻网页制作、更新工作。A 岗要求月信息发布量 500 条，安排新闻采访、专题（子栏目）策划及内勤工作，每周完成 1 条原创新闻，一月完成 1 个专题（子栏目）策划方案，包括栏目框架、来源策划、信息发布等。B 岗要求月信息发布量 500 条，完成 15 个网页（或平面设计），包括网页设计制作、图标设计制作及代码整合。C 岗求月信息发布量 500 条，负责中心局域网管理及会议室日常运行维护任务，保证会议室正常使用和中心局域网、电脑正常运行，出现故障一般要求 8 小时内排除，最长不超过 24 小时，特殊情况除外。

图1-44

2. 整句选取

在文档中，快速选择句子只针对以句号、感叹号、问号结束的整句。将光标定位在该句子的任意位置，按住Ctrl键，单击鼠标左键，完成整句话的选择，如图1-45所示。

（二）编辑（记者）：分 A 岗、B 岗、C 岗，A 岗侧重新闻采访及专题策划，B 岗侧重网页设计制作兼广告设计，C 岗兼带中心网管及会议室日常维护工作。每个月要求完成 300 分的考核指标，完成指标，完成中心绩效考核办法规定的 0.9 系数发给岗位绩效工资，超产部分按超产奖标准发放。未完成指标的，根据实际完成工作量分数按每分 4 元折算后发给岗位绩效工资。三个月未完成考核分数按照中心相关制度作待岗处理。其它内勤工作按标准计分。

图1-45

3. 区域块选取——Shift+方向键

❶ 将光标置于段落间，按快捷键Shift+↑，选择从该字符到上一行同列字符之间的所有文字，重复操作可连续选择多行内容，如图1-46所示。

（三）根据岗位特点，确定加分标准。超过额定工作量计超产分，原创新闻按纯文稿 4 分、配图 6 分的标准执行，专题策划按 20 分/专题的标准执行，网页设计制作按首页 5 分/页，子页 3 分/页的标准执行。

图1-46

❷ 按快捷键Shift+←，选择光标所在位置左边的第一个字符，每执行一次命令，就多选择左边的一个字符，如图1-47所示。

（六）超产奖发放办法：原则上按每分 4 元计算，具体情况适度降低总额。

图1-47

举一反三

　　同理，当按快捷键Shift+↓时，选择从该字符到下一行同列字符之间的所有文字；按快捷键Shift+→时，选择光标所在位置右边的第一个字符，用户可自己尝试选择。

4. 区域块选取——快捷键Shift+Ctrl+Alt+PageDown

　　将光标置于要选取文本的开始处，按下快捷键Shift+Ctrl+Alt+PageDown，可实现光标所在位置之后的当前窗口内容的选择，选择内容的多少取决于窗口的大小，如图1-48所示，选择结束后，按Esc键退出选择状态。

（三）根据岗位特点，确定分分标准。超过额定工作量计超产дом，原创新闻按纯文稿4分。配置6分的标准执行；专题策划按20分。专题的标准执行；网页设计制作按首页5分/页，子页3分/页的标准执行。

（四）实行额外时间和额外任务加分制。节假日值班按相关规定打分。非岗位职责内工作额外任务视情加分。病、事假原则上不予以减轻任务。

（五）公司承接的项目，如网络广告、子网站策划、设计计记者月度工作量，项目提成收入归中心财务统一安排，具体项目参与人按加分标准计酬。

图1-48

第 3 章

5. 区域块选取——Alt键

　　先按住Alt键再按住鼠标左键，滑动鼠标绘制区域块，选择需要的区域，完成后松开鼠标和Alt键，完成区域块的选择，如图1-49所示。

（一）部门主任：完成部门主任工作职责所规定的工作任务按中心绩效考核办法工作量系数发给岗位绩效工资。未完成职责视情况扣分，并按每分4元折算后扣绩效工资。承接公司的网站设计制作等业务按实加分。

图1-49

专家提示

　　区域块选取还可以将光标置于要选取文本开始处，按快捷键Ctrl+Shift+F8，再按键盘上的方向键进行扩展选择区域块，如"→"键即向右扩展选择区域，按"↑"方向键即向上扩展选择区域，完成选择后按Esc键可退出选择状态。

第 2 章

文档格式编辑与页面美化

2.1 文本字体格式设置

对文字的处理是Word软件的优势也是基础，通过对文本的设置，可以使文本的显示效果增强，更具有阅读性，在实际的办公操作中，文字的编辑设置尤为重要，更是文秘们的必修课。

2.1.1 通过选项组中的"字体"和"字号"列表来设置

在Word 2010中，可以直接使用"字体"选项组中的"字体"和"字号"列表来设置文字的样式和大小，方便快捷，下面具体介绍其使用方法。

1. 设置文本字体

❶ 选中需要设置字体的文本内容，如"企业文化是什么"，单击"开始"选项卡，在"字体"选项组中单击"字体"下拉按钮，选择合适的字体样式，如选择"华文新魏"并单击，即可对所选字体进行效果应用，如图2-1所示。

❷ 重复操作，设置其他文本的字体格式，效果如图2-2所示。

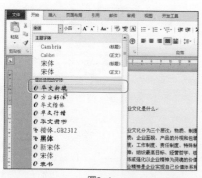

图2-1

图2-2

2. 设置文本字号

❶ 选中需要设置字号的文本内容，如"企业文化是什么"的标题，单击"开始"选项卡，在"字体"选项组中单击"字号"下拉按钮，选择合适的字号，如选择"一号"并单击，即可对所选文字调整大小，如图2-3所示。

❷ 配合Shift和Ctrl键，选中多个需要设置的文本，继续进行字号的调整，效果如图2-4所示。

图2-3

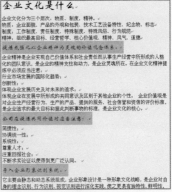

图2-4

专家提示

　　在选中文本进行字体或字号调整时，效果会自动进行应用显示，方便用户更好的选择，本例中也应用了该方式展示应用效果。

　　在"字号"列表框中提供了"小初~八号"，"5~72"号的字体大小供选择，用户也可以直接在列表框中输入"1~1638"之间的数字自主设置字体大小。

3. 通过"增大字体"和"缩小字体"按钮快速调整字体的大小

　① 选取要放大字体的文本，单击"字体"选项组中的"增大字体"按钮 A˙，即可将所选的字体放大一号，如原本为"小四"大小的文本调整为"四号"大小，如图2-5所示。

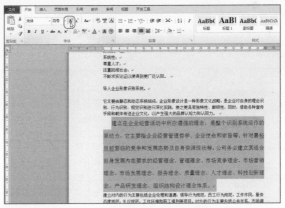

图2-5

　② 选取要缩小字体的内容，单击"字体"选项组中的"缩小字体"按钮 A˙，

可将原本为"小四"大小的文本缩小为"11号"大小，如图2-6所示。

图2-6

专家提示

"增大字体"还可以通过按快捷键Ctrl+>实现，而"缩小字体"的操作可以按快捷键Ctrl+<实现，用户在使用的过程中可以灵活运用。

2.1.2 通过"字体"对话框设置文字的字体和字号

用户除了在"字体"选项组中设置字体和字号外，还可以进入"字体"对话框中，来一次性完成字体和字号的调整，具体操作如下。

❶ 在Word 2010主界面中，选择要调整的文本内容，如标题文字"企业文化是什么"，单击"开始"选项卡下"文字"选项组中的 按钮，如图2-7所示。

❷ 打开"字体"对话框，自动切换到"字体"选项卡，分别单击"中文字体"和"字号"下拉按钮进行设置，如设置所选的文本内容为"微软雅黑，小初"，如图2-8所示。

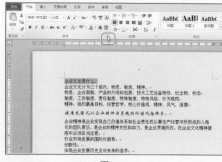

图2-7

图2-8

③ 设置完成后，在"预览"显示栏中，可以查看设置后的效果，以便用户更好地调整修改，最后单击"确定"按钮，文本的设置效果如图2-9所示。

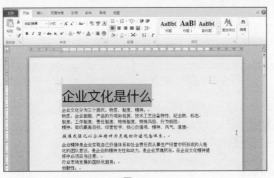

图2-9

2.1.3 设置文字字形与颜色

文本在编辑的过程中，有时会为文本内容设置字形与颜色，来达到实际的工作要求，下面就来介绍如何进行文字字形与颜色的设置。

1. 通过功能按钮进行设置

在"字体"选项组中，提供了不同样式的字形和颜色按钮，用户可以直接通过按钮来实现设置操作。

（1）设置字形

① 选择需要设置字形的文本内容，单击"字体"选项组中提供的字形按钮，如"加粗" **B**，可将所选择的文本内容设置为加粗效果，如图2-10所示。

② 选择需要设置字形的文本内容，单击"字体"选项组中提供的字形按钮，如"倾斜" *I*，可将所选择的文本内容设置为倾斜效果，如图2-11所示。

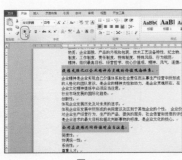

图2-10

图2-11

（2）设置文字颜色

❶ 选择文本内容，单击"字体"选项组中的字体颜色下拉按钮 **A**，在默认情况下，文字颜色为黑色，在下拉菜单中选择合适的颜色，如"标准色"下的"蓝色"，如图2-12所示。

❷ 单击该颜色，即可完成为文本设置颜色的操作，效果如图2-13所示。

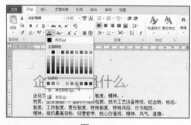

图2-12

图2-13

专家提示

在设置字形的过程中，可选择文本内容进行字形效果的叠加设置，如果需取消某种字形效果，再次单击该效果即可。

2.通过"字体"对话框设置文字字形和颜色

除了功能按钮外，在"字体"对话框中，也可以进行字形和颜色的设置，具体操作参照接下来的步骤。

❶ 选择需要设置字形的文本内容，单击"字体"选项组中的 按钮，如图2-14所示。

❷ 打开"字体"对话框，切换到"字体"选项卡下，单击"字体颜色"下拉按钮，选择合适的字体颜色，在"字形"列表框中选择合适的字形，如选择"加粗"，完成后，单击"确定"按钮，如图2-15所示。

图2-14

图2-15

❸ 返回至文档中，查看设置后的文本内容，如图2-16所示。

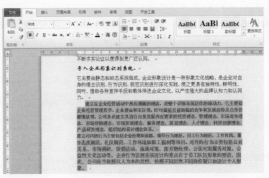

图2-16

专家提示

在"字体"对话框中可一次性对字形和字体颜色进行设置，但是却不可以一次性对字形进行叠加效果的设置，用户需重复操作才能实现最终效果。

2.1.4 为文本添加下划线

在文档中，为了突出显示部分文字，可以为文字添加下划线效果，下划线的类型也较多，包括单下划线、双下划线、加粗下划线、下划虚线等，如何为文本添加下划线呢？下面具体介绍。

1. 通过功能按钮进行设置

① 打开文档，选择需要添加下划线的文本内容，单击"开始"选项卡，在"字体"选项组中单击"下划线"按钮 **u**，可快速为文本添加默认的下划线。本例中，单击"下划线"按钮右侧的下拉按钮 **u ·**，打开下拉列表。

② 选择合适的下划线样式，如选择"双下划线"，单击"下划线颜色"选项，打开右侧的颜色框，选择颜色，如单击"橙色"颜色，如图2-17所示。

③ 完成设置后，选择的文本实现添加下划线的操作，效果如图2-18所示。

图2-17

图2-18

2. 通过字体对话框设置

① 选择要添加下划线的文本内容，单击"字体"选项组中的■按钮，如图2-19所示。

② 打开"字体"对话框，切换到"字体"选项卡下，单击"下划线线型"下拉按钮，拉动滚动条，选择线型样式，再单击"下划线颜色"下拉按钮，选择下划线颜色，如"蓝色"，完成后，单击"确定"按钮，如图2-19所示。

③ 返回至文档中，可看到添加下划线后的文本内容，如图2-20所示。

图2-19

图2-20

专家提示

在Word文档的编辑过程中，会自动为文本添加不同颜色和样式的下划线，这些下划线都有不同的含义，当自动检查拼写和语法时，Word用红色波形下划线表示可能的拼写错误，用绿色波形下划线表示可能的语法错误；用蓝色波形下划线标明不一致格式的可能实例。默认情况下，超链接显示为带蓝色下划线的文本，而使用过的超链接显示为紫色。

2.1.5 为文字添加底纹效果

在Word文档中，不仅可以通过添加下划线进行文本的突出显示，也可以为文字添加底纹效果来实现强调的目的。

① 选择文本内容，单击"以不同颜色突出显示文本"下拉按钮 ，打开下拉选项，选择合适的颜色，如选择"鲜绿"色单击，即可为文字完成底纹效果的添加，如图2-21所示。

② 用户也可以直接单击"以不同颜色突出显示文本"按钮 ，此时鼠标光标变成 形状。

③ 在需要添加底纹效果的文本上按住鼠标左键进行拖动，即添加当前所显示颜色的底纹效果，如图2-22所示。完成后，按Esc键或者单击下拉按钮，选择"停止突出显示"选项，退出编辑状态。

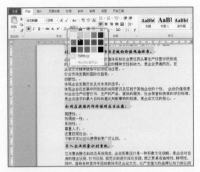

图2-21

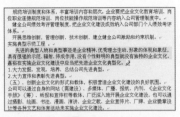

图2-22

专家提示

如果用户需要取消底纹填充，可以在选择文本后单击"以不同颜色突出显示文本"下拉按钮，然后选择"无颜色"选项。

2.1.6 为文字添加删除线

在文档的编辑修改过程中，需要综合多人的修改意见，可以先在需要删除的文本上添加删除线进行标记操作。删除线分为单删除线和双删除线，添加方式也有所不同，下面来具体介绍。

1. 添加单删除线

选择文本内容，单击"删除线"按钮 abc，即可为选择的文本内容添加默认的黑色单删除线，效果如图2-23所示。

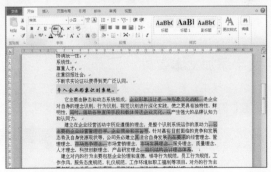

图2-23

2. 添加双删除线

❶ 按住Ctrl键，选择待删除的文本内容，单击"字体"选项组中的 ☑ 按

钮，如图2-24所示。

② 打开"字体"对话框，在"字体"选项卡的"效果"选项组下勾选"双删除线"复选框，在"预览"栏下可预览添加的效果，单击"确定"按钮，如图2-25所示。

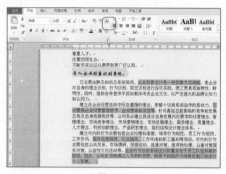
图2-24

图2-25

③ 返回至文本中，可查看添加双删除线后的效果，如图2-26所示。

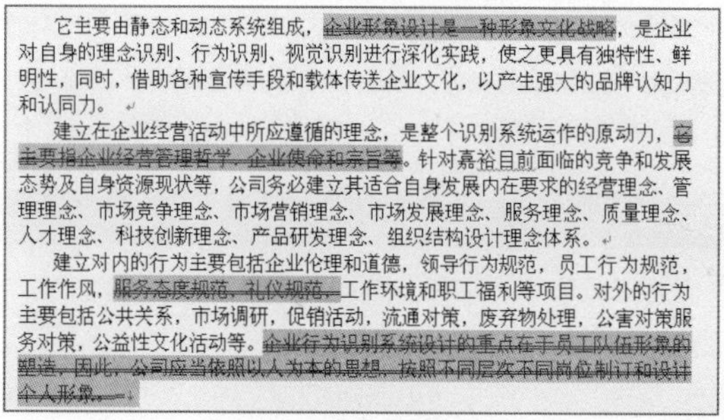

它主要由静态和动态系统组成，~~企业形象设计是一种形象文化战略~~，是企业对自身的理念识别、行为识别、视觉识别进行深化实践，使之更具有独特性、鲜明性，同时，借助各种宣传手段和载体传送企业文化，以产生强大的品牌认知力和认同力。
建立在企业经营活动中所应遵循的理念，是整个识别系统运作的原动力，~~需要据企业经营管理哲学、企业使命和宗旨等~~。针对嘉裕目前面临的竞争和发展态势及自身资源现状，公司务必建立其适合自身发展内在要求的经营理念、管理理念、市场竞争理念、市场营销理念、市场发展理念、服务理念、质量理念、人才理念、科技创新理念、产品研发理念、组织结构设计理念体系。
建立对内的行为主要包括企业伦理和道德，领导行为规范，员工行为规范，工作作风，~~服务态度规范、礼仪规范~~，工作环境和职工福利等项目。对外的行为主要包括公共关系，市场调研，促销活动，流通对策，废弃物处理，公害对策服务对策，公益性文化活动等。~~企业行为识别系统设计的重点在于员工队伍形象的塑造。因此，公司应当根据以人为本的思想，按照不同层次不同岗位制订和设计个人形象~~。

图2-26

2.1.7 为文字添加文本效果

在编辑文本的过程中，可以为文字添加不同的文本效果，达到美化的效果，文本效果有较多的样式，用户可根据需要自主选择。

1. 添加默认的文本效果

① 选择添加文本效果的文档内容，单击"开始"选项卡，在"字体"选项组中单击"文本效果"按钮 A ，打开下拉选项，选择系统提供的合适样式，如图2-27所示。

② 即为选择的内容添加文本效果，达到美化和突出显示的作用，如图2-28所示。

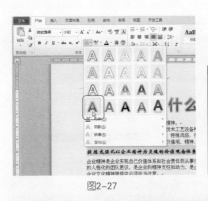

图2-27

图2-28

2. 自主设置文本效果

❶ 选择文字内容，单击"开始"选项卡，在"字体"选项组中单击"文本效果"按钮 A·，打开下拉选项。

❷ 选择"轮廓"、"映像"、"阴影"、"发光"等选项进行自主的文本效果设置，如单击"发光"选项，在右侧的子菜单中选择"水绿色，11Pt发光，强调文字颜色5"，如图2-29所示。

❸ 完成文本添加发光效果的操作，效果如图2-30所示。

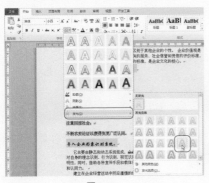

图2-29

图2-30

> **专家提示**
>
> 在自定义文本效果的过程中，可以分别单击不同文本样式后的选项，进行文本效果的调整操作，如"发光"选项下的"发光选项"是所选文本内容达到最满意的效果样式。

2.1.8　设置文字字符间距

在"字体"对话框中，还可以在"高级"选项卡下设置文字的字符间距，合理调整文字间的间隔，具体的操作参照如下步骤。

1 选择要调整字符间距的文本内容，如选择"企业文化是什么"，单击"字体"选项组中的■按钮，打开"字体"对话框，图2-31所示。

2 切换到"高级"选项卡，在"字符间距"选项组中单击"间距"右侧的下拉按钮，打开下拉列表，选择"标准"、"加宽"或"紧缩"选项，如选择"加宽"，如图2-32所示。

图2-31

图2-32

3 在右侧的"磅值"文本框中输入合适的磅数，如"5磅"，再单击"确定"按钮，如图2-33所示。

4 返回至文档中，可查看设置后的文字字符间距效果，如图2-34所示。

图2-33

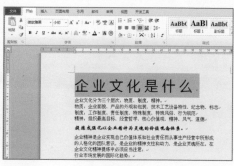

图2-34

2.2　段落格式设置

在完成对文档中文字的设置后，就可以通过段落选项组对文本段落进行整体修饰，包括对齐方式、段落缩进、行间距和段落间距等，在本例中将详细进行介绍。

2.2.1　设置对齐方式

在实际的排版过程中，文本的对齐方式需要根据内容进行多样化的设置，下面就介绍对齐方式设置的具体操作步骤。

❶ 选择需要调整对齐方式的文本内容，在"段落"选项组中可查看默认的对齐方式为"左对齐"，单击合适的对齐方式，如"居中对齐"，如图2-35所示。

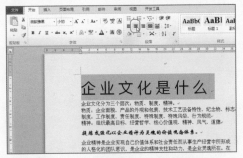

图2-35

❷ 所选择的文本完成居中对齐的调整，如图2-36所示。

图2-36

❸ 如果要进行分散对齐文本内容，除了可以在"段落"选项组中单击"分散对齐"按钮，还可以单击"段落"选项组右下角的按钮，如图2-37所示。

❹ 打开"段落"对话框，单击"常规"选项组中的"对齐方式"下拉按钮，在下拉列表中选择"分散对齐"选项，单击"确定"按钮，如图2-38所示。

❺ 返回至文档中，查看设置后的文本内容，如图2-39所示。

动手练一练

除了本例中介绍的三种对齐方式外，Word文档还提供了"文本右对齐"，"两端对齐"的对齐方式，用户可自己进行练习；对齐方式的设置不仅可以作用于文字，还可作用于图片、剪贴画、图形等不同的对象。

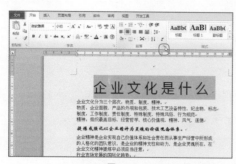

图2-37

图2-38

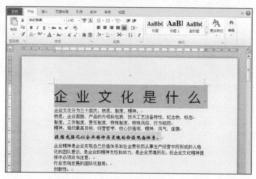

图2-39

2.2.2 设置段落缩进

缩进是指调整文本与页面边界之间的距离，有多种方法设置段落的缩进方式，但设置前一定要选中段落或将插入点放到要进行缩进的段落内，下面具体介绍设置方法。

1. 设置首行缩进

在默认的Word文档编辑中，文档内容均为顶行输入，并不符合文档格式的基本要求，而通过首行缩进的操作，可以实现段落前空两个字符，具体方法如下。

（1）通过标尺栏设置首行缩进

❶ 打开Word文档，将光标定位在要进行缩进的段落内，选中标尺上的"首行缩进"按钮▽，按住鼠标左键向右进行拖动，如图2-40所示。

❷ 当鼠标拖动到标尺刻度2时，松开鼠标左键，即可实现段落的首行缩进，如图2-41所示。

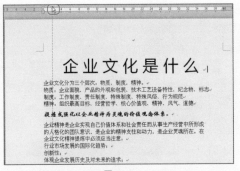

图2-40

图2-41

（2）通过"段落"对话框设置首行缩进

❶ 将光标定位在要进行缩进的段落内，如"它主要由静态和动态系统组成"的段落内，单击"段落"选项组中的按钮，如图2-42所示。

❷ 打开"段落"对话框，切换到"缩进和间距"选项卡，单击"缩进"选项组中的"首行缩进"下拉按钮，选择"首行缩进"选项，在"磅值"文本框中，自动输入磅值为"2字符"，单击"确定"按钮，如图2-43所示。

图2-42

图2-43

③ 光标所在的文档自动进行首行缩进两字字符，重复操作可对其他的文本段落进行首行缩进设置，最终效果如图2-44所示。

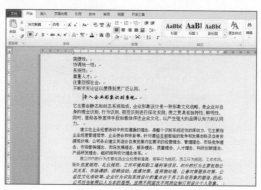

图2-44

举一反三

在文档中还可以设置悬挂缩进，操作方法与设置首行缩进方法类似，也可以在标尺栏中拖动"悬挂缩进"按钮进行调整，或者在"段落"对话框中选择"特殊格式"下的"悬挂缩进"选项，用户可以自行尝试。

2. 设置左右缩进

除了首行缩进和悬挂缩进的特殊格式设置，还可以对Word文档设置左缩进和右缩进，自定义缩进的距离，实现文本需要，具体操作参考接下来的需要。

（1）通过拖动标尺栏设置段落的左、右缩进

① 将光标定位到要设置左、右缩进的段落中，接着选中标尺上的"左缩进"按钮，按住鼠标左键向右拖动至合适的标尺刻度，松开鼠标，如图2-45所示。即可实现左缩进设置。

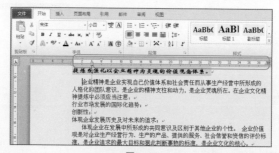

图2-45

② 在标尺中选择"右缩进"按钮，按住鼠标左键向左进行拖动至合适的距

离，如图2-46所示，松开鼠标。

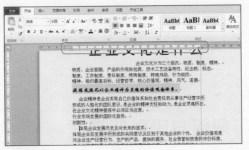

图2-46

③ 通过设置段落的左、右缩进距离，可以实现如图2-47所示的最终效果。

图2-47

（2）通过"段落"对话框设置左、右缩进

① 将光标定位到要设置左、右缩进的段落中，单击"开始"选项卡下"段落"选项组中的 按钮，如图2-48所示。

② 打开"段落"对话框，在"缩进"选项组下的"左侧"和"右侧"文本框中输入合适的缩进值，如"2字符"，单击"确定"按钮，如图2-49所示。

图2-48

图2-49

③ 完成缩进设置后，设置效果如图2-50所示。

图2-50

2.3　行间距与段间距设置

在文档中调整行间距与段间距，可以使文档的阅览效果更好。根据特定的排版需求，应该学会调整行与行之间的距离、段与段之间的距离，使用文档排版更美观。

2.3.1　设置行间距

行间距即每行之间的距离，设置行间距的方式有两种，下面就进行具体介绍。

1. 通过功能区中的"行距"按钮设置

❶ 打开Word文档，选择需要调整行间距的文本内容，在"开始"选项卡下的"段落"选项组中单击"行和段落间距"按钮，打开下拉菜单，选择合适的行间距值，如选择"2.0"，如图2-51所示。

❷ 设置后，所选择的文本内容完成行间距的调整，如图2-52所示。

图2-51

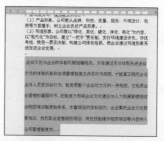

图2-52

2. 通过"段落"对话框设置

❶ 将光标定位在要调整行间距的段落或者选择调整的文本内容，在"段落"选项组中单击"行和段落间距"按钮，打开下拉菜单，选择"行距选项"命令，如图2-53所示。

② 打开"段落"对话框，在"缩进和间距"选项卡下，单击"行距"下拉按钮，选择合适的行距选项，如选择"2倍行距"，单击"确定"按钮，如图2-54所示。

图2-53 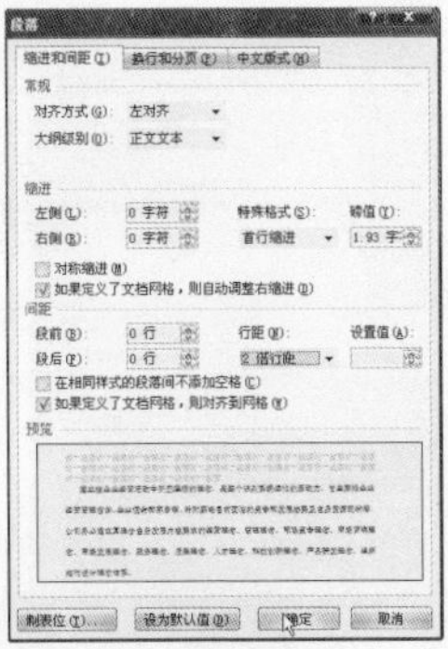　　　　　　　　　　　　　　　图2-54

③ 返回至文档中，选择的文本内容完成行间距的调整，如图2-55所示。

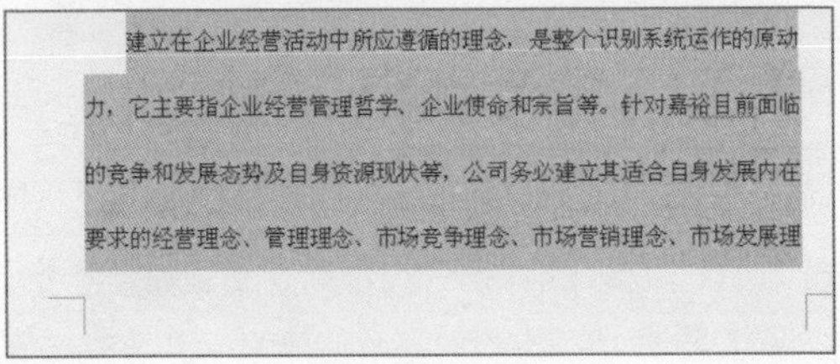

图2-55

动手练一练

若要打开"段落"对话框，还可以在"段落"选项组中单击 按钮，或在选择文本内容后单击鼠标右键，在弹出的快捷菜单中选择"段落"命令，用户可自行选择合适的打开方式。

2.3.2　设置段落间距

在文档的编辑过程中，段与段之间的距离称之为段落间距，段落间距调整方法有三种，下面分别进行介绍。

1. 通过功能区进行设置

① 将光标定位在要调整段落间距的段落中，在"开始"选项卡下的"段落"选项组中单击"行和段落间距"按钮 ，打开下拉菜单，选择"增加段前间距"或"增加段后间距"命令，图2-56中选择了"增加段前间距"命令。

② 光标所在段落自动完成段落间距调整，如图2-57所示。

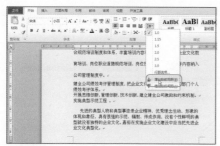

图2-56　　　　　　　　　　　　　　　　　图2-57

如果需要取消设置的段落间距，可以在"行和段落间距"下拉菜单中选择"删除段前间距"或"删除段后间距"命令，进行删除操作。功能区中只能设置对段前或段后设置一行间距。

2. 通过"段落"对话框进行设置

❶ 将光标定位在要调整段落间距的段落中，在"开始"选项卡下的"段落"选项组中单击▣按钮，如图2-58所示。

❷ 打开"段落"对话框，切换到"缩进和间距"选项卡，在"间距"选项组的"段前"和"段后"文本框中输入合适的间距值，如分别输入段前和段后间距为"2行"，如图2-59所示。在"预览"显示框中，可查看设置后的效果，用户不满意可进行继续调整。

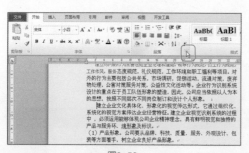

图2-58

图2-59

❸ 单击"确定"按钮，关闭"段落"对话框，返回至文档中，完成设置段落间距的操作，效果如图2-60所示。

图2-60

3. 在"页面布局"中进行设置

　　将光标定位在要调整段落间距的段落中，单击"页面布局"选项卡，在"段落"选项组中的"间距"栏下的"段前"和"段后"文本框中输入合适的间距，如"段前"为"2行"，"段后"为"3行"，完成间距调整，如图2-61所示。

图2-61

2.4　页面效果美化

　　在Word中，系统默认的页面文档是无任何颜色的空白文档，但是在实际操作过程中，不同的文档可能会设置不同页面背景，包括颜色调整、图片、水印效果等，下面就不同的情况详细介绍。

2.4.1　设置背景颜色

　　默认的页面文档底色是无色的，用户也可以根据自己的喜好自由设定页面的颜色，具体操作如下。

　　❶ 打开要设置背景颜色的文档，在"页面布局"选项卡下的"页面背景"选项组中单击"页面颜色"按钮，在下拉菜单的"主题颜色"中，单击想设定的页面单色，如选择"橙色"，如图2-62所示。

　　❷ 单击颜色后，完成页面颜色的设置，如图2-63所示。

第1章

第2章

第3章

第4章

第5章

图2-62

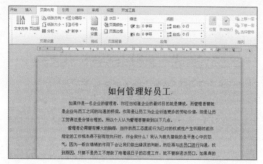

图2-63

2.4.2　设置背景填充效果

背景的设置除了颜色的简单调整外，还可以设置纹理或者图片的填充效果。

1. 设置背景的纹理填充

❶ 打开要设置背景纹理填充的文档，在"页面布局"选项卡下的"页面背景"选项组中单击"页面颜色"按钮，在下拉菜单中选择"填充效果"命令，如图2-64所示。

图2-64

② 打开"填充效果"对话框，在"纹理"选项卡下的"纹理"选项框中选择合适的纹理样式，如选择"蓝色面巾纸"，单击"确定"按钮，如图2-65所示。

③ 返回至文档中，可查看设置纹理填充后的文档内容，如图2-66所示。

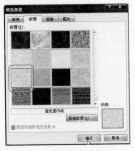

图2-65

图2-66

2. 设置背景的图片填充

① 打开文档内容，在"页面布局"选项卡下的"页面背景"选项组中单击"页面颜色"按钮，在下拉菜单中选择"填充效果"命令，如图2-67所示。

② 打开"填充效果"对话框，在"图片"选项卡下单击"选择图片"按钮，如图2-68所示。

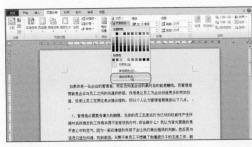

图2-67

图2-68

③ 打开"选择图片"对话框，查找适合作为背景的图片，选择图片，单击"插入"按钮，如图2-69所示。

④ 返回至"填充效果"对话框中，可查看当前选择图片的效果，单击"确定"按钮，如图2-70所示。

图2-69

⑤ 返回至文本中，查看填充图片为背景后的文本效果，如图2-71所示。

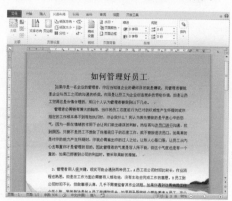

图2-70　　　　　　　　　　　　　　　　　　　图2-71

 动手练一练

　　除了纹理和图片可以作为修饰背景的元素，在"填充背景"对话框中，还可以应用"渐变"和"图案"效果，用户可自己练习进行尝试。

2.4.3　设置水印效果

　　文档中的文字水印指的是在文档的背景中加入部分文字，起到标记识别作用，传递某种信息，设置方法如下。

① 单击"页面布局"选项卡下"页面背景"选项组中的"水印"按钮，打开"水印"下拉菜单，选择"自定义水印"命令，如图2-72所示。

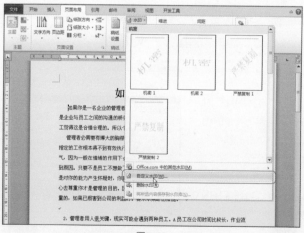

图2-72

②弹出"水印"对话框，选择"文字水印"单选按钮，打开"语言"下拉列表，选择要设定的语言；打开"文字"下拉列表，可在系统提供的水印文字中选择，也可根据需要自行输入文字。

③分别打开"字体"、"字号"、"颜色"下拉列表，进行水印文字的设置，如设置语言为"中文"，文字为"诺立科技"，字体为"华文新魏"，字号为"自动"，颜色为"深蓝"，半透明，版式为"斜式"，单击"应用"按钮，如图2-73所示。

④最终完成水印效果的设置，如图2-74所示。

图2-73　　　　　　　　　　　　　　图2-74

动手练一练

水印的设置也可以根据模板进行快速设置，单击"页面布局"选项卡下"页面背景"选项组中的"水印"按钮，打开"水印"下拉菜单，拖动滚动条，选择需要设定的水印形式单击，即可完成快速的效果设定。

读书笔记

第 *3* 章

文档内容编排与样式套用

3.1 "首字下沉"的使用

在Word文档中为段落设置首字下沉，不仅可以突出显示首字文字，吸引读者眼球，提高阅读兴趣，还可以美化文档的编排效果。

首字下沉的设置不仅可以直接套用模板，也可以自定义下沉效果，下面将进行介绍。

3.1.1 利用功能键实现默认的"首字下沉"

将光标定位在需要设置"首字下沉"的段落中，单击"插入"选项卡，在"文本"选项组中单击"首字下沉"按钮，在打开的下拉菜单中选择"下沉"命令，即可完成默认的首字下沉3行的设置，如图3-1所示。

图3-1

专家提示

在"首字下沉"下拉菜单中提供了另一种样式，即"悬挂"效果，用户可以根据需要来选择设置。

3.1.2 自定义"首字下沉"

❶ 在打开的Word文档中，将光标定位到要设置首字下沉的段落中，单击"插入"选项卡，在"文本"选项组中单击"首字下沉"按钮，在打开的下拉菜单中选择"首字下沉选项"命令，如图3-2所示。

❷ 打开"首字下沉"对话框，在对话框中的"位置"中选择下沉位置，如"下沉"。在"选项"下的"字体"下拉列表中可设置合适的字体，为"微软雅黑"；在"下沉行数"文本框中设置为"3行"；在"距正文"文本框中设置间距为"0.6厘米"，设置后单击"确定"按钮，如图3-3所示。

③ 返回至文档中，可查看设置后的文档效果，如图3-4所示。

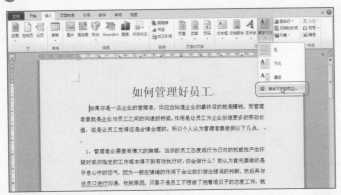

图3-2

图3-3

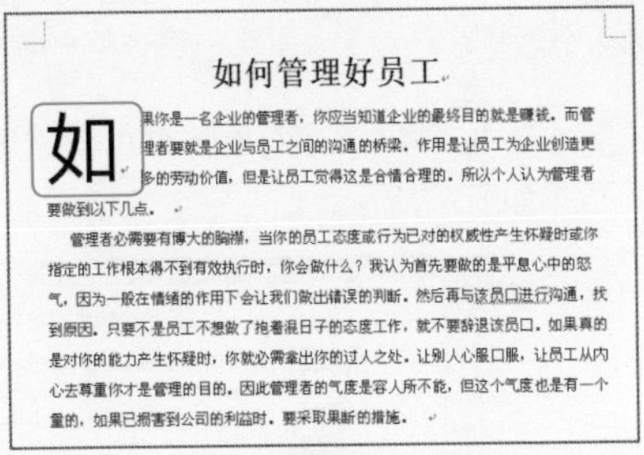

图3-4

3.2 设置文字方向

在Word 2010中文本可以根据需要调整不同的方向，系统提供了垂直、将所有文字旋转90°、270°等多种方向可供选择，通过灵活运用，可以改变文档编排效果。

3.2.1 设置文本方向为垂直方向

在默认情况下，文本方向为水平，但部分特殊文本或根据实际排版风格的需要，需将文本设置为垂直方向，具体实现操作如下。

① 在打开的Word文档中，将光标定位到文档的任意位置。

② 在"页面布局"选项卡下的"页面设置"选项组中单击"文字方向"按钮，展开下拉菜单，选择"垂直"命令，如图3-5所示。

③ 此时即可实现对文本内容垂直显示的目的，效果如图3-6所示。

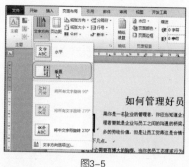

图3-5

图3-6

专家提示

对文本进行文字方向设置时，在"文字方向"下拉菜单中，"将所有文字旋转90°"和"将所有文字旋转270°"在选择普通文本时不可用，这是因为这两个选项只针对于文本框、图形等中的文字设置。

④ 如选中"将中文字符旋转270°"选项，即可以旋转270°方向显示方向编排，效果如图3-7所示。

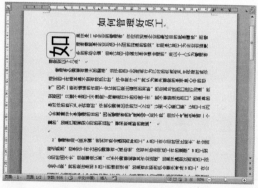

图3-7

3.2.2 设置文本框中的文字方向为旋转90°方向

在对文本框中的文字进行方向修改时，除了3.2.1节中提到的方法外，还可以选择其他有针对性的选项设置，下面具体介绍。

❶ 打开Word文档，选中插入的文本框或者本例设置的首字下沉文本框，在"页面布局"选项卡下的"页面设置"选项组中单击"文字方向"按钮，展开"文字方向"下拉菜单，选择"将所有文字旋转90°"命令，如图3-8所示。

❷ 将选中的文本框中的文字方向旋转90°，效果如图3-9所示。

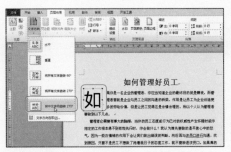

图3-8

图3-9

3.3 文本框的使用

在文档编排过程中，使用文本框输入文本可以使文章的排版风格多变，设计感突出，也能突显出文档的重点内容。在Word 2010中，插入文本框的方法简单，同时也提供了多种样式进行美化，在本例中都将详细讲解。

3.3.1 插入文本框

在Word 2010中系统提供了很多种不同类型的文本框样式，当用户需要使用文本框时，可以根据自身的需要直接套用文本框，也可以手工绘制文本框。

1. 直接套用内置文本框样式

① 在打开的Word文档中，将光标定位到文档所要插入文本框的位置。

② 在"插入"选项卡下的"文本"选项组中单击"文本框"按钮，展开的下拉菜单中提供了多种文本框样式，用户可以根据需要选中一种插入文本框样式，如"瓷砖型引述"，如图3-10所示。

图3-10

③ 可在文档中插入文本框，在文本框中是自动插入的提示文字，并自动激

活"文本框工具"的"格式"选项卡，效果如图3-11所示。

④ 在文本框中可以直接输入用户需要输入的文本内容，文本内容输入完成后，还可选中文本框灵活调整其大小、文字颜色以及位置等，如图3-12是已经调整后的文本框效果。

图3-11   图3-12

专家提示

系统提供的文本框如果仍不能满足需要，可以在"文本框"下拉菜单下选择"Office.com上的其他文本框"命令，在联网的条件下进行更多更新的文本框样式选择。

2. 手动绘制文本框

① 在打开的Word文档中，将光标定位到文档所要插入文本框的位置。

② 在"插入"选项卡下的"文本"选项组中单击"文本框"按钮，在展开的下拉菜单中选中"绘制文本框"命令，如图3-13所示，即可激活鼠标的绘制操作。

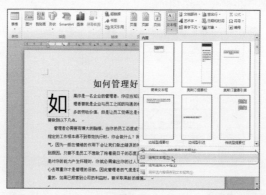

图3-13

❸ 在文档要插入的文本框位置，按住鼠标左键向右下角开始拖动绘制文本框，最后松开鼠标左键即可在文档中绘制出文本框，如图3-14所示。

❹ 绘制完文本框后，单击"文本框工具"的"格式"选项卡，在"排列"选项组中单击"自动换行"按钮，选择一种文本的环绕方式，如"四周型环绕"，即可使文本框与内容四周环绕，效果如图3-15所示。

图3-14

❺ 最后在文本框中输入文本内容，调整文本框的大小和位置等，实现最合理的布局，效果如图3-16所示。

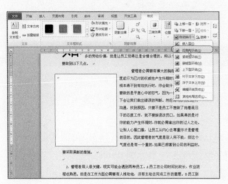

图3-15　　　　　　　　　　　　图3-16

3.3.2　文本框美化设置

当在文档中插入文本框后，用户可以对文本框进行美化设置，如套用"文本框样式"、设置文本框阴影效果等。

1. 套用"文本框样式"

❶ 在打开的Word 文档中，选中插入或绘制的文本框，即可激活"文本框工具"的"格式"选项卡。

❷ 在"文本框样式"选项组中单击"文本框样式"按钮，展开下拉菜单，用户可以选择一种样式应用到文本框中，如这里选中"复合型轮廓，强调颜色3"，如图3-17所示。

❸ 文本框样式自动完成应用，效果如图3-18所示。

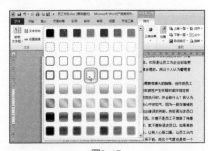

图3-17

图3-18

　　除了直接套用文本框样式来美化文本框外，还可以在"文本框样式"选项组中通过"形状填充"、"形状轮廓"和"更改形状"等功能按钮，来进行更加细致的文本框效果调整，使得文本框更加符合文本的整体显示风格，为文档加分。

2. 设置文本框阴影效果

　　❶ 在打开的Word文档中，选中插入或绘制的文本框，激活"文本框工具"的"格式"选项卡，在"阴影效果"选项组中单击"阴影效果"按钮，展开相应的下拉菜单。

　　❷ 可以看到Word提供了一些默认阴影效果，在选择过程中可即选即看，这里选中"阴影样式14"，即可应用于文本框，效果如图3-19所示。

　　❸ 在对文本框设置了阴影效果后，还可以使用"阴影效果"选项组中的"略向上移"、"略向下移"、"略向左移"和"略向右移"来调整阴影的位置。

　　❹ 每单击一次调整按钮，即往指定方向移动一定距离，可重复叠加进行移动，直至达到最满意的效果，图3-20所示为调整后的阴影效果。

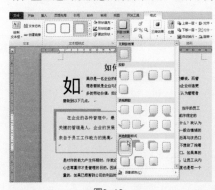

图3-19

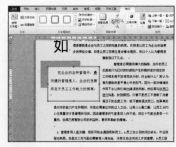

图3-20

3. 设置文本框排列

如果用户要设置文本框排列，可以通过"位置"功能和"文字环绕"功能来实现，具体实现操作如下。

（1）设置文本框位置

❶ 在打开的Word 文档中，选中文本框（如图3-21所示），激活"文本框工具"的"格式"选项卡，在"排列"选项组中单击"位置"按钮，展开下拉菜单，如图3-21所示。

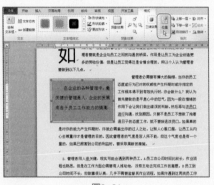

图3-21

❷ 在该下拉菜单中可以看到Word 2010提供的9种环绕位置，在选择过程中也同样是即选即看。如图3-22所示为选中"中间居右，四周型文字环绕"的效果，图3-23所示为选中"低端居左，四周型文字环绕"的效果。

图3-22

图3-23

动手练一练

其他的文本框环绕位置方式在本例中就不再介绍，用户可自主动手尝试不同的位置环绕方式，以选择最适合的一种进行应用。

（2）设置文本框环绕方式

1 在打开的Word 文档中，选中需要设置的文本框，如选择"诺立"的文本框，激活"文本框工具"的"格式"选项卡，在"排列"选项组中单击"文字环绕"按钮，展开下拉菜单。

2 可以看到Word 2010提供的9种文字环绕方式，如选择"紧密型环绕"命令，即可将文档中的文本框应用为该效果，如图3-24所示。

3 重复操作，选择"科技"的文本框，在下来菜单中选择"衬于文字下方"命令，即可将文档中的文本框应用为该效果，如图3-25所示。

图3-24　　　　　　　　　　　　　　图3-25

专家提示

在"排列"选项组中，"位置"和"自动换行"都可以改变文本框的位置，也都默认提供了9种方式，但是"位置"是在整个页面中对文本框进行调整，"自动换行"为针对所有文本框周围文字的环绕方式，用户需要进行区分。

（3）设置多个文本框的层次

1 在文档中有两个文本框（如图3-26所示），这里需要将文字是"诺立"的文本框设置于文字是"科技"的文本框之上。在Word 2010中有两种设置方式可以实现，一种是将文字是"诺立"的文本框置于顶层；另二种是将文字是"科技"的文本框置于底层。

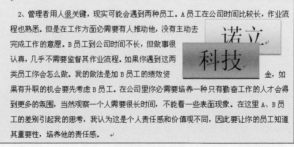

图3-26

❷ 选中文字是"诺立"的文本框，激活"文本框工具"的"格式"选项卡，在"排列"选项组中单击"下移一层"按钮，在展开的下拉菜单中选择"置于顶层"，或选择"上移一层"，如图3-27所示。

❸ 如果选中文字是"科技"的文本框，在"排列"选项组中单击"下移一层"按钮，在展开的下拉菜单中选择"置于底层"或"下移一层"命令，如图3-28所示为选择"下移一层"命令。

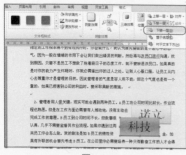

图3-27

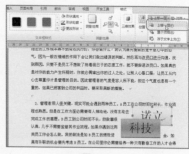

图3-28

❹ 使用以上两种方法，都可以将文字是"诺立"的文本框置于文字是"科技"的文本框之上，效果如图3-29所示。

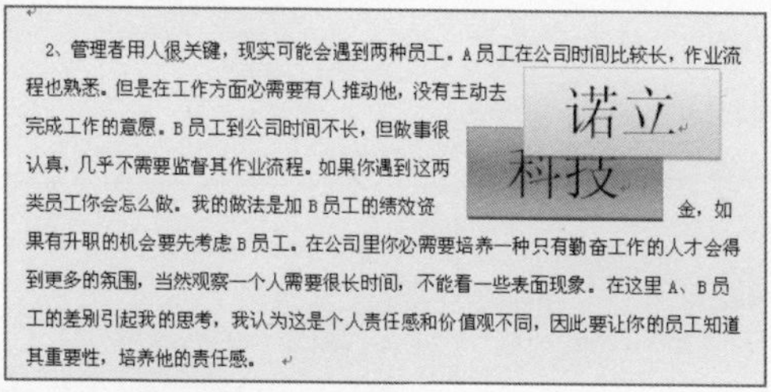

2、管理者用人很关键，现实可能会遇到两种员工。A员工在公司时间比较长，作业流程也熟悉。但是在工作方面必需要有人推动也，没有主动去完成工作的意愿。B员工到公司时间不长，但做事很认真，几乎不需要监督其作业流程。如果你遇到这两类员工你会怎么做。我的做法是加B员工的绩效资如果有升职的机会要优先考虑B员工。在公司里你必需要培养一种只有勤奋工作的人才会得到更多的氛围，当然观察一个人需要些时间，不能看一些表面现象。在这里A、B员工的差别引起我的思考，我认为这是个人责任感和价值观不同，因此要让你的员工知道其重要性，培养他的责任感。

图3-29

3.4 艺术字的使用

"艺术字"被运用到文档中不仅可以为文本添加特殊效果，也可以达到突显文本内容的作用，从而美化整篇文档，在Word 2010中同样内置了多种艺术字样式供用户选择。

3.4.1 插入艺术字

如果用户需要在文档中插入艺术字，可以使用"艺术字"功能来实现，具体实现操作如下：

① 在打开的Word文档中，将光标定位到文档所要插入文本框的位置。

② 在"插入"选项卡下的"文本"选项组中单击"艺术字"按钮，展开艺术字样式菜单，可看到Word 2010所提供的多种艺术字样式，用户可以根据需要选中一种艺术字样式，如"艺术字样式16"，如图3-30所示。

图3-30

③ 打开"编辑艺术字文字"对话框，在"文本"文本框中输入文字，如"诺立科技"，接着在"字体"和"字号"下拉列表中分别设置输入文本的字体和字号，如图3-31所示。

④ 设置完成后，单击"确定"按钮，即可在文档中插入"诺立科技"的艺术字，效果如图3-32所示。

图3-31

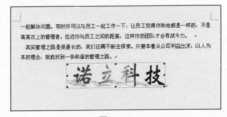

图3-32

3.4.2 艺术字的设置

当用户在文档中插入艺术字后，可对艺术字样式进一步进行设置，艺术字的环绕方式等也可重新进行调整，用户可在"艺术字工具"下的"格式"选项卡下来实现。

1. 重新调整艺术字样式

① 在打开的Word文档中，选中插入的艺术字，激活"艺术字工具"的

"格式"选项卡，在"艺术字样式"选项组中，用户直接单击"其他" 按钮，展开艺术字样式菜单，如图3-33所示。

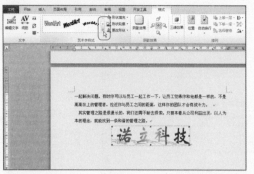

图3-33

② 在艺术字样式菜单中，用户可以重新选择一种艺术字样式。在选择艺术字样式时，会自动应用于艺术字中，实现即选即看的效果，如这里选中"艺术字样式20"，即可将艺术字更改为如图3-34所示的效果。

图3-34

专家提示

　　除了直接套用艺术字样式来更改艺术字外，还可以在"艺术字样式"选项组中通过"形状填充"、"形状轮廓"和"更改形状"来自行设置艺术字的效果。

2. 设置艺术字环绕方式

① 在打开的Word文档中，选中艺术字，激活"艺术字工具"的"格式"选项卡，在"排列"选项组中单击"文字环绕"按钮，展开下拉菜单，如图3-35

所示。

2 在其中可以看到Word 2010提供的9种文字环绕方式，如选中"紧密型环绕"命令，即可将文档中的艺术字设置为紧密型环绕方式，效果如图3-36所示。

图3-35

图3-36

至于艺术字其他的文字间距设置、阴影效果设置、三维效果设置等，这里不再逐一介绍，用户在"艺术字工具"→"格式"选项卡中的对应选项组中通过对应设置即可实现。

3.5 设置项目符号与编号

在文档中应用项目符号与编号是为了使文档的层次更加清晰，特别是在长文档编辑中，就更能体现出项目符号与编号的重要性。

3.5.1 应用项目符号与编号

在文档中有的地方需要使用项目符号与编号，可以直接应用Word 2010提供的默认项目符号与编号，具体操作如下。

1. 应用项目符号

1 在打开的Word文档中，将光标定位到要设置项目符号的位置或者选择多个需要同时添加相同项目符号的文本内容。

2 在"开始"选项卡中的"段落"选项组下，单击"项目符号"按钮，展开项目符号样式菜单，用户可以根据需要选择设置的项目符号样式，如图3-37所示。

3 设置项目符号后的效果如图3-38所示。

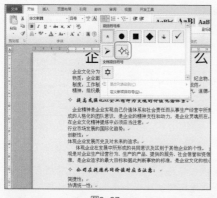

图3-37

图3-38

2. 应用编号

① 在打开的Word文档中，将光标定位到要设置编号的位置，或者选择多个需要同时添加相同项目符号的文本内容。

② 在"开始"选项卡下的"段落"选项组中，单击"编号"按钮三·，展开编号样式菜单卡，用户可以根据需要选择对应的编号，选中后直接将选中的编号应用到光标所在的小节标题前，如图3-39所示。

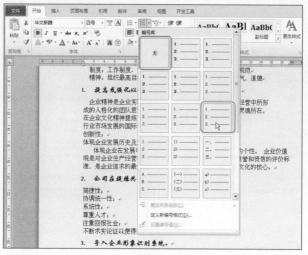

图3-39

③ 利用相同的方法，可为本文档中其他位置的内容设置编号，如果需要继续之前设置的编号，单击编号前的"项目更正"按钮步·，在打开的下拉菜单中选择"继续编号"命令（如图3-40所示），设置后的效果如图3-41所示。

图3-40

图3-41

专家提示

除了使用"段落"选项组中的"项目符号"和"编号"来设置项目符号和编号外，还可以单击鼠标右键，在弹出的快捷菜单中选中"项目符号"和"编号"命令来实现。

3.5.2 自定义项目符号与编号

有时候用户感觉Word提供的项目符号与编号并不符合文档所需，这时候用户可以自定义项目符号与编号，具体实现操作如下。

1. 自定义项目符号

用户可根据需要自定义项目符号的样式，可以设置符号或者图片作为项目符号，具体操作如下。

（1）自定义项目符号为符号样式

1 在打开的Word文档中，将光标定位到要设置项目符号的位置或者选择多个需要添加项目符号的文本内容，在"开始"选项卡下的"段落"选项组中单击"项目符号"按钮，在展开的下拉菜单中选中"定义新项目符号"命令，如图3-42所示。

2 打开"定义新项目符号"对话框，单击"符号"按钮，打开"符号"对话框，如图3-43所示。

图3-42

3 在该对话框中用户可以重新选择项目符号图案，选择后单击"确定"按钮（如图3-44所示），返回到"定义新项目符号"对话框中，在"预览"框中可以看到效果，再单击"确定"按钮，如图3-45所示。

④ 返回至文档中，可查看最终的效果，如图3-46所示。

图3-43

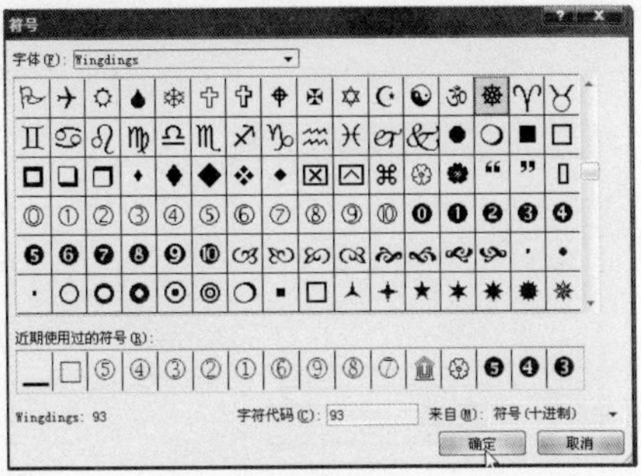

图3-44

图3-45

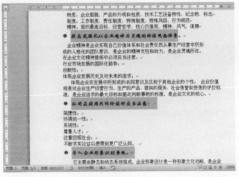

图3-46

（2）自定义项目符号为图片样式

① 按照之前介绍的方法，打开"定义新项目符号"对话框，选择"图片"按钮，如图3-47所示。

② 打开"图片项目符号"对话框，在图片列表显示框中拖动滚动条，选择合适的图片，单击"确定"按钮，如图3-48所示。

图3-47

图3-48

③ 返回至"定义新项目符号"对话框中，在"预览"框中可查看显示效果，单击"确定"按钮（如图3-49所示），返回至文档中，可查看设置图片样式后的显示效果如图3-50所示。

图3-49

图3-50

2. 自定义编号与设置编号起始值

如果要自定义编号与设置编号起始值，可以使用如下操作来实现。

（1）自定义编号

① 在打开的Word文档中，将光标定位到要设置编号的位置或选择多个需要同时进行项目编号的文本内容，在"开始"选项卡下的"段落"选项组中，单击"编号"按钮 ☰，在展开的下拉菜单中选中"定义新编号格式"命令，如图3-51所示。

② 打开"定义新编号格式"对话框，在"编号格式"选项组中，用户可以选择编号样式，设置完编号样式后，单击"字体"按钮，开始进行编号样式的字体调整，如图3-52所示。

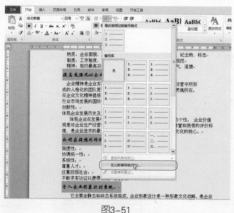

图3-51

图3-52

③ 打开"字体"对话框，在"字体"选项卡中设置字体为"方正康体简体"，"字形"为"加粗"，"字号"为"小四"，"字体颜色"为"红色"，在"下划线线型"下设置编号下划线效果，单击"确定"按钮，如图3-53所示。

④ 返回到"定义新编号格式"对话框中，在"预览"框中可以看到设置后的编号效果，单击"确定"按钮，如图3-54所示。

图3-53

图3-54

⑤ 设置完成后，可在文本中查看最终的显示效果，如图3-55所示。

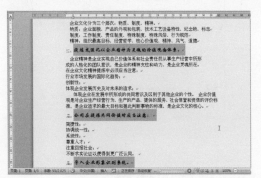

图3-55

专家提示

如果文档中需要设置多级编号，可以单击"编号"☰按钮，在展开的下拉菜单中选中"更改列表级别"命令，展开编号级别列表。用户可以根据当前编号所在级别，选中对应的级别选项即可。

（2）设置编号起始值

① 打开Word文档，将光标定位到"二、公司在提炼共同价值时应当注意"的文本中，单击鼠标右键，在弹出的快捷菜单中选择"设置编号值"命令，如图3-56所示。

② 弹出"起始编号"对话框，选择"开始新列表"单选按钮，在"值设置为"文本框中设置开始值为"六"，单击"确定"按钮，如图3-57所示。

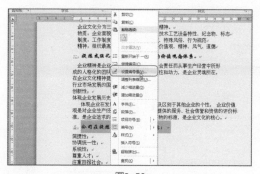

图3-56

图3-57

③ 设置效果后，单击"确定"按钮，即可看到下面的编号起始值已经发生了变化，效果如图3-58所示。

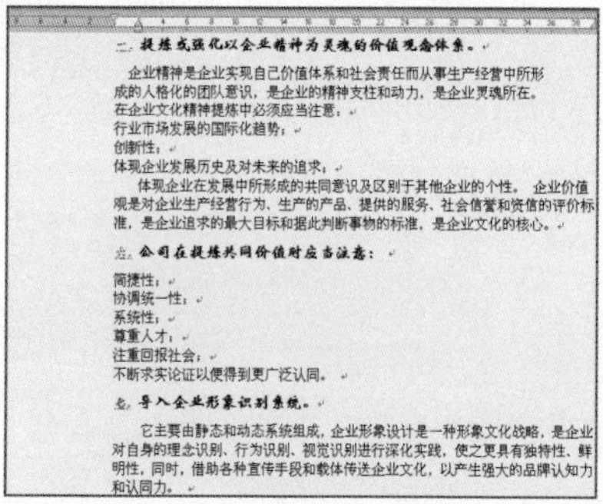

图3-58

3.6   样式模板的使用

在编辑文档时，不同的内容往往需要设置不同的样式，一篇文章可能需要设置多个不同的样式，在Word中用户可以通过直接套用样式模板设置文本，还可以自定义样式模板，方便以后的套用。

3.6.1   直接套用模板样式

如果用户分别设置文本样式，可能耗费大量的时间，直接套用自带样式，方便又快捷，具体操作方法如下。

① 打开Word文档，选择需要进行文本样式调整的内容，单击"开始"选项

下"样式"选项组中的"快速样式"下拉按钮，如图3-59所示。

② 选择合适的样式作为文本内容，如选择"明显参考"样式，即可使所选择的文本内容进行样式显示，单击该样式完成应用，如图3-60所示。

③ 重复操作，可对其他的文本内容进行模板样式的套用，完成对整篇文档的设置。

图3-59

图3-60

3.6.2　自定义模板样式

除了Word中自带的样式，用户也可以根据需要自行定义新样式，在日后的使用过程中，节约了大量的时间，下面就详细介绍如何自定义新样式。

① 打开Word文档，选择需要设置样式的文本，在"开始"选项卡的"字体"选项组中，设置字体样式为"方正综艺繁体"，字号为"初号"，如图3-61所示。

② 单击"段落"选项组中的 按钮，如图3-62所示。

图3-61

图3-62

③ 打开"段落"对话框在"缩进和间距"选项卡下的"间距"选项组中，设置"段前"和"段后"的距离，如均设置为"1行"，单击"确定"按钮，如图3-63所示。

④ 设置完成后，单击"开始"选项卡下"样式"选项组中的"快速样式"

按钮，选择"将所选内容保存为新快速样式"命令，如图3-64所示。

图3-63

图3-64

⑤ 弹出"根据格式设置创建新样式"对话框，在"名称"文本框中输入样式名字，如"自定义标题样式"，单击"确定"按钮，完成保存样式。用户如果对设置不满意，可以单击"修改"按钮，继续进行调整，如图3-65所示。

⑥ 返回至文本中，自定义的样式被添加至"样式"选项组中的样式栏中，用户可在选择其他文本内容后，直接套用该样式，如图3-66所示。

图3-65

图3-66

 专家提示

在当前文档设置的样式，在打开其他文档时并不存在，用户可以通过在"根据格式设置创建新样式"对话框中单击"修改"按钮，打开"修改样式"对话框，选择"基于该模板的新文档"选项，依次单击"确定"按钮，使得用户在关闭文档后也可以在样式选项栏中找到自定义的样式。

第 4 章

文档页面与
版式设计

4.1　页面设置

为了使制作的文档版面赏心悦目，增强阅读兴趣，在编辑完文档后需要对文档的页面进行设置，包括调整纸张大小、纸张方向、设置页面边距等，合理的设置能提高整篇文档的质量。

4.1.1　设置纸张大小

在Word 2010版本中，用户可根据实际需要自定义文档的纸张大小，以满足文本的操作要求，系统提供了多种不同的设定方法，下面分别具体介绍。

1. 套用内置的纸张大小进行设置

❶ 打开要调整纸张大小的文档，在"页面布局"选项卡下单击"页眉设置"选项组中的"纸张大小"按钮，在打开的下拉菜单中提供了多种规格的纸张大小。

❷ 如用户要将纸张大小设置为"16开"，可在展开的"纸张大小"下拉菜单中拖动滚动条，选择"16开（18.4×26厘米）"选项，如图4-1所示。

图4-1

❸ 文档自动完成纸张大小的调整，效果如图4-2所示。

图4-2

2. 自定义纸张大小

① 在"页面布局"选项卡下的"页面设置"选项组中，单击右下角的"页面设置"按钮⬚，如图4-3所示。

② 在打开的"页面设置"对话框中，切换到"纸张"选项卡，在"纸张大小"下单击下三角按钮⬎，展开下拉列表，如选中"16开（18.4×26厘米）"，单击"确定"按钮，如图4-4所示。

图4-3　　　　　　　　　　图4-4

③ 如果用户没有找到需要的尺寸，可在"自定义大小"选项组下的"宽度"和"高度"框中分别设置所需要的纸张尺寸，如"(14×21厘米)"，如图4-5所示。

④ 设置完成后，单击"确定"按钮，即可完成纸张大小的设置及自定义纸张尺寸，如图4-6所示。

图4-5　　　　　　　　　　图4-6

4.1.2　页面边距设置

页边距是指页面四周的空白区域，合理的页边距设置使文本结构紧密，美观性较高。在Word 2010中，用户不但可以直接套用，而且还可以通过手工设置的方法来自行定义页边距。

1. 套用内置的页边距进行设置

❶ 单击"页面布局"选项卡下"页面设置"选项组中的"页边距"按钮，在下拉菜单中提供了普通、窄、适中、宽、镜像5种具体的页面设置，用户可根据需要选择页边距样式，如选择"窄"，如图4-7所示。

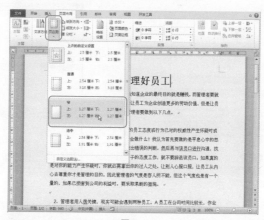

图4-7

❷ 设置后的效果如图4-8所示。

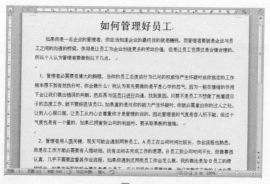

图4-8

专家提示

在Word文档中，默认情况下页面上边距、下边距、左边距和右边距，分别是2.54厘米、2.54厘米、3.18厘米和3.18厘米。

2. 自定义页边距大小

1 打开Word文档，在"页面布局"选项卡中的"页面设置"选项组下单击"页边距"按钮，在展开的下拉菜单中选中"自定义边距"命令，如图4-9所示。

2 打开"页面设置"对话框，自动切换到"页边距"选项卡，在"页边距"选项组下的"上"、"下"、"左"、"右"文本框中输入文档4个边界的距离，如将"上"、"下"、"左"、"右"的页边距均设为2.5厘米，如图4-10所示。

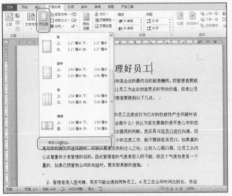

图4-9

图4-10

3 设置后单击"确定"按钮，返回至文档中，效果如图4-11所示。

图4-11

专家提示

在"页边距"选项卡中，可以根据需要在"应用于"下拉列表中选择设定的页边距是否应用在"整篇文档"还是"插入点之后"，"整篇文档"即所有页面均为同样的页边距。"插入点之后"即当前页面定义为设定的页边距。

4.1.3 纸张方向

在编辑文档的过程中，为了排版和打印的实际需要，可对页面的纸张方向进行调整，具体的操作如下。

1. 设置整篇文档的纸张方向

❶ 将光标定位在文档中，在"页面布局"选项卡中的"页面设置"选项组下，单击"纸张方向"按钮，展开下拉菜单，默认下纸张方向是"纵向"，例如选中"横向"选项，如图4-12所示。

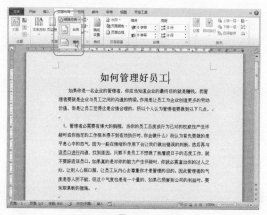

图4-12

❷ 即可将整篇文档的纸张方向以横向显示，如图4-13所示。

图4-13

2. 设置局部文档的纸张方向

❶ 选中需要设置的部分文档，在"页面布局"选项卡下单击"页面设置"选项组中的 按钮，如图4-14所示。

❷ 打开"页面设置"对话框，切换到"页边距"选项卡，在"纸张方向"选项下选择需要设置的"纵向"或者"横向"版式，单击"应用于"下拉按钮，

选择"所选文字"选项，设置后，单击"确定"按钮，如图4-15所示。

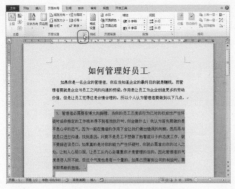

图4-14

图4-15

❸ 完成对部分页面方向的设定，返回至文档可查看最终的显示效果，如图4-16所示。

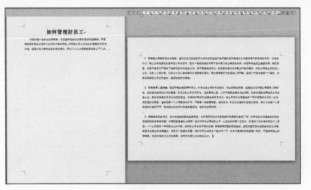

图4-16

4.2　插入分页符、分栏符与分节符

在文档中有时候需要在特定的位置，或者特定的文档排版中插入分页符、分栏符和分节符，从而使文档的版式符合设计的需要。分页符、分栏符和分节符均有特定的使用范围和方法，下面分别介绍如何在"页面布局"下的"页面设置"选项组中实现。

4.2.1　插入分页符

分页符一般在上一页结束以及下一页开始的位置，在Word中可通过插入

"手动"分页符（即硬分页符）在指定位置强制分页，具体方法如下。

① 在打开的Word文档中，将光标定位到要插入分页符的位置，在"页面布局"选项卡下的"页面设置"选项组中，单击"分隔符"按钮。

② 打开下拉菜单，选择"分页符"命令，如图4-17所示。

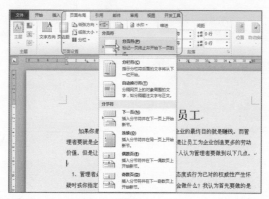

图4-17

③ 即可在光标所在的位置插入分页符，并将之后的文本作为新页的起始标记，效果如图4-18所示。

图4-18

4.2.2　插入分栏符

在分栏情况下，可强制截断本栏文字内容，使插入点以后的文字内容转入下一栏显示，具体插入方法如下。

① 在打开的Word文档中，将光标定位到要插入分栏符的位置，在"页面布局"选项卡中单击分隔符"按钮，在展开的下拉菜单中选中"分栏符"命令，如图4-19所示。

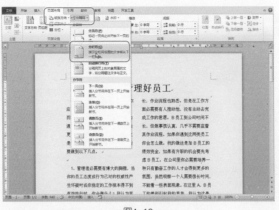

图4-19

②即可在光标所在的位置插入分栏符，插入分栏符所在位置之后的内容在下一页中显示，如图4-20所示。

图4-20

动手练一练

在分隔符中还提供了"自动换行符"，可在应用该功能后，将光标后的文本内容自动换行，用户可自行尝试。

4.2.3　插入分节符

分节符是指为表示节的结尾插入的标记。分节符类型包含有"下一页"、"连续"、"奇数页"和"偶数页"，在实际的使用过程中，用户需灵活选择。

①在打开的Word文档中，将光标定位到要插入分节符的位置。

②在"页面布局"选项卡下的"页面设置"选项组中，单击"分隔符"按钮，展开下拉菜单，在"分节符"下选择合适的分节符，如选中"下一页"选

项，如图4-21所示。

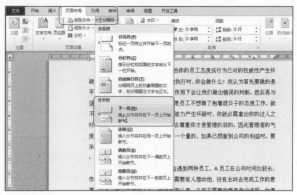

图4-21

3 即可在光标所在位置插入分节符，并将之后的文本作为下一页上开始新节，效果如图4-22所示。

4 如果选中"偶数页"选项，即可在光标所在位置插入分节符，并将之后的文本作为下一偶数页上开始新节。

5 如果选中"奇数页"选项，即可在光标所在位置插入分节符，并将之后的文本作为下一奇数页上开始新节。

图4-22

4.3　为文档实现分栏效果

所谓分栏，是指在编辑过程中将版面划分为若干栏。每一栏的宽度可相等也可不等，不同的文档会依据是否有利于读者的阅读，来进行调整实际的分栏数和栏宽，将文档中的文本分成两栏或多栏，是文档编辑中的一个基本方法。

4.3.1　快速实现文档分栏

在Word 2010中，提供了分栏的功能按钮，默认情况下，该功能按钮提供5

种分栏类型，即一栏、两栏、三栏、偏左、偏右，可分别实现不同类型需要的分栏效果，操作也相对简单。

1 选择需要进行分栏的文档内容，如果不选取文本内容，则默认对所有的文档内容进行分栏，单击"页面布局"选项卡，在"页面设置"选项组中单击"分栏"按钮。

2 在打开的下拉菜单中选择合适的分栏样式，如单击选择"三栏"，如图4-23所示。

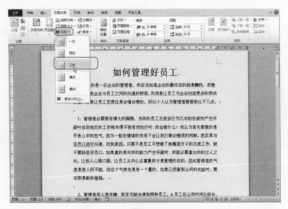

图4-23

3 选择的文本内容即完成分栏效果的设置，如图4-24所示。

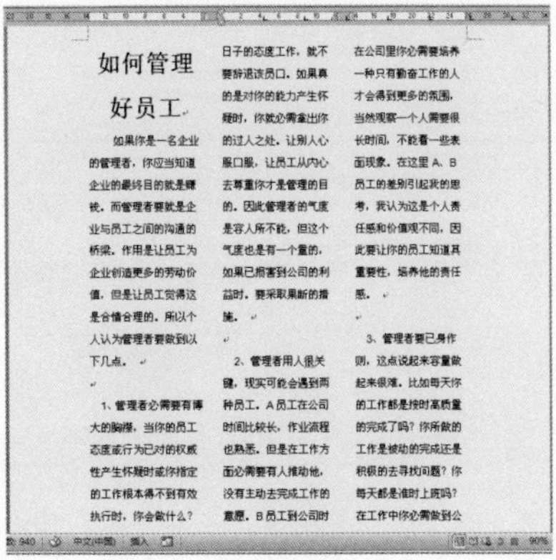

图4-24

4.3.2 实现不等宽分栏效果

在实际分栏过程中，用户往往会根据自身的需要设置不等栏宽，实现不等的分栏效果，具体的操作方法如下。

① 选择分栏的文档内容，单击"页面布局"选项卡下"页面设置"选项组中的"分栏"按钮，打开下拉菜单，选择"更多分栏"命令，如图4-25所示。

② 打开"分栏"对话框，在"栏数"文本框中输入分栏数，如"3栏"。设置为：1栏，宽度8字符，间距3字符；2栏，宽度13.58字符，间距1字符；3栏，宽度18.97字符，单击"确定"按钮，如图4-26所示。

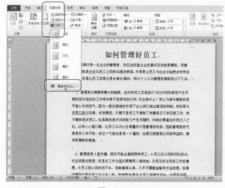

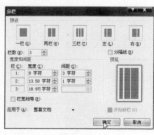

图4-25　　　　　　　　　　　图4-26

③ 完成最终的分栏效果，如图4-27所示。

图4-27

专家提示

分栏的效果也可应用于部分文档中，在"分栏"对话框中选择需要设置的栏数，在"应用于"下拉列表中选择"插入点之后"选项，单击"确定"按钮即可完成光标后所有文字的分栏设置。

4.3.3　实现文档混合分栏

实际的写作过程中会遇到部分的文字需要分两栏或三栏，而其余的文字不需要分栏，或者需要分更多的栏数，这就是多栏混排，如何轻松快速地实现混合分栏，下面来具体介绍。

1 选中需要设置分栏的文本，单击"页面布局"选项卡，在"页面设置"选项组中单击"分栏"按钮，打开下拉菜单，选择"更多分栏"命令，如图4-28所示。

2 打开"分栏"对话框，在"栏数"文本框中输入需要设置的分栏数，如"2栏"，系统默认情况下栏宽和间距是相等的，用户可取消勾选"栏宽相等"复选框，即可在"宽度和间距"选项组下输入需要设定的字符数和间距，本例中保持默认设置，在"应用于"下拉列表中选择"所选文字"选项，单击"确定"按钮，如图4-29所示。

图4-28

图4-29

3 重复步骤，对其他的文本设置分栏效果，最终实现合适的效果，如图4-30所示。

图4-30

4.3.4 设置分栏文档的最后两栏保持水平

分栏后，文档最后的文字通常不能保证与前面分的栏一样均在一条水平线上，从视觉上看很不美观，打印出来的效果也不满意，所以让文档的最后两栏保持水平可以提高版面的整体效果。

① 将光标放在已分好栏的文档的最后，此时文档的最后两栏有较明显的差距，如图4-31所示。

② 在"页面布局"选项卡下，单击"页面设置"选项组中的"分隔符"按钮，在其下拉菜单中选择"连续"命令，如图4-32所示。

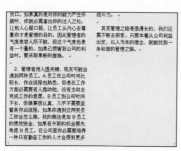

图4-31

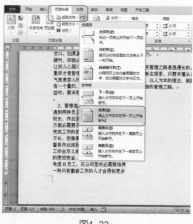

图4-32

③ 设置后，可看到最后两栏文档已经保持水平状态了，如图4-33所示。

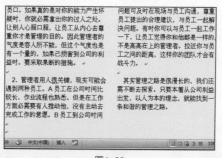

图4-33

4.4 为文档添加页码

书的每一页面上标明次序的号码或其他数字，称之为页码，用于统计书籍的面数，便于读者检索。在编辑文档过程中，可以为文档插入页码，可以为页码设置各种效果，在本例中都将详细讲解。

4.4.1　插入页码

插入页码方法非常简单，但是页码的插入位置却灵活多变，在实际的应用中，用户可自主选择合适的位置，不仅达到页码的插入效果，也可以为文档美化增分。

1. 为页面底端插入页码

1 在打开的Word文档中，单击"插入"选项卡，在"页眉和页脚"选项组中单击"页码"按钮，展开下拉菜单，可以看到Word 2010提供的多种位置的页码选项，如选择"页面底端"，在左侧的选项样式中选择"马赛克1"，如图4-34所示。

2 即可将选择的页码应用到文档底部，效果如图4-35所示。

图4-34

图4-35

2. 在页边距中插入页码

1 打开Word文档，单击"插入"选项卡，在"页眉和页脚"选项组中单击"页码"按钮，展开下拉菜单，选择"页边距"命令，在左侧的选项样式中选择"圆（左侧）"，如图4-36所示。

2 即可将选择的页码应用到文档的页边距中，效果如图4-37所示。

动手练一练

在"插入"选项卡下的"页眉和页脚"选项组中，除了本例中介绍的方式外，还可以通过插入设置"页面顶端"和"当前位置"的页码，用户可以通过自己尝试并了解。

图4-36

图4-37

4.4.2　设置页码效果

　　当在文档中插入页码样式后，还可以对页码进行效果设置，如设置页码文本框样式、设置页码格式，使页码具有独特的个性。

1. 设置页码文本框样式

　　❶ 在Word文档中，用鼠标左键双击插入页码所在的位置，激活"文本框工具"→"格式"和"页眉和页脚工具"→"设计"两个选项卡。

　　❷ 选中"文本框工具"下的"格式"选项卡，在"文本框样式"选项组中单击"其他"按钮，在展开的下拉列表中选中"纯色填充，复合型轮廓-强调文字颜色5"样式，即可应用到页码文本框中，如图4-38所示。

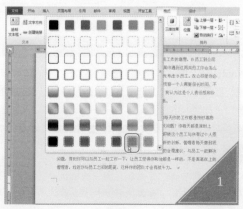

图4-38

③ 单击"阴影效果"选项组中的"阴影效果"按钮，在展开的下拉菜单中选择"阴影样式2"样式，即可为页码文本框设置阴影效果，如图4-39所示。

④ 如果要设置其他页码文本框效果，在"文本框工具"下的"格式"选项卡下对应的选项组中设置即可。

图4-39

2. 设置页码编号格式

① 双击插入页码所在的位置，激活"文本框工具"和"页眉和页脚工具"两个选项卡。

② 选中页码文本框中的编号后，单击"页眉和页脚工具"下的"设计"选项卡，在"页眉和页脚"选项组中单击"页码"按钮，如图4-40所示。

③ 打开"页码格式"对话框，单击"编号格式"下拉按钮，选择要重新设置的编号，单击"确定"按钮，如图4-41所示。

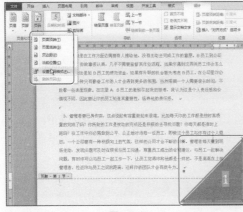

图4-40

图4-41

④ 返回文档中，虽然页码格式更改了，但页码编号的样式与数字颜色不相同，且页码大小也变化了，可选择页码内容后，单击"开始"选项卡，在"字体"选项组中，设置字体颜色为"白色"，字号为"小初"，如图4-42所示。

⑤ 设置完成页码效果后，在"文本框工具"的"格式"单选项卡下，单击"关闭页眉页脚"按钮，即可看到设置后的页码效果，如图4-43所示。

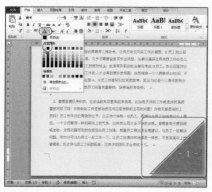

图4-42

图4-43

专家提示

如果还要设置起始页码，可以在"页码格式"对话框的"起始页码"栏中进行设置，设置完成后，单击"确定"按钮，即可查看页码启示编号更换为设置的数字。

4.5　插入页眉和页脚

页眉是指文档顶端的空白区域，在文档的页眉上用户可以根据需要编辑附加信息、图片、文字等不同的元素，尤其是在企业文件的制作过程中，具有特色的页眉或页脚设置可以有效地传递企业文化的信息，可以为整篇文档添加独特的风采。

4.5.1　插入页眉

在Word 2010中为用户提供了20多种页眉样式以供用户直接套用，或者用户可以根据自身的需要插入统一的页眉样式和自行设计页眉样式，形式多样，用户可自主决定。

1. 利用模板设置页眉

① 单击"插入"选项卡下"页眉和页脚"选项组中的"页眉"按钮，打

开下拉菜单，拖动滚动条，单击喜欢的页眉样式，需注意的是系统提供的页眉样式分普通的页眉和奇偶页眉，如选择"瓷砖型"，如图4-44所示。

图4-44

❷ 在插入文档的页眉样式中，单击页眉样式提供的文本框，编辑内容，如输入"诺立科技有限公司"，单击展开"年"设置菜单，在设置菜单中可以设置年份，如图4-45所示。

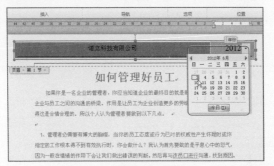

图4-45

❸ 单击页眉，切换到"页眉和页脚工具设计"选项卡，在"页眉顶端距离"栏中输入页眉的距离，如"2厘米"，设置完成后单击"关闭页眉和页脚"按钮，确定设置，如图4-46所示。

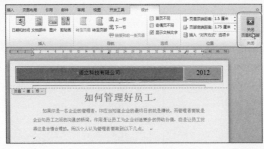

图4-46

④ 设置完成后，可查看最终利用模板插入的页眉效果，如图4-47所示。

图4-47

2. 自定义页眉——"日期和时间"

① 单击"插入"选项卡下"页眉和页脚"选项组中的"页眉"按钮，打开"页眉"下拉菜单，选择"编辑页眉"命令，如图4-48所示。

② 文档自动切换至"页眉和页脚工具设计"选项下，单击"日期和时间"按钮，如图4-49所示。

图4-48

图4-49

③ 弹出"日期和时间"对话框，在"可用格式"列表框中选择适合的日期格式，在选项栏中编辑具体的时间类型。

④ 如选择日期格式为2012年4月6日（系统默认为当天的日期），单击"确定"按钮，如图4-50所示。

⑤ 返回至文本中，对插入的日期文本进行字体、字号的调整，最终效果如图4-51所示。

图4-50

图4-51

3. 自定义页眉——"插入图片"

① 单击"插入"选项卡下"页眉和页脚"选项组中的"页眉"按钮，打开"页眉"下拉菜单，选择"编辑页眉"命令。

② 单击"页眉和页脚工具设计"选项卡下"插入"选项组中的"图片"按钮，如图4-52所示。

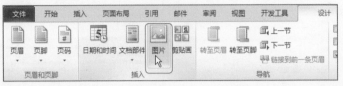

图4-52

③ 弹出"插入图片"对话框，选择图片所在的路径，单击所选图片，单击"插入"按钮，如图4-53所示。

④ 完成图片的插入，在页眉中将图片缩放至合适比例，选择图片，在"开始"选项卡下的"段落"选项组中，设置对齐方式为"左对齐"，如图4-54所示。

图4-53

图4-54

⑤ 单击"图片工具"选项的"格式"选项卡，在"阴影效果"选项组中，单击"阴影效果"按钮，选择需要的效果应用，如选择"阴影效果4"样式，如图4-55所示。

⑥ 在页眉中键入文字，单击鼠标右键，在文字样式修改选项中，修改文字的字体、字号等基本信息，完善页眉的插入，完成后按Esc键，退出编辑页眉状态，效果如图4-56所示。

动手练一练

> 在对页眉中的图片进行设置时，可以使用"调整"选项中的"亮度"、"对比度"、"重新着色"、"压缩图片"等来调整效果。

图4-55

图4-56

4.5.2 插入页脚

在Word 2010中同样为用户提供了20多种页脚样式，供用户直接套用，用户也可以根据自身的需要插入统一的页脚样式和自行设计页脚样式，页脚的设置和页眉设置方法类似，在很多情况下，用户可以举一反三。

❶ 单击"插入"选项卡，单击"页眉和页脚"选项组中的"页脚"按钮，打开"页脚"按钮，拖动滚动条，单击喜欢的页脚样式，系统提供的页脚样式也分普通的页脚和奇偶页脚，如图4-57所示，选择"传统型"。

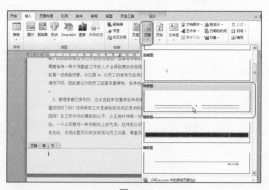

图4-57

❷ 在插入文档的页脚样式里，单击页脚样式提供的文档空格位置，编辑内容，如输入文本内容"诺于言，立于行"，并选择文本内容，进行进一步设置，如图4-58所示。

❸ 在"开始"选项卡下的字体"选项组"中，修改输入的文本内容的样式，如将字体设置为"华文中宋"，字号为"小四"，颜色为"浅蓝"，如图4-59所示。

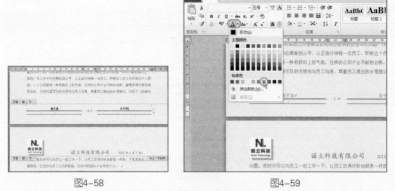

图4-58　　　　　　　　　　　　　　　　图4-59

④ 在设置"页脚"状态下，切换到"页眉和页脚工具设计"选项卡，在"位置"选项组中的"页脚底端距离"栏中输入合适的距离，如"1.5厘米"，设置完成后单击"关闭"选项组中的"关闭页眉和页脚"按钮，确定设置，如图4-60所示。

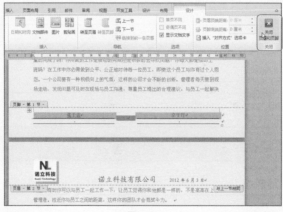

图4-60

举一反三

　　页脚的设置方法和页眉基本类似，在本章中已详细介绍了页眉的各种插入方法，用户都可照样模仿，使用在页脚的设置中。大家可自行尝试，在此就不再赘述。

第1章

第2章

第3章

第4章

第5章

读书笔记

第 5 章

Excel表格的
基本操作

5.1 工作簿的操作

要制作Excel表格，需要先创建工作簿，才能够对工作簿进行操作。操作工作簿需要掌握一些操作方法，如工作簿的创建、工作簿的保存方法以及更改工作簿的配色方案等。

5.1.1 新建工作簿

在Excel 2010中新建工作簿的方法有很多种，下面具体介绍各种创建工作簿的方法。

1. 通过"开始"菜单中的Excel 2010启用程序来新建工作簿

1 在桌面上单击左下角的"开始"按钮，在展开的菜单中单击"所有程序"选项，再次展开所有程序下拉菜单。

2 在展开的菜单中，鼠标依次选择"Microsoft Office" | "Microsoft Office Excel 2010"命令（如图5-1所示），即可启用Microsoft Excel 2010，并新建表格。

图5-1

2. 在桌面上创建Excel 2010表格的快捷方式

1 在桌面上单击左下角的"开始"按钮，在展开的菜单中依次指向"所有程序" | "Microsoft Office" | "Microsoft Excel 2010"命令，接着再单击鼠标右键，在展开的下拉菜单中选择"发送到" | "桌面快捷方式"命令，如图5-2所示。

2 系统会在桌面上创建"Microsoft Excel 2010"的快捷方式，双击即可新建Excel表格，如图5-3所示。

图5-2

图5-3

专家提示

　　用户还可以在桌面上单击鼠标右键，在弹出的快捷菜单中选择"新建Excel 2010"命令，也可以在桌面上创建Excel 2010的快捷方式，双击打开，即可新建表格。

5.1.2　保存工作簿

　　新建工作簿之后，需要将其保存到指定的位置，下面介绍几种保存工作簿的方法。

1. 保存新建的工作簿

　　❶ 单击"文件"菜单，切换到Backstage视窗，在左侧窗格中单击"保存"按钮，如图5-4所示。

　　❷ 打开"另存为"对话框，在其中选择要保存的工作簿的位置，接着在"文件名"文本框中输入要保存工作簿的名称，在"保存类型"下拉列表中选择要保存的类型，如图5-5所示。

图5-4

图5-5

　　❸ 设置完成后单击"保存"按钮，即可保存工作簿。

专家提示

　　保存新建的表格时，系统会默认表格的文件名为"工作簿1.xls"；

　　如果将"保存"按钮添加到快速访问工具栏，可以直接在快速访问工具栏中单击"保存"按钮 ■ 保存。

2. 保存已有工作簿

❶ 若用户在已新建的工作簿中输入了内容，或对模板进行了修改，需要将其保存，所做的更改才有效。

❷ 保存已有工作簿的方法与保存新建的工作簿相同，在Backstage视窗的左侧窗格单击"保存"按钮即可，此时不会打开"另存为"对话框，而是直接将它以原文件名保存于原位置上。

5.1.3　设置工作簿配色方案

　　在默认情况下，Excel 2010工作簿的界面颜色是"银色"，用户可以将其更改为其他的颜色，具体操作方法如下。

❶ 打开Excel工作簿主界面，可以看到当前工作表用户界面的颜色为"银色"，如图5-6所示。

图5-6

❷ 在单击"文件"标签，切换到Backstage视图，在左侧窗格单击"选项"选项，如图5-7所示。

❸ 打开"Excel选项"对话框，在右侧窗格单击"配色方案"下拉菜单，在下拉列表中选择"蓝色"选项，如图5-8所示。

图5-7　　　　　　　　　　　　　　　　　图5-8

④ 单击"确定"按钮，可以看到用户界面颜色由原来的银色变为蓝色，如图5-9所示。

图5-9

⑤ 如果在"配色方"下拉菜单中选择"黑色"，则可以将用户界面颜色更改为黑色，效果如图5-10所示。

图5-10

5.2 工作表的操作

一个工作簿是多张工作表组成的，对工作表的基本操作包括工作表的插入与删除、工作表的重命名、更改工作表标签颜色、复制或移动以及隐藏和显示工作表等。

5.2.1 插入与删除工作表

Excel工作簿默认只有3张工作表，当需要使用的表格超过3张时，需要插入表格，如果某些工作表不需要使用时，可以删除工作表。

1. 插入工作表

打开工作表，单击工作表标签后面的"插入"工作表按钮（如图5-11所示），即可在当前工作表的最后插入新工作表，如图5-12所示。

图5-11

图5-12

2. 删除工作表

❶ 在要删除的工作表标签上单击鼠标右键，在弹出的快捷菜单中选择"删除"命令，即可将该工作表删除，如图5-13所示。

图5-13

②在"开始"选项卡的"单元格"选项组中单击"删除"按钮,在其下拉菜单中选择"删除工作表"命令,即可删除当前工作表,如图5-14所示。

图5-14

5.2.2 重命名工作表

Excel默认的3张工作表的名称分别为Sheet1、Sheet2和Sheet3,根据当前工作表中的内容不同,可以重新为其设置名称,以达到标识的作用。

①打开工作簿,在需要重命名的工作表标签上单击鼠标右键,在弹出的菜单中选择"重命名"命令,如图5-15所示。

②工作表默认的Shtte2标签接口进入文字编辑状态,输入新名称,按Enter键即可完成对该工作表的重命名,如图5-16所示。

图5-15

图5-16

专家提示

在需要重命名的工作表标签上双击鼠标，也可以进入文字编辑状态，重新命名工作表。

5.2.3 设置工作表标签颜色

在Excel 2010中，用户可以根据工作需要将工作表的标签设置为不同的颜色，具体操作方法如下。

1 打开工作簿，在需要设置的工作表标签，单击鼠标右键，在弹出的菜单中选择"工作表标签颜色"命令，在弹出的菜单中选择一种颜色，如"紫色"，如图5-17所示。

2 选中要设置的颜色后，即可将工作表的标签改为紫色，效果如图5-18所示。

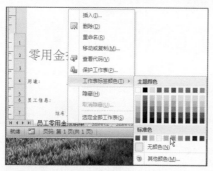

图5-17

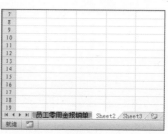

图5-18

5.2.4 移动与复制工作表

在Excel 2010中，用户可以根据工作需要调整工作表与工作表之间的排列顺序或对工作表进行复制。

1. 在工作簿内移动或复制工作表

1 打开工作簿，选择需要移动或复制的工作表标签，单击鼠标右键，在弹出的菜单中选择"移动或复制"命令，如图5-19所示。

2 弹出"移动或复制工作表"对话框，在"下列选定工作表之前"列表框中选择要移动的位置，如"移至最后"，如图5-20所示。

3 单击"确定"按钮，即可将工作表移动到工作簿最后，效果如图5-21所示。

图5-19

图5-20

图5-21

专家提示

　　在"移动或复制工作表"对话框中选中"建立副本"复选框，即可在工作簿最后复制当前工作表。

2. 在工作簿间移动工作表

　　❶ 打开工作簿，选择需要移动或复制的工作表标签，单击鼠标右键，在弹出的菜单中选择"移动或复制"命令，如图5-22所示。

　　❷ 弹出"移动或复制工作表"对话框，在"将选定工作表移至工作簿"下拉列表中选择工作表要移动的工作簿，接着选择工作表要移动的位置，如图5-23所示。

图5-22

图5-23

③ 单击"确定"按钮，返回到目标工作簿中，即可看到选中的工作表已移动到指定的位置上，如图5-24所示。

图5-24

专家提示

在"移动或复制工作表"对话框的"将选定工作表移至工作簿"下拉列表中选中"（新工作簿）"选项，即可将工作表移动到一个新工作簿中。

5.2.5 隐藏和显示工作表

在Excel 2010中，用户可以将含有重要数据的工作表隐藏起来，具体操作方法如下。

1. 隐藏工作表

① 打开工作簿，选择需要隐藏的工作表标签，单击鼠标右键，在弹出的菜单中选择"隐藏"命令，如图5-25所示。

② 选中"隐藏"命令后，即可将当前的工作表隐藏起来，如图5-26所示。

图5-25

图5-26

2. 显示工作表

① 打开工作簿，选择任意工作表标签，单击鼠标右键，在弹出的菜单中选择 "取消隐藏" 命令，如图5-27所示。

② 打开 "取消隐藏" 对话框，选中要显示的工作表，单击 "确定" 按钮即可，如图5-28所示。

图5-27

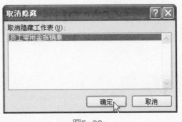

图5-28

专家提示

如果需要隐藏多个工作表，可以按 "Ctrl" 键依次选中要隐藏工作表的标签，在右键菜单中选中 "隐藏" 选项即可隐藏多个工作表，但要显示隐藏的工作表时，只能一个一个显示。

5.2.6　调整工作表的显示比例

在编辑工作表时，用户根据需要调整工作表的显示比例，使其以25%、50%、75%比例或以自定义比例等显示，具体操作方法如下。

① 打开要调整比例的工作表，切换到 "视图" 选项卡，在 "显示比例" 选项组单击 "显示比例" 选项，如图5-29所示。

图5-29

② 打开 "显示比例" 对话框，在 "缩放" 列表中选择要缩放的比例（如图5-30所示），单击 "确定" 按钮返回工作表中，工作表以设置的比例显示。

③ 若用户希望工作表只显示当前选择的区域，可选中单元格区域，在"显示比例"对话框中选中"恰好容纳选定区域"即可，设置后效果如图5-31所示。

图5-30

图5-31

专家提示

用户还可以在"显示比例"对话框中选中"自定义"单选项，接着在其后面的文本框中输入自定义的比例，设置完成后单击"确定"按钮，则工作表以定义的比例显示。

5.3 单元格的操作

单元格是组成工作表的元素，对工作表的操作实际就是对单元格的操作，对单元格的基本操作有插入、删除单元格、调整单元格的行列宽度等，熟练掌握单元格的基本操作，可以有效提高工作效率。

5.3.1 插入、删除单元格

Excel电子表在编辑过程中有时需要不断地更改，如规划好框架后发现漏掉一个元素，此时需要插入单元格，有时规划好框架之后发现多余一个元素，此时需要删除单元格。

1. 插入单元格

① 打开工作表，选中要在其前面或上面插入单元格的单元格，如L2单元格，切换到"开始"选项卡，在"单元格"选项组单击"插入"下拉按钮，在其下拉列表中选择"插入单元格"命令，如图5-32所示。

② 打开"插入"对话框，选择在选定单元格之前还是上面插入单元格，如图5-33所示。

图5-32   图5-33

3 单击"确定"按钮，即可插入单元格，如图5-34所示。

图5-34

2. 删除单元格

1 打开工作表，选中要删除单元格，在右键菜单中选择"删除"命令，如图5-35所示。

2 打开"删除"对话框，选择删除后是使下面单元格上移或右侧单元格左移（如图5-36所示），单击"确定"按钮，即可删除选定单元格。

图5-35   图5-36

用户也可以在"开始"选项卡的"单元格"选项组单击"删除"下拉按钮，在其下拉列表中选择"删除单元格"选项，打开"删除"对话框进行设置。

5.3.2 合并与拆分单元格

在表格编辑过程中，如果需要将两个或多个单元格合并成一个单元格，可以通过如下方法来实现。

1. 合并单元格

❶ 选中需要合并的单元格，切换到"开始"选项卡，在对齐方式"选项组"单击"合并后居中"下拉按钮，在其下拉列表中选择一种合并方式，如"合并后居中"，如图5-37所示。

❷ 选中合并方式后，即可合并所选单元格，合并后的效果如图5-38所示。

图5-37

图5-38

2. 拆分单元格

❶ 选中需要拆分的单元格，切换到"开始"选项卡，在对齐方式"选项组"单击"合并后居中"下拉按钮，在其下拉列表中选择"取消单元格合并"命令，如图5-39所示。

❷ 选中取消合并命令后，即可拆分所选单元格，拆分后的效果如图5-40所示。

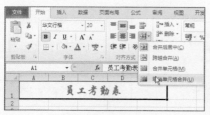

图5-39

图5-40

5.3.3　插入行或列

在Excel工作表的实际操作中，经常需要插入行或列，下面介绍具体的操作方法。

1. 在指定位置插入行列

1 打开工作表，选中要插入行的单元格，切换到"开始"选项卡，在"单元格"选项组单击"插入"下拉按钮，在其下拉列表中选择"插入工作表行"命令（如图5-41所示），即可在选中的单元格上面插入一行，如图5-42所示。

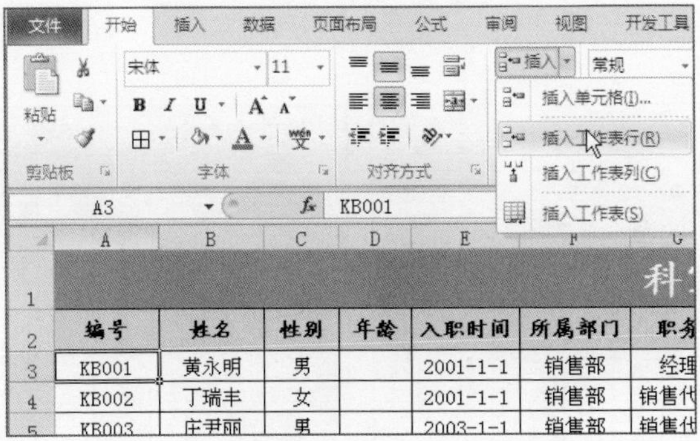

图5-41

图5-42

2 在"单元格"选项组单击"插入"下拉按钮，在其下拉列表中选择"插入工作表列"命令，即可在选中的单元格左侧插入一列，效果如图5-43所示。

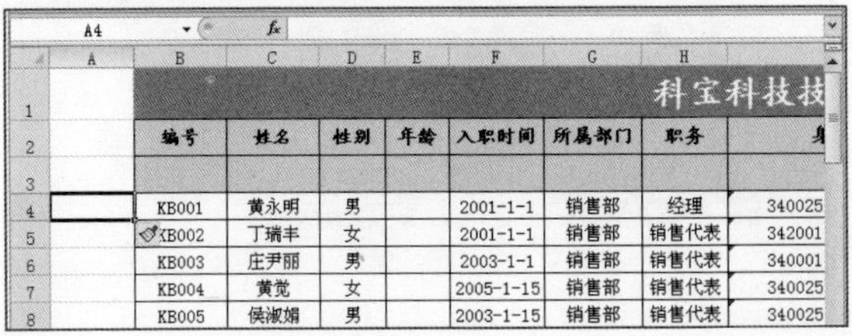

图5-43

专家提示

　　用户也可以在选中要插入行列的单元格后，在右键菜单中选择"插入"命令，即可打开"插入"对话框，在对话框中可以选择插入行或列。

2. 一次性插入多个非连续的行或列

　　❶ 打开工作表，按"Ctrl"键依次选中多个不连续的单元格，切换到"开始"选项卡，在"单元格"选项组单击"插入"下拉按钮，在其下拉列表中选择"插入工作表行"命令，如图5-44所示。

　　❷ 此时即可在选中的单元格所在行的前面各插入一个空白行，如图5-45所示。

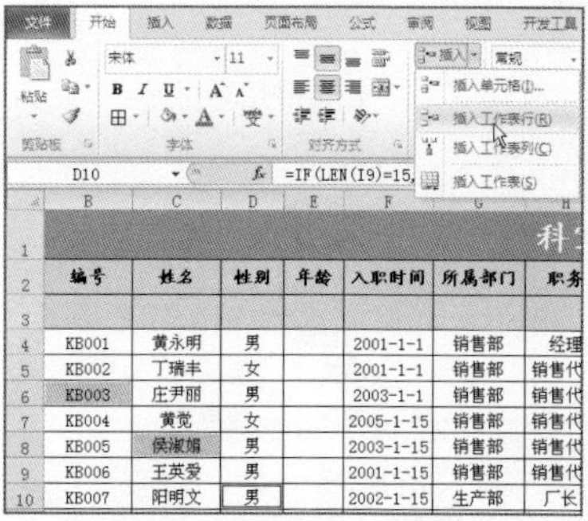

图5-44 　　　　　　　　　　图5-45

5.3.4　删除行或列

　　在插入行列后，若工作表中有不需要的行列，用户可以选择将其删除，具体操作方法如下。

　　❶ 打开工作表，选中要删除的行，切换到"开始"选项卡，在"单元格"选项组单击"删除"下拉按钮，在其下拉列表中选择"删除工作表行"命令（如图5-46所示），即可删除所选行。

图5-46

② 打开工作表，选中要删除的列，切换到"开始"选项卡，在"单元格"选项组单击"删除"下拉按钮，在其下拉列表中选择"删除工作表列"命令（如图5-47所示），即可删除所选列。

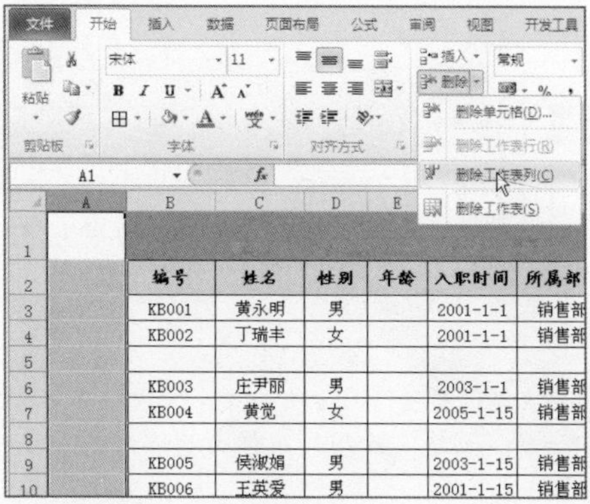

图5-47

专家提示

用户也可以依次选中要删除入行或列的后，在右键菜单中选择"删除"命令，即可删除所选的行或列。

5.3.5 调整行高和列宽

在工作表的编辑过程中经常需要调整特定行的行高或列的列宽，下面介绍具体的操作方法。

1. 通过快捷键

① 打开工作表，选中需要调整行高的行，切换到"开始"选项卡，在"单元格"选项组单击"格式"下拉按钮，在其下拉列表中选择"行高"选项，如图5-48所示。

图5-48

② 弹出"行高"对话框，在"行高"文本框中输入要设置的行高值，如图5-49所示。

③ 单击"确定"按钮，即可完成对该行的行高调整，如图5-50所示。

图5-49    图5-50

专家提示

调整列宽的方法与调整行高的方法一样，选中要调整列宽的列，在"格式"下拉按钮中选择"列宽"选项，在弹出的"列宽"对话框里设置列宽值，即可调整单元格的列宽。

2. 通过鼠标调整

将鼠标放置在要调整的行标的下边线上，当光标变为╪形状时，向下拖动鼠标可以增加行高（如图5-51所示），反之减少行高。

图5-51

专家提示

按照相同的方法，将鼠标放置在列标的右边线上，当光标变为╪形状时，向右拖动鼠标可以增加列宽，反之减小列宽。

5.3.6 隐藏含有重要数据的行或列

当工作表中某些行或列中包含重要数据，或显示的是一些资料数据时，可以根据实际需要将特定的行或列隐藏起来。

① 打开工作表，选中需要隐藏的行，切换到"开始"选项卡，在"单元格"选项组单击"格式"下拉按钮，在其下拉列表中选择"隐藏和取消隐藏"选项，接着在弹出的菜单中选择"隐藏行"命令，如图5-52所示。

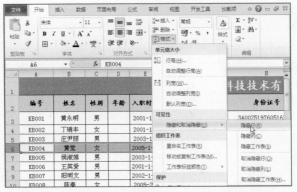

图5-52

2 选中"隐藏行"命令后，即可将选中的行隐藏起来，如图5-53所示。

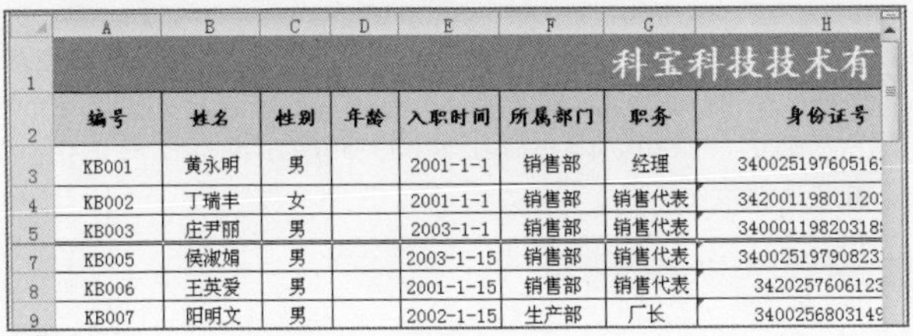

图5-53

动手练一练

隐藏列的方法与隐藏行的方法相同，只需在"格式"下拉按钮中选择
"隐藏和取消隐藏"选项，在弹出的菜单中选择"隐藏"列即可。

如果需要取消隐藏的行或列，在"隐藏和取消隐藏"选项菜单中选择
"取消隐藏行"或"取消隐藏列"选项即可显示出隐藏的行或列。

5.4　工作簿共享

当需要多人共同完成一个文件的录入和编辑工作，或者每个人需要处理多
个项目并需要知道相互的工作状态时，可以利用Excel的工作簿共享功能，提高
办公效率，还可以为共享工作簿设置用户权限以及取消共享等。

5.4.1　共享工作簿

共享工作簿就是可以将当前工作簿设置为多个公户共同享用，从而允许网
络上其他的用户一起阅读或编辑工作簿，创建共享工作簿是一件非常容易的事，

具体操作方法如下。

❶ 打开要设置共享的工作簿，切换到"审阅"选项卡，在"更改"选项组单击"共享工作簿"选项，如图5-54所示。

图5-54

❷ 打开"共享工作簿"对话框，选中"允许多用户同时编辑，同时允许工作簿合并"复选框，如图5-55所示。

❸ 单击"确定"按钮，即可弹出如图5-56所示的提示对话框，单击"确定"按钮，即可共享该工作簿。

图5-55

图5-56

5.4.2 编辑共享工作簿

将工作簿设置为共享工作簿后，用户可以设置用户名，以标识不同用户在共享工作簿中所做的工作。

❶ 打开保存的共享工作簿，单击"文件"标签，切换到Backstage视窗，在左侧窗格单击"选项"选项，如图5-57所示。

❷ 打开"Excel选项"对话框，在左侧窗格中单击"常规"标签，在右侧窗格"对Microsoft Office进行个性化设置"下"用户名"文本框中输入用户名，如图5-58所示。

图5-57   图5-58

③ 设置完成后单击确定按钮，即可对工作簿进行输入并编辑，默认情况下每个用户的设置都会被单独保存。

5.4.3 设置共享用户权限

对工作簿设置共享功能后，网络上的任何人都可以访问并更改，如果希望工作簿只能供一些人使用，可以为工作簿设置保护密码，但是设置保护密码必须是在设置共享功能之前，具体操作方法如下。

① 打开Excel工作簿，切换到"审阅"选项卡，在"更改"选项组中选择"保护工作簿"命令，如图5-59所示。

图5-59

② 打开"共享工作簿"对话框，选中"以跟踪修订方式共享"复选框，并输入密码，如图5-60所示。

③ 单击"确定"按钮，返回工作表中，即可看到主界面配色为蓝色，如图5-61所示。

④ 单击"确定"按钮，保存设置，即可为工作簿设置密码。

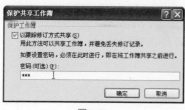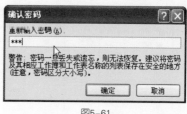

图5-60 图5-61

5.4.4 停止共享工作簿

在合并了所有的修订后，可以停止共享工作簿，具体操作方法如下。

❶ 打开Excel工作簿，切换到"审阅"选项卡，在"更改"选项组单击"保护工作簿"选项。

❷ 打开"共享工作簿"对话框，取消选中"允许多用户同时编辑，同时允许工作簿合并"复选框，如图5-62所示。

❸ 单击"确定"按钮，弹出如图5-63所示的提示框，单击确定按钮，即可停止共享工作簿。

图5-62 图5-63

❹ 单击"确定"按钮，保存设置，即可为工作簿设置密码。

5.5 工作簿保护

在工作表中输入了数据后，可以对工作簿进行保护，防止他人更改工作簿的内容，可以设置工作簿的工作权限，以及工作簿的访问权限等。当不需要对工作簿的内容进行保护时，还可以解除保护限制。

5.5.1 工作簿的编辑权限

用户在创建好工作簿后，可以设置允许其他用户对工作簿的某一部分进行编辑，具体操作方法如下。

① 打开要设置编辑权限的工作簿，切换到"审阅"选项卡，在"更改"选项组单击"允许用户编辑区域"选项，如图5-64所示。

图5-64

② 打开"允许用户编辑区域"对话框，单击"新建"按钮，如图5-65所示。

③ 打开"新区域"对话框，设置区域标题，接着将光标定位到"可引用单元格"区域，在工作表中选择区域，接着输入密码，如图5-66所示。

图5-65

图5-66

④ 单击"确定"按钮，打开"确认密码"对话框，再次输入密码，如图5-67所示。

⑤ 单击"确定"按钮，返回到"允许用户编辑区域"对话框，即可看到添加了可编辑区域，，如图5-68所示。

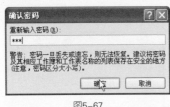

图5-67

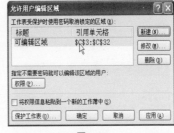

图5-68

⑥ 单击"确定"按钮，保存设置后，当工作簿进行保护时，可以使用密码

对设置的单元格区域进行编辑。

专家提示

如果要设置多处可编辑区域，可以再次单击"新建"按钮，在"新区域"对话框里按照相同的方法设置其他的编辑区域。

5.5.2 工作簿访问权限设置

如果工作簿中涉及重要信息，用户可以通过为工作簿加密来限制其他用户进行访问、修改等操作，具体操作方法如下。

① 打开需要加密的工作簿，单击"文件"标签，切换到Backstage窗口，在左侧窗格单击"信息"选项，接着在右侧窗格中"保护工作簿"选项下拉按钮，在下拉列表中选择"用密码进行加密"选项，如图5-69所示。

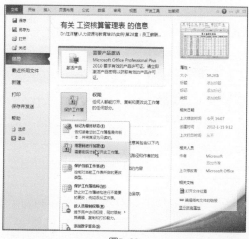

图5-69

② 打开"加密文档"对话框，在"密码"文本框中输入密码，单击"确定"按钮，如图5-70所示。

③ 打开"确认密码"对话框，在"重新输入密码"文本框中再次输入密码（如图5-71所示）单击"确定"按钮即可设置工作簿的访问权限。

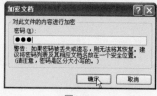

图5-70

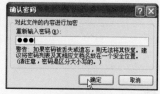

图5-71

专家提示

　　当用户再次打开该工作簿时，便会弹出"密码"提示框，提示该工作簿有密码，用户只需在"密码"文本框中输入正确的密码，单击"确定"按钮才可打开工作簿。

5.5.3　解除工作簿限制

　　当不需要对工作簿进行保护时，可以解除工作簿的访问限制，具体操作方法如下。

　1 找到保存的工作簿，双击打开，会弹出如图5-72所示的"密码"对话框，输入密码，打开工作簿。

图5-72

　2 单击"文件"标签，切换到Backstage窗口，再次在"保护工作簿"下拉列表中选择"用密码进行加密"选项，如图5-73所示。

图5-73

❸ 打开"加密文档"对话框，在"密码"文本框中删除密码，单击"确定"按钮（如图5-74所示），即可解除工作簿的访问限制，如图5-75所示。

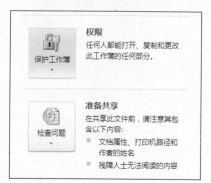

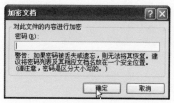

图5-74

图5-75

第 **6** 章

表格数据的
输入与编辑

6.1 输入各种不同类型的数据

在工作表中输入的数据类型有很多种，包括文本、数值、日期、特殊符号等等，正确掌握快速输入数据的方法是制作表格的基础。

6.1.1 输入文本内容

在Excel 2010中输入的数字数据长度在12位以上时，会自动转变为科学记数格式，如图6-1所示。如果想要正常显示12位以上的数字，可以设置单元格格式为"文本"，具体操作方法如下。

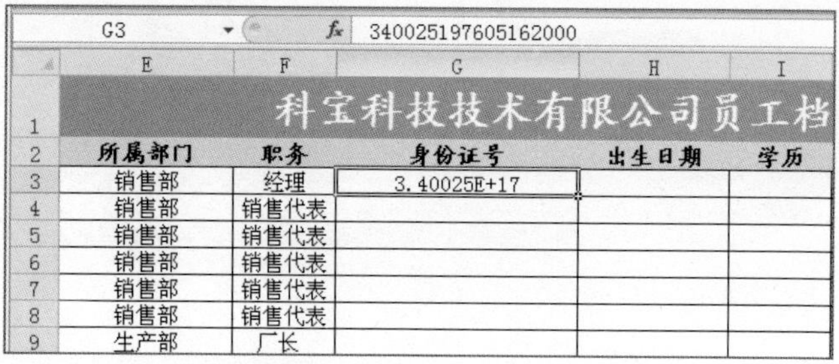

图6-1

① 选中要输入身份证号码的单元格区域，如G3:G32单元格区域，切换到"开始"选项卡，在"数字"选项组中单击 ■ 按钮，如图6-2所示。

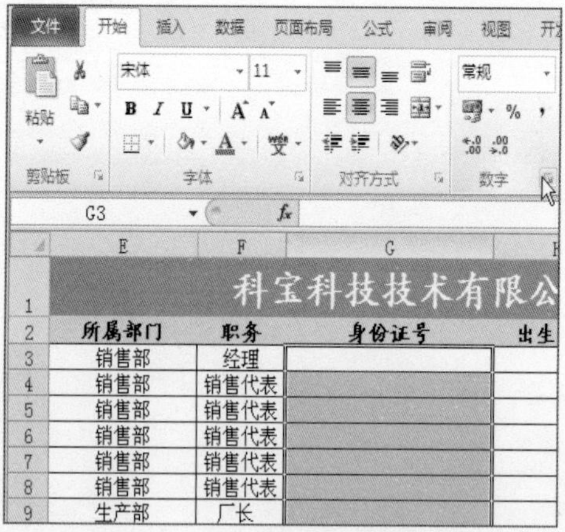

图6-2

② 打开"设置单元格格式"对话框，单击"数字"标签，在"分类"列表框中选中"文本"选项，如图6-3所示。

图6-3

❸ 单击"确定"按钮，在设置格式的单元格区域中输入身份证号码即可正确显示，效果如图6-4所示。

	E	F	G	H
				科宝科技技术有限公司员	
1				
2	所属部门	职务	身份证号	出生日期
3	销售部	经理	340025197605162511	
4	销售部	销售小...	342001198011202528	
5	销售部	销售代表		
6	销售部	销售代表		
7	销售部	销售代表		
8	销售部	销售代表		
9	生产部	厂长		
10	生产部	主管		
11	生产部	员工		

G4 ▼ fx 342001198011202528

图6-4

专家提示

想要正常显示12位以上的数字，除却设置单元格时候外，还可以先在英文状态下输入" ' "，接着再输入数字，按Enter键，即可正常显示出数字。

6.1.2　输入数值

在进行销售数据统计和财务计算过程中，经常需要输入包含小数位的数值，用户可以设置输入限定小数位数的数值，具体有以下两种方法。

1. 设置单元格区域的数值包含的位数

❶ 选中要输入小数位数的单元格区域，如D3:D9单元格区域，切换到"开始"选项卡，在"数字"选项组单击 按钮，如图6-5所示。

❷ 打开"设置单元格格式"对话框，单击"数字"标签，在"分类"列表框中选中"数值"选项，并根据需要设置小数位数，如"1"位，如图6-6所示。

图6-5

图6-6

3 单击"确定"按钮，在设置格式的单元格区域中，输入数字时会自动保留两位小数，效果如图6-7所示。

图6-7

2. 设置整张工作表数值小数包含位数并自动转换

1 打开工作表，单击"文件"标签，切换到Backstage视窗，在左侧窗格单击"选项"选项，如图6-8所示。

2 打开"Excel选项"对话框，在左侧窗格单击"高级"选项，在右侧窗格"编辑选项"列表中选中"自动插入小数点"复选框，接着在"位数"文本框中输入小数位数，如"3"，如图6-9所示。

图6-8

图6-9

3 单击"确定"按钮，在需要输入小数的单元格中输入数值，如：输入"555"（如图6-10所示），按Enter键，系统自动转，为0.555，效果如图6-11所示。

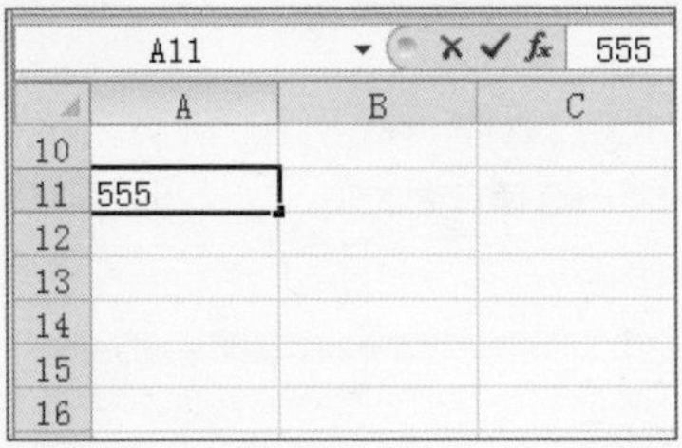

图6-10

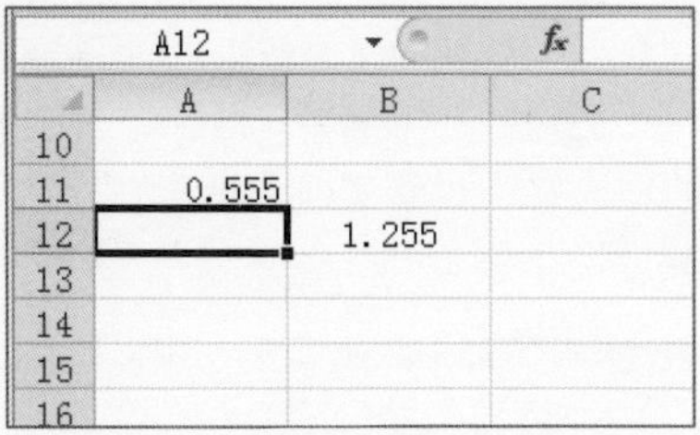

图6-11

专家提示

　　在Excel发表格中录入数据时，如果大量的数据都是包含两位、三位或多位小数的，可以用以上方法设置输入整数自动转换为小数，从而提高数据编辑效率。

6.1.3　输入日期与时间

　　日期型和时间型数据，经常出现在企业日常管理表中，根据不同的情况，输入的方法和效果也相同，下面具体介绍。

1. 输入当前日期和时间

　　1 选中要输入当前日期的单元格，在公式编辑栏中输入公式"=TODAY()"按Enter键，即可返回当前日期，效果如图6-12所示。

　　2 选中要输入当前时间的单元格，在公式编辑栏中输入公式"=TODAY()"按Enter键，即可返回当前日期，效果如图6-13所示。

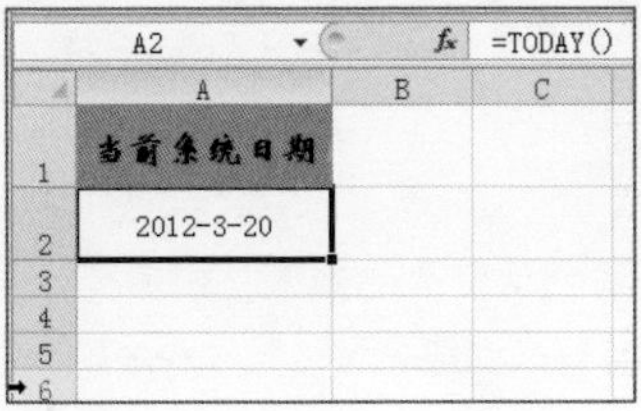

图6-12

图6-13

专家提示

　　在单元格中同时按下"Ctrl+;"组合键，即可输入系统当前日期。
　　在单元格中同时按下"Ctrl+Shift+;"组合键，即可输入系统当前时间。

2. 让输入的日期和时间自动转换为指定类型

❶ 选中单元格区域，如C5:C14单元格区域，切换到"开始"选项卡，在"数字"选项组单击 按钮，如图6-14所示。

❷ 打开"设置单元格格式"对话框，单击"数字"标签，在"分类"列表框中选中"日期"选项，接着在"类型"列表中选择日期类型，如"2001年3月14日"，如图6-15所示。

图6-14

图6-15

❸ 单击"确定"按钮，在设置格式的单元格内输入"76-05-16"（如图6-16所示），按Enter键，系统自动转换为"1976年5月16日"，效果如图6-17所示。

图6-16   图6-17

专家提示

设置指定类型的时间的方法与日期类型，在"单元格格式"对话框的"类型"列表框中单击"时间"选项，并选择需要的时间格式即可。

6.1.4 输入特殊符号

用户在编辑工作表时，有时会遇到一些特殊符号的输入，如序列号、注册、商标等符号，这时候用户可以通过插入符号来完成，具体操作方法如下。

1. 通过工具栏插入特殊符号

❶ 选中需要输入特殊字符的单元格，切换到"插入"选项卡，在"符号"选项组中单击"符号"按钮，如图6-18所示。

❷ 打开"符号"对话框，单击"符号"标签，接着单击"字体"下拉按

钮，在弹出的菜单中选择一种合适的字体，在下面的列表框中选择需要的符号，如图6-19所示。

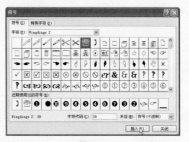

图6-18　　　　　　　　　　　　图6-19

③ 单击"插入"按钮，即可将选中的符号插入到单元格中，如果需要继续插入其他符号，选中符号后单击"插入"按钮即可，插入后效果如图6-20所示。

图6-20

2. 通过软键盘插入特殊符号

① 选中需要输入特殊字符的单元格，切换到任何一种中文输入法，使用鼠标右键单击软键盘图标，在弹出的菜单中选择"表情&符号"选项，在弹出的菜单中选择"特殊符号"选项，如图6-21所示。

② 打开"搜狗拼音输入法快捷输入"对话框，单击需要插入的特殊符号，如图6-22所示。

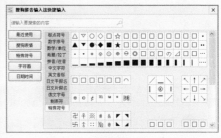

图6-21　　　　　　　　　　　　图6-22

❸ 设置完成后单击 × 按钮，关闭对话框，插入后的符号效果如图6-23所示。

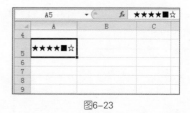

图6-23

专家提示

还有一些特殊符号直接可以按组合键输入到工作表中，如按快捷键Shift+2可以输入“@”符号，按快捷键Shift+7可以输入“&”符号。

6.2 以填充的方式批量输入数据

在Excel 2010中包含着一个实用的数据输入功能——数据填充。利用数据的填充功能，可以快速填充相同的数据、有规律的数据以及自定义的序列等。

6.2.1 快速填充相同的数据

在工作表特定的区域输入相同的数据时，可以使用数据的填充功能来重复输入相同的数据，具体操作方法如下。

1. 在连续单元格内填充

❶ 在D3单元格中输入产品单位“件”，接着将光标定位到D3单元格右下角，当光标变为黑色十字形时，按住鼠标左键不放，拖动鼠标向下填充，如图6-24所示。

❷ 拖动鼠标填充到D12单元格，松开鼠标左键，即可看到D3:D12单元格区域内的填充数据为“件”，效果如图6-25所示。

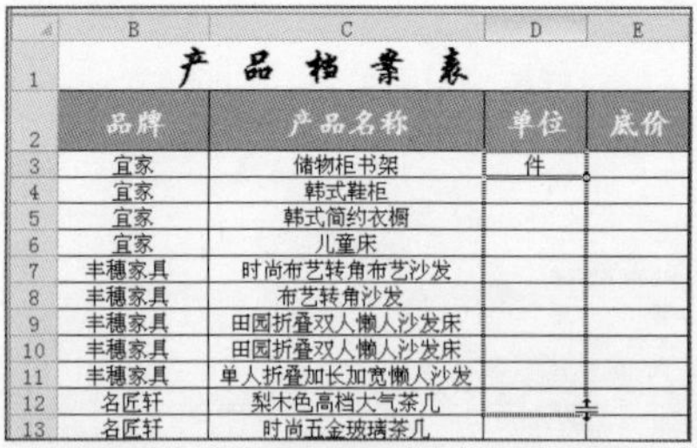

	B	C	D	E
1	产品档案表			
2	品牌	产品名称	单位	底价
3	宜家	储物柜书架	件	
4	宜家	韩式鞋柜		
5	宜家	韩式简约衣橱		
6	宜家	儿童床		
7	丰穗家具	时尚布艺转角布艺沙发		
8	丰穗家具	布艺转角沙发		
9	丰穗家具	田园折叠双人懒人沙发床		
10	丰穗家具	田园折叠双人懒人沙发床		
11	丰穗家具	单人折叠加长加宽懒人沙发		
12	名匠轩	梨木色高档大气茶几		
13	名匠轩	时尚五金玻璃茶几		

图6-24

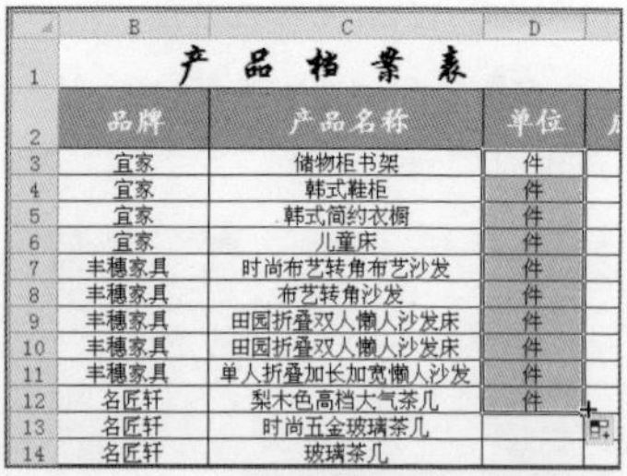

	B	C	D
1	产品档案表		
2	品牌	产品名称	单位
3	宜家	储物柜书架	件
4	宜家	韩式鞋柜	件
5	宜家	韩式简约衣橱	件
6	宜家	儿童床	件
7	丰穗家具	时尚布艺转角布艺沙发	件
8	丰穗家具	布艺转角沙发	件
9	丰穗家具	田园折叠双人懒人沙发床	件
10	丰穗家具	田园折叠双人懒人沙发床	件
11	丰穗家具	单人折叠加长加宽懒人沙发	件
12	名匠轩	梨木色高档大气茶几	件
13	名匠轩	时尚五金玻璃茶几	
14	名匠轩	玻璃茶几	

图6-25

2. 在不连续单元格内填充

❶ 打开工作表，选中第一个要输入数据的单元格，按住Ctrl键一次单击要输入数据的单元格，如图6-26所示。

② 松开Ctrl键，输入产品单位：件，在按下Ctrl键的同时按下Enter键。可以看到所有选中的单元格内全部输入了单位"件"，效果如图6-27所示。

图6-26

图6-27

专家提示

在连续的单元格内填充数据使用的是"填充柄"填充的方法，除了可以向下填充外，还可以向上、向左和向右分别填充。

6.2.2 快速填充有规律的数据

在特定的情况下，有些输入的数据时有规律的，利用数据的填充功能还可以对有规律的数据进行快速填充，具体操作方法如下。

1. 填充连续数据

① 在A3、A4单元格内分别输入产品的编号为"A-001"和"A-002"，接着选中A3:A4单元格区域，将光标定位到A4单元格右下角，当光标变为黑色十字形时，按住鼠标左键不放，拖动鼠标向下填充，如图6-28所示。

② 拖动鼠标填充到A12单元格，松开鼠标左键，即可看到A3:A12单元格区域内的填充的数据为有规律的产品编号，效果如图6-29所示。

图6-28

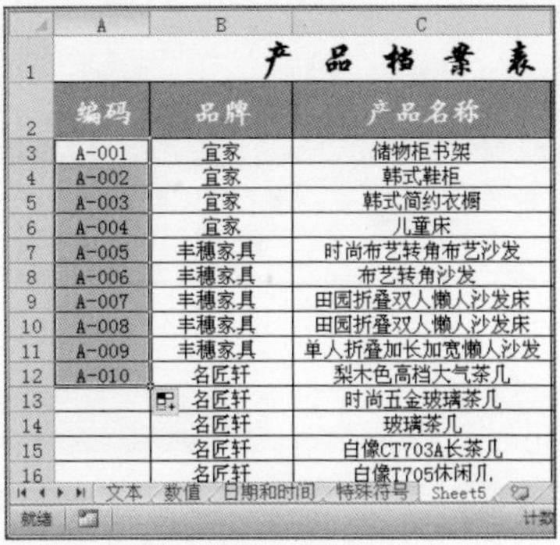

图6-29

2. 按等差数列填充

1 打开工作表，在A2单元格中输入数据"2"，选中要填充等差数列的单元格区域，切换到"开始"选项卡，在"编辑"选项组中单击"填充"按钮在下按钮，在下拉列表中选择"系列"选项，如图6-30所示。

图6-30

2 打开"序列"对话框，在"序列产生在"栏中选择"列"选项，在"类型"栏中选择"等差序列"选项，在"步长值"文本框中输入"5"，如图6-31所示。

3 单击"确定"按钮，返回工作表中，即可看到单元格区域中的数据按公差为5进行了填充，效果如图6-32所示。

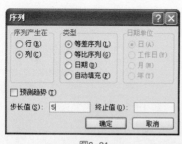

图6-31

图6-32

3. 按等比数列填充

1 打开工作表，在B2单元格中输入数据"3"，选中要填充等比数列的单元格区域，切换到"开始"选项卡，在"编辑"选项组中单击"填充"按钮在下按钮，在下拉列表中选择"系列"选项，如图6-33所示。

图6-33

② 打开"序列"对话框，在"序列产生在"栏中选择"列"选项，在"类型"栏中选择"等比序列"选项，在"步长值"文本框中输入"2"，如图6-34所示。

③ 单击"确定"按钮，返回工作表中，即可看到单元格区域中数据按公比为2进行了填充，效果如图6-35所示。

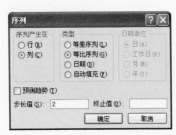

图6-34

图6-35

4. 按日期进行填充

① 打开工作表，在C2单元格中输入日期"2012-3-10"，选中要填充等比数列的单元格区域，切换到"开始"选项卡，在"编辑"选项组中单击"填充"按钮在下按钮，在下拉列表中选择"系列"选项，如图6-36所示。

② 打开"序列"对话框，在"序列产生在"栏中选择"列"选项，在"类型"栏中选择"工作日"选项，如图6-37所示。

③ 单击"确定"按钮，返回工作表中，即可看到单元格区域中数据按公工作日进行了填充，效果如图6-38所示。

图6-36

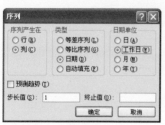

图6-37

图6-38

动手练一练

在"序列"对话框中，用户还可以设置日期填充的其他单位，如"日"、"月"和"年"。

6.2.3 "自动填充选项"功能的使用

使用"自动填充选项"功能还可以自动选择想要填充的方式，如只填充格式，具体操作方法如下。

❶ 打开工作表，选中D1单元格，将光标定位到D1单元格右下角，当光标变为黑色十字形时，按住鼠标左键不放，拖动鼠标向下填充，如图6-39所示。

B	C	D
填充等比数列	按日期填充	自动填充功能
3	2012-3-10	宜家
6		宜家
12		宜家
24		宜家
48		丰穗家具
96		丰穗家具
192		丰穗家具
384		丰穗家具
768		丰穗家具

图6-39

❷ 拖动鼠标填充到D10单元格，松开鼠标左键，即可看到D1:D12单元格区

域填充了相同的内容,单击"自动填充选项",在弹出的菜单中选择"仅填充格式,如图6-40所示。

3 设置完成后,可以看到单元格区域恢复原先内容,并对原先内容填充了D1单元格的格式,效果如图6-41所示。

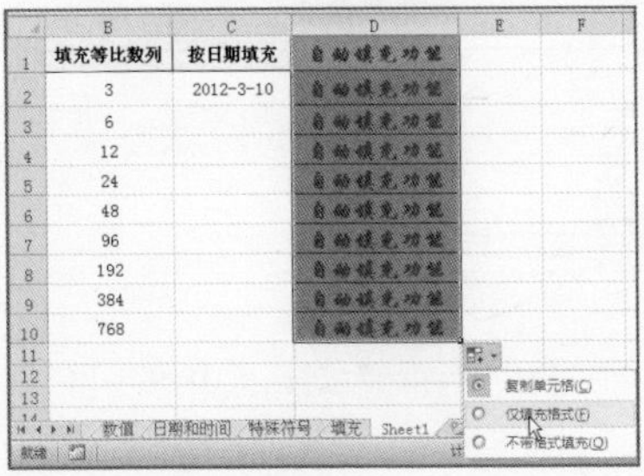

图6-40

图6-41

动手练一练

"自动填充选项"有三个功能,分别是"复制单元格"、"仅填充格式"和"不带格式的填充",用户可以自己动手操作一下看会得出怎么样的效果。

6.2.4 自定义填充序列

用户如果在办公中需要经常输入特定的数据,如:销售人员姓名、产品名称等。此时可以使用Excel填充功能中的"自定义序列"功能来定义这些特定数据,并进行填充。

1 打开工作表,单击"文件"标签,切换到Backstage窗口,在左侧窗格单击"选项"选项,如图6-42所示。

2 打开"Excel选项"对话框,在左侧窗格中选择"高级"选项,在右侧窗格中"常规"选项区域单击"编辑自定义列表"按钮,如图6-43所示。

图6-42

图6-43

③ 打开"自定义序列对话框",单击拾取器 🔲 按钮(如图6-44所示)进入"自定义序列"数据源选择状态,在工作表中选中数据源,如图6-45所示。

图6-44

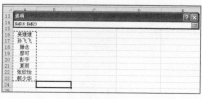
图6-45

④ 选择完成后单击拾取器 🔲 按钮返回"自定义序列"对话框中,单击"导入"按钮,即可将选择的数据源添加到"输入序列"列表中,如图6-46所示。

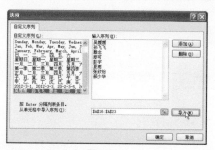
图6-46

⑤ 设置完成后单击"确定"按钮,返回"Excel"对话框中,再次单击"确定"按钮,即可完成设置。

⑥ 在A3单元格中输入其中一位销售人员的姓名,如"吴媛媛",将光标移动到A3单元格右下角,当光标变为黑色十字时向下填充(如图6-47所示),释放鼠标即可填充其他销售人员的姓名,效果如图6-48所示。

A3		fx 吴媛媛
	A	B	C
1		销售人员业	
2	姓名	销售数量	销售金额
3	吴媛媛	350	88400
4		220	149860
5		545	770240
6		450	159340
7		305	282280
8		302	121356
9		531	256313
10		220	253142

图6-47

	A	B	C
1		销售人员业	
2	姓名	销售数量	销售金额
3	吴媛媛	350	88400
4	孙飞飞	220	149860
5	滕念	545	770240
6	廖可	450	159340
7	彭宇	305	282280
8	夏雨	302	121356
9	张欣怡	531	256313
10	郝少华	220	253142
11			

图6-48

专家提示

通过自定义数据填充序列，用户可以定义想要填充的数据，不需要时在"自定义序列"中选中不需要的序列，单击"删除"按钮即可。

6.3 编辑数据

将数据输入到单元格中后，需要进行相关的编辑操作，例如移动数据、修改数据、复制粘贴数据、查找替换数据和删除数据等。

6.3.1 移动数据

移动数据是数据编辑过程中最常用的操作，运用这些操作可以很大程度上提高数据编辑效率。

① 打开工作表，选中需要移动的数据，按快捷键Ctrl+X，如图6-49所示。

② 选择需要移动的位置，按快捷键Ctrl+V即可将移动数据，如图6-50所示。

图6-49　　　　　　　　　　　　　　　图6-50

专家提示

选中需要移动单元格或单元格区域，将鼠标放到选定区域的边框上当鼠标呈现十字形状时，按住左键拖动鼠标到目标单元格或单元格区域，也可以移动数据。

6.3.2 修改数据

当在单元格中输入数据发生错误时，需要对错误数据进行修改，修改数据的方法有两种。

通过编辑栏修改数据。选中单元格后，单击编辑栏，然后在编辑栏内修改数据。

在单元格内修改数据。双击单元格，出现光标后，在单元格内对数据进行修改。

6.3.3 复制和粘贴数据

在数据编辑过程中，经常需要对数据进行复制粘贴等操作，为了减少重复输入提高编辑效率，可以使用"复制"和"粘贴"功能来辅助操作。

1.通过剪贴板来复制数据

1 打开工作表，切换到"开始"选项卡，在"剪贴板"选项组中单击剪贴板按钮，即可在编辑区域左侧显示"剪贴板"窗体，如图6-51所示。

2 选中要复制的数据，单击"剪贴板"选项组的复制按钮，即可将复制的数据显示在剪贴板列表中，如图6-52所示。

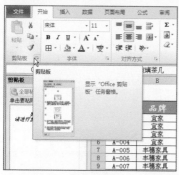

图6-51

图6-52

3 将光标定位到要粘贴的单元格中，在剪贴板中选中要粘贴的数据，如图6-53所示。

4 单击鼠标右键，在弹出的快捷菜单中选择"粘贴"命令，即可将数据粘贴到目标单元格中，效果如图6-54所示。

图6-53

图6-54

专家提示

当需要清除剪贴板中所有的复制数据时，可以在"剪贴板"窗体中，单击"全部清除"按钮即可；若需要删除某个复制数据时，可以在该复制数据展开的下拉菜单中选中"删除"选项。

2. 使用快捷键来复制和粘贴数据

打开工作表，选择要复制的数据，按快捷键Ctrl+C复制（如图6-55所示），选择需要复制数据的位置，按快捷键Ctrl+V即可粘贴，如图6-56所示。

图6-55　　　　　　　　　　　　　图6-56

6.3.4　查找与替换数据

在日常办公中，可能随时需要调用某产品、部门的相关资料，如果资料所在工作表含有大量数据时可以使用"查找"功能辅助操作，同时可以对查找到的数据进行替换，在特定情况下，查找时前提，替换是目的，二者是互相依存的。

1. 普通数据的查找和替换

❶ 打开工作表，切换到"开始"选项卡，在"编辑"选项组单击"查找和选择"下拉按钮，在其下拉列表中选择"查找"选项，如图6-57所示。

图6-57

❷ 弹出"查找和替换"对话框，在"查找"文本框中输入查找信息，如图6-58所示。

❸ 单击"查找下一个"按钮，即可将光标定位到满足条件的单元格上（如图6-59所示），接着单击"查找下一个"按钮，可依次查找下一条满足条件的记录。

图6-58

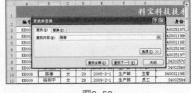

图6-59

④ 单击"替换"选项,在"替换为"文本框中输入需要替换的信息,单击
"替换"命令即可替换当前选定的数据,如图6-60所示。

图6-60

专家提示

如果要指定所查找的工作表后的范围,可以在"查找"对话框中单击
"选项"按钮,激活选项设置,即可设置朝着的范围、对查找内容进行格式
设置等。

2. 指定条件数据的查找

① 打开工作表,将光标定位到工作表的首行,切换到"开始"选项卡,
在"编辑"选项组单击"查找和选择"下拉按钮,在下拉列表中选择"公式"
如图6-61所示。

图6-61

② 选中"公式"选项后,系统自动选中计算公式的单元格区域,如图6-62
所示。

动手练一练

如果工作表中设置了条件格式或数据有效性,也可以在"查找和替换"
下拉菜单中选择"条件格式"和"数据验证"选项进行查找。

	A	B	C	D	E	F	G	H
1							科宝科技技	
2	编号	姓名	性别	年龄	入职时间	所属部门	职务	身份
3	KB001	黄永明	男	36	2001-1-1	销售部	经理	3400251971
4	KB002	丁瑞丰	女	32	2001-1-1	销售部	销售代表	342001198
5	KB003	庄尹丽	男	30	2003-1-1	销售部	销售代表	340001198
6	KB004	黄觉	女	29	2005-1-15	销售部	销售代表	340025198
7	KB005	侯淑娟	男	33	2003-1-15	销售部	销售代表	340025197
8	KB006	王英爱	男	36	2001-1-15	销售部	销售代表	34202578
9	KB007	阳明文	女	44	2002-1-15	生产部	厂长	34002568
10	KB008	程春	女	29	2005-2-1	生产部	主管	340031198
11	KB009	杨和平	女	28	2009-2-1	生产部	员工	3400258
12	KB010	陈明	男	27	2009-2-1	生产部	员工	340025198

图6-62

3. 指定条件数据的替换

❶ 将"陈春"替换为"程春"后，单击"选项"选项，激活选项设置，如图6-63所示。

❷ 单击"格式"选项，打开"替换格式"对话框，单击"填充"标签，在背景色列表中选择一种填充颜色，如"红色"，如图6-64所示。

图6-63

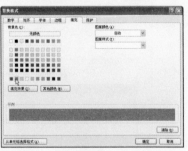

图6-64

❸ 单击"确定"按钮，返回到"查找和替换"对话框，可以看到预览效果，如图6-65所示。

❹ 单击"替换"按钮，即可用设置格式的"程春"替换工作表中的"陈春"，效果如图6-66所示。

图6-65

2	编号	姓名	性别	年龄
3	KB001	黄永明	男	36
4	KB002	丁瑞丰	女	32
5	KB003	庄尹丽	男	30
6	KB004	黄觉	女	29
7	KB005	侯淑娟	男	33
8	KB006	王英爱	男	36
9	KB007	阳明文	女	44
10	KB008	程春	女	29
11	KB009	杨和平	女	28
12	KB010	陈明	男	27

图6-66

6.3.5　删除数据

当不需要工作表中的数据时，可以将其删除。操作时选中需要删除的数据，按Delete键，即可将选中的数据删除。

6.3.6　数据条件格式的设置

当工作表中有大量数据时，可以使用"数据条件"功能显示出符合一定条件的数据，突出显示单元格规则是单元格、项目选取规则以及数据条、色阶和图标集。

1. 突出显示单元格规则

❶ 打开工作表，选中要设置条件格式的单元格区域，切换到"开始"选项卡，在"样式"选项组中单击"条件格式"按钮，在其下拉菜单中选择"突出显示单元格规则"命令，在弹出的子菜单中选择"大于"命令，如图6-67所示。

图6-67

❷ 打开"大于"对话框，在"为大于以下值的单元格设置格式"文本框中输入小于的数值，接着选择要设置的样式，如"浅红色填充深红色文本"，如图6-68所示。

❸ 单击"确定"按钮，返回工作表中，即可为大于350的单元格设置格式，如图6-69所示。

动手练一练

> 突出显示单元格规则下拉列表中包含有"小于"、"等于"、"介于"和"文本包含"等条件设置，用户可以自己动手试试。

图6-68   图6-69

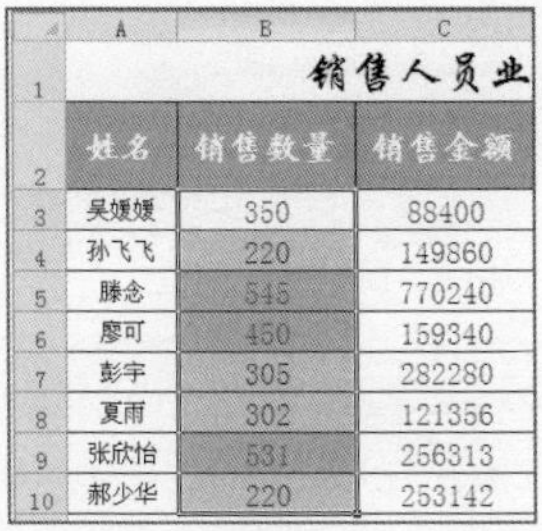

2. 项目选取规则

❶ 打开工作表，选中要设置条件格式的单元格区域，切换到"开始"选项卡，在"样式"选项组单击"条件格式"下拉按钮，在其下拉列表中选择"项目选取规则"选项，在弹出的菜单中选择"最大的10项"选项，如图6-70所示。

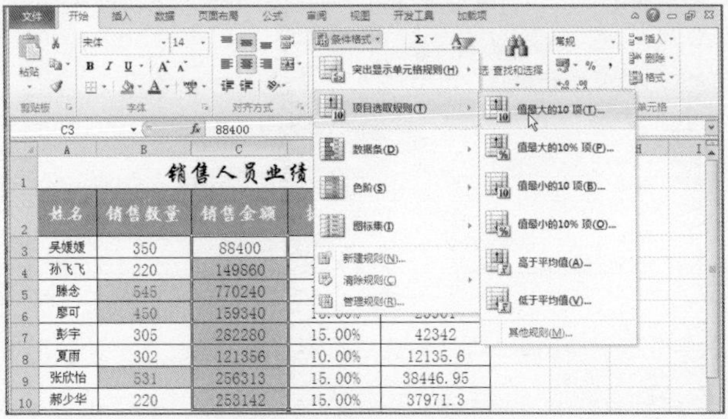

图6-70

❷ 打开"10个最大的项"对话框，将数字"10"改成"3"，接着选择要设置的样式，如"黄填充色深黄色文本"，如图6-71所示。

❸ 单击"确定"按钮，返回工作表中，即可为数据大小排列前3位的单元格设置格式，如图6-72所示。

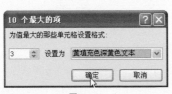

图6-71   图6-72

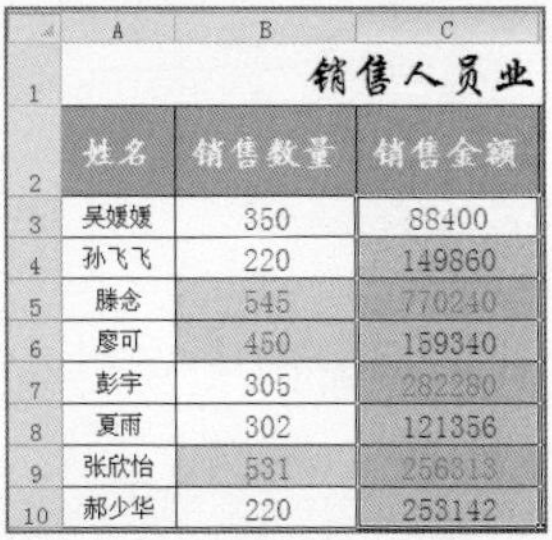

动手练一练

项目选取规则下拉列表中包含有"最小的10项"、"高于平均值"和"低于平均值"等条件设置,用户可以自己动手试试。

3. 数据条

① 打开工作表,选中要设置条件格式的单元格区域,切换到"开始"选项卡,在"样式"选项组单击"条件格式"下拉按钮,在其下拉列表中选择"数据条"选项,在弹出的菜单中选择一种数据条样式,如图6-73所示。

图6-73

② 选中数据条样式后,即可为选择的单元格区域设置数据条格式,效果如图6-74所示。

	A	B	C	D	E
1		**销售人员业绩分析**			
2	姓名	销售数量	销售金额	提成率	业绩奖金
3	吴媛媛	350	88400	8.00%	7072
4	孙飞飞	220	149860	10.00%	14986
5	滕念	545	770240	15.00%	115536
6	廖可	450	159340	15.00%	23901
7	彭宇	305	282280	15.00%	42342
8	夏雨	302	121356	10.00%	12135.6
9	张欣怡	531	256313	15.00%	38446.95
10	郝少华	220	253142	15.00%	37971.3

图6-74

动手练一练

条件格式下还有"色阶"和"图标集"等条件格式的样式,用户可以自己动手练一练。

6.3.7 冻结窗口方便数据的查看

当工作表中的含有大量数据时，数据不能在同一界面显示，如果想要在查看数据时始终显示标识项，可以冻结窗格方便数据查看。

❶ 选中要冻结的单元格所在行的下一行单元格，切换到"视图"选项卡，在"窗口"选项组单击"冻结窗格"按钮，在其下拉菜单中选择"冻结拆分窗格"命令，即可冻结窗格，如图6-75所示。

图6-75

❷ 冻结窗格后，向下滚动鼠标查看数据，冻结的窗格将会始终显示，如图6-76所示。

	A	B	C	D	E	F	G	H
1								飞星集团人事信」
2	编号	姓名	性别	年龄	入职时间	所属部门	职务	身份证号
18	FX041	李楠	女	24	2012-3-1	销售部	大区经理	340222198808065226
19	FX016	侯娟娟	女	34	2003-3-1	人事部	主管	340025197803170540
20	FX017	王福鑫	女	30	2004-3-1	人事部	人事专员	340042198210160527
21	FX018	王琪	女	27	2009-8-1	人事部	人事专员	340025198506100224
22	FX019	陈潇	女	37	2001-3-1	行政部	行政副总	340025197503240647
23	FX020	杨浪	男	27	2005-3-15	行政部	主管	340025198504160277
24	FX021	陈凤	男	25	2010-3-15	行政部	行政文员	340042198707060197
25	FX022	张点点	男	26	2011-3-6	行政部	销售内勤	342701860213857
26	FX023	于青青	男	42	2001-3-1	财务部	主办会计	342701197002178573
27	FX024	刘兰兰	女	30	2007-4-8	财务部	会计	342701198202148521
28	FX025	罗羽	女	27	2010-4-15	财务部	会计	342701198504018543
29	FX026	杨宽	男	30	2005-5-15	后勤部	主管	342701198202138579
30	FX027	金鑫	男	34	2008-5-15	后勤部	仓管	342701781213857
31	FX028	刘瑾	男	29	2010-5-15	后勤部	司机	342701198302138572
32	FX029	郑淑娟	女	48	2010-6-3	后勤部	食堂	342701196402138528
33	FX030	钟菲菲	女	42	2010-6-4	后勤部	食堂	342701700213858
34	FX031	柯南菲	女	42	2012-3-2	后勤部	食堂	340222196402082568

图6-76

6.3.8 插入与删除批注

为了方便查看工作表中的数据，用户可以为一些单元格添加批注，具体操作方法如下。

1. 插入批注

❶ 在工作表中选中要添加批注的单元格，如B8单元格，切换到"审阅"选项卡，在"批注"选项组单击"新建批注"选项（如图6-77所示），即可显示批注编辑框。

图6-77

② 在批注编辑框中输入批注的内容，并在其他单元格中单击，即可看到添加批注的单元格的右上方显示红色小三角，如图6-78所示。

③ 将鼠标指针移动到添加批注的单元格上，即可显示批注的内容，如图6-79所示。

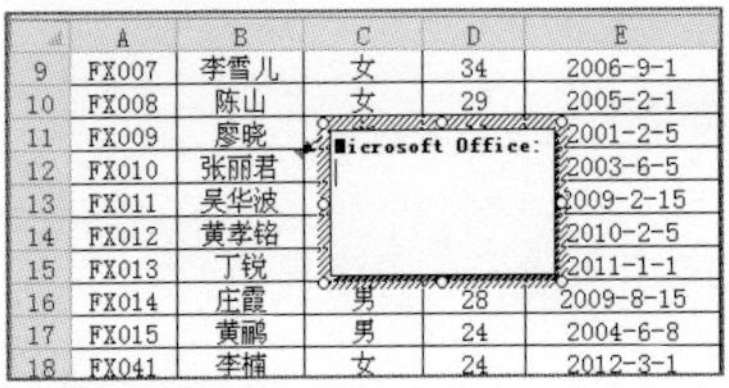

图6-78

图6-79

2. 删除批注

① 选中插入批注的单元格，切换到"审阅"选项卡，在"批注"选项组单击"删除"选项，如图6-80所示。

② 选择"删除批注"之后即可将插入的批注删除，删除后红色小三角就会消失，如图6-81所示。

图6-80

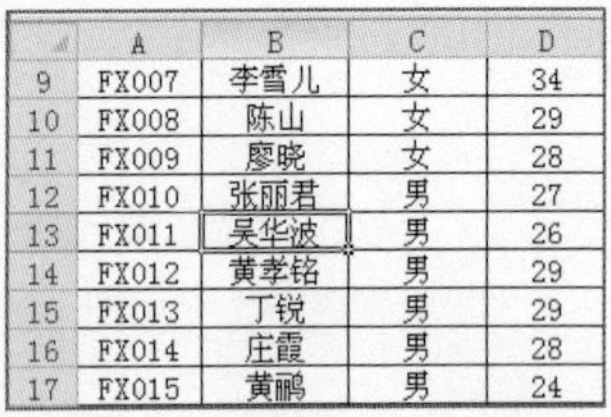

图6-81

专家提示

选中插入批注的，在右键菜单中选择"删除批注"命令，也可将插入的命令删除。

第 7 章

表格数据的处理与分析

7.1 数据的排序

在Excel 2010中处理数据时，时常需要进行排序，以方便对其进行分析。

7.1.1 快速对单列进行排序

利用Excel的"排序"功能可以快速对某列数据按照升序或降序进行排列，具体操作方法如下。

❶ 打开工作表，将光标定位到需要进行排序的所在列的任意一个单元格，如，"销售日期"所在列的任意单元格，切换到"数据"选项卡，单击"排序与筛选"组中的"升序"按钮，如图7-1所示。

❷ 即可对销售日期所在的列中的数据按照日期从小到大的顺序重新排序，效果如图7-2所示。

图7-1

图7-2

7.1.2 快速对多行进行排序

在Excel 2010中不仅可以对单列进行排序，还可以使用关键字同时对数据区域中的多列进行排序，具体操作方法如下。

❶ 打开工作表，选中A3:F32单元格区域，切换到"数据"选项卡，单击"排序与筛选"组中的"排序"按钮，如图7-3所示。

❷ 弹出排序对话框，在"主关键字"下拉列表中选择"销售数量"，在"次序"下拉列表中选择"升序"，如图7-4所示。

❸ 接着单击"添加条件"按钮，在"次关键字"下拉列表中选择"销售单价"，在"次序"下拉列表中选择"降序"，如图7-5所示。

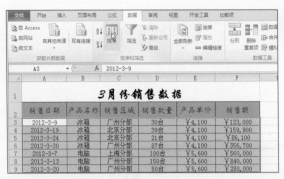

3月份销售数据

销售日期	产品名称	销售区域	销售数量	产品单价	销售额
2012-3-9	冰箱	广州分部	30台	￥4,100	￥123,000
2012-3-19	冰箱	北京分部	39台	￥4,100	￥159,900
2012-3-24	冰箱	北京分部	21台	￥4,100	￥86,100
2012-3-30	冰箱	广州分部	87台	￥4,100	￥356,700
2012-3-7	电脑	上海分部	100台	￥5,600	￥560,000
2012-3-13	电脑	广州分部	150台	￥5,600	￥840,000
2012-3-20	电脑	广州分部	50台	￥5,600	￥280,000

图7-3

图7-4

图7-5

❹ 单击“确定”按钮，系统在工作表中对销售数量进行从小到大的升序排列，依据销售数量的升序排列对销售单价进行从大到小的降序排列，效果如图7-6所示。

3月份销售数据

销售日期	产品名称	销售区域	销售数量	产品单价	销售额
2012-3-15	液晶电视	北京分部	11台	￥8,000	￥88,000
2012-3-21	电脑	上海分部	21台	￥5,600	￥117,600
2012-3-24	冰箱	北京分部	21台	￥4,100	￥86,100
2012-3-23	饮水机	北京分部	21台	￥1,200	￥25,200
2012-3-14	饮水机	天津分部	24台	￥1,200	￥28,800
2012-3-18	饮水机	天津分部	24台	￥1,200	￥28,800
2012-3-9	冰箱	广州分部	30台	￥4,100	￥123,000
2012-3-22	液晶电视	天津分部	31台	￥8,000	￥248,000
2012-3-27	空调	上海分部	32台	￥3,500	￥112,000
2012-3-2	空调	北京分部	35台	￥3,500	￥122,500
2012-3-5	液晶电视	广州分部	38台	￥8,000	￥304,000
2012-3-17	空调	北京分部	38台	￥3,500	￥133,000
2012-3-19	冰箱	北京分部	39台	￥4,100	￥159,900
2012-3-11	洗衣机	北京分部	39台	￥3,800	￥148,200
2012-3-26	洗衣机	天津分部	40台	￥3,800	￥152,000
2012-3-4	洗衣机	天津分部	45台	￥3,800	￥171,000
2012-3-20	电脑	广州分部	50台	￥5,600	￥280,000
2012-3-16	洗衣机	上海分部	50台	￥3,800	￥190,000
2012-3-8	饮水机	天津分部	50台	￥1,200	￥60,000

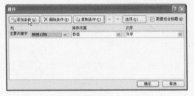

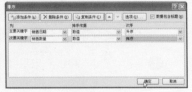

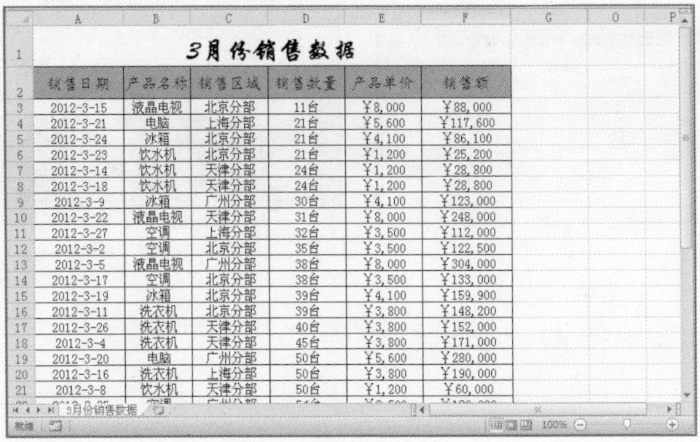

图7-6

7.1.3　自定义排序

用户还可以自己定义一个数据系列，按照自定义的序列对数据进行排序，具体操作方法如下。

❶ 打开工作表，选中A3:F32单元格区域，切换到“数据”选项卡，在“排

序和筛选"选项组单击"排序"选项。

②打开"排序"对话框,在"主关键字"下拉列表中选择"销售日期",接着在"次序"下拉列表中选择"自定义序列",如图7-7所示。

③打开"自定义序列"对话框,在"输入序列"列表框中输入自定义序列,并单击"添加"按钮,如图7-8所示。

图7-7

图7-8

④单击"确定"按钮,返回"排序"对话框,,可以看到在"次序"下拉列表中显示自定义想序列,如图7-9所示。

⑤单击"确定"按钮,则工作表中的"销售日期"所在列数据按用户自定义的序列进行排序,效果如图7-10所示。

图7-9

图7-10

7.1.4 按笔画对数据进行排列

如果工作表中需要排序的数据是中文,则可以按照中文的笔划进行排序,具体操作方法如下。

①打开"人事信息表"工作表,选中A3:R34单元格区域,切换到"数据"选项卡,在"排序和筛选"选项组单击"排序"选项。

②打开"排序"对话框,单击"选项"选项,如图7-11所示。

③打开"排序选项"对话框,在"方向"选项区域中选中"按列排序"选项,接着在"方法"选项区域中选中"笔划排序"选项,如图7-12所示。

图7-11　　　　　　　　　　　　图7-12

④ 单击"确定"按钮，返回"排序"对话框，在"主要关键字"下拉列表中选择"姓名"，其他参数保持默认设置，如图7-13所示。

⑤ 单击"确定"按钮，则工作表中的"姓名"所在列数据按照首字的笔划从少到多进行排序，效果如图7-14所示。

图7-13

	A	B	C	D
1				
2	编号	姓名	性别	年龄
3	FX013	丁锐	男	29
4	FX023	于青青	男	42
5	FX003	王密	男	30
6	FX018	王琪	女	27
7	FX017	王福鑫	女	30
8	FX024	邓兰兰	女	30
9	FX028	刘猛	男	29
10	FX004	吕芬芬	女	29
11	FX014	庄霞	男	28
12	FX011	吴华波	男	26
13	FX010	张丽君	男	27
14	FX022	张点点	男	26
15	FX007	李雪儿	女	34

图7-14

7.2　数据的筛选

筛选是指暂时隐藏不必显示的行列，而只显示需要的行列，执行筛选操作后，筛选出来的数据都是符合一定条件的。

7.2.1　快速进行自动筛选

Excel的自动筛选功能可以把暂时不需要的数据隐藏起来，而只显示符合条件的数据记录，这在管理大型工作表时相当有用。

① 选中用来存放"筛选下拉按钮"的单元格或行，切换到"数据"选项卡，在"排序和筛选"选项组中单击"筛选"按钮，如图7-15所示。

② 此时工作表会进入自动筛选状态，标题栏中每一个单元格旁都会有一个下拉三角号，这是自动筛选的标志，如图7-16所示。

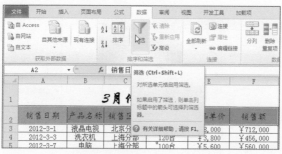

图7-15

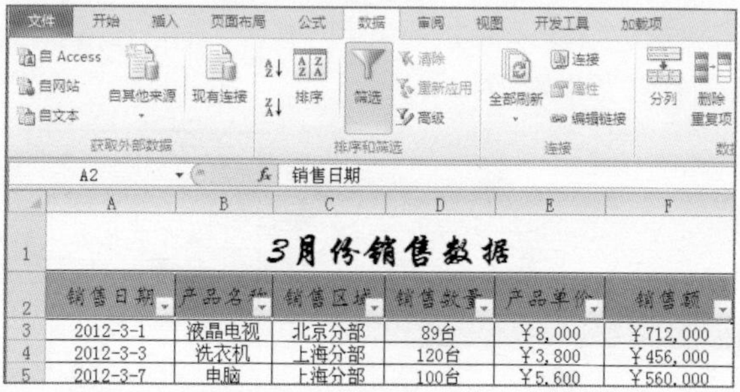

图7-16

③ 单击某一个单元格旁的下拉三角号，如"产品名称"，在弹出的下拉列表框中取消选中"全选"复选框，只选中要显示的项，如"冰箱"，如图7-17所示。

④ 单击"确定"按钮，其他记录会被隐藏，只显示被选择的记录，如图7-18所示。

图7-17

图7-18

7.2.2 自定义筛选的使用

在Excel 2010中，用户还可以在自动筛选功能下通过自定义筛选来设置筛选的条件，选择"或"条件或者"与"条件，具体操作方法如下。

① 打开工作表，单击"产品单价"筛选按钮，在下拉列表中选择"数字筛选"单选项，在弹出的菜单中选择"自定义筛选"单选项，弹出"自定义自动筛选方式"对话框，如图7-19所示。

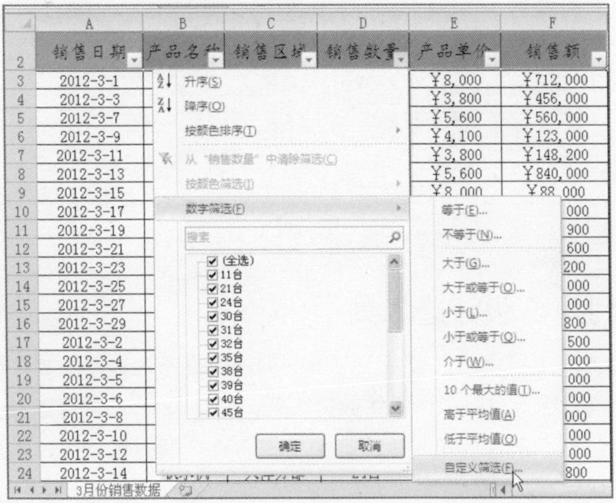

图7-19

② 打开"自定义自动筛选方式"对话框，在对话框中选择"或"选项，在左边文本框下拉列表中分别选择"大于"单选项，在右边文本框中输入数值"5000"，如图7-20所示。

图7-20

③ 接着在"或"选项下左边文本框下拉列表中分别选择"小于"单选项，在右边文本框中输入数值"2000"，如图7-21所示。

图7-21

❹ 单击“确定”按钮，则系统会筛选出工作表中销售单价大于5000或小于2000的数据，筛选效果如图7-22所示。

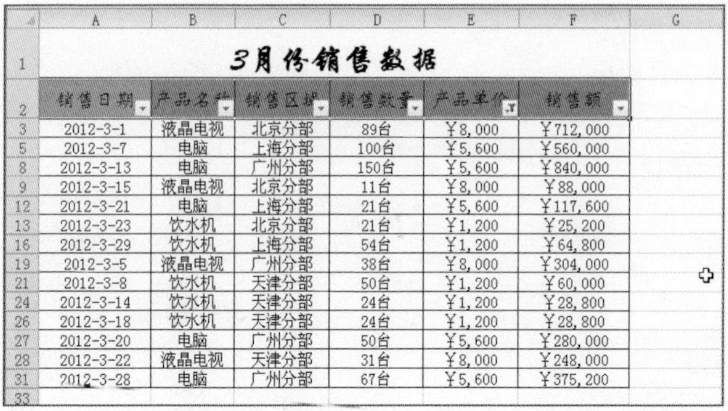

	A	B	C	D	E	F
1	3月份销售数据					
2	销售日期	产品名称	销售区域	销售数量	产品单价	销售额
3	2012-3-1	液晶电视	北京分部	89台	￥8,000	￥712,000
5	2012-3-7	电脑	上海分部	100台	￥5,600	￥560,000
8	2012-3-13	电脑	广州分部	150台	￥5,600	￥840,000
9	2012-3-15	液晶电视	北京分部	11台	￥8,000	￥88,000
12	2012-3-21	电脑	上海分部	21台	￥5,600	￥117,600
13	2012-3-23	饮水机	北京分部	21台	￥1,200	￥25,200
16	2012-3-29	饮水机	上海分部	54台	￥1,200	￥64,800
19	2012-3-5	液晶电视	广州分部	38台	￥8,000	￥304,000
21	2012-3-8	饮水机	天津分部	50台	￥1,200	￥60,000
24	2012-3-14	饮水机	天津分部	24台	￥1,200	￥28,800
26	2012-3-18	饮水机	天津分部	24台	￥1,200	￥28,800
27	2012-3-20	电脑	广州分部	50台	￥5,600	￥280,000
28	2012-3-22	液晶电视	天津分部	31台	￥8,000	￥248,000
31	2012-3-28	电脑	广州分部	67台	￥5,600	￥375,200
33						

图7-22

7.2.3 利用高级筛选工具

如果工作表中所含信息较多，对单一列的数据筛选很难找到自己想要的数据，则利用高级筛选进行多个条件数据筛选，使用Excel高级筛选时，工作表的“数据区域”与“条件区域”之间，至少要有一个空行做分隔，而且“条件区域”必须有列标志，具体操作方法如下。

❶ 打开工作表，在需要筛选的单元格区域隔一列的单元格输入高级筛选条件，切换到“数据”选项卡，单击“排序与筛选”组中的“高级”按钮，如图7-23所示。

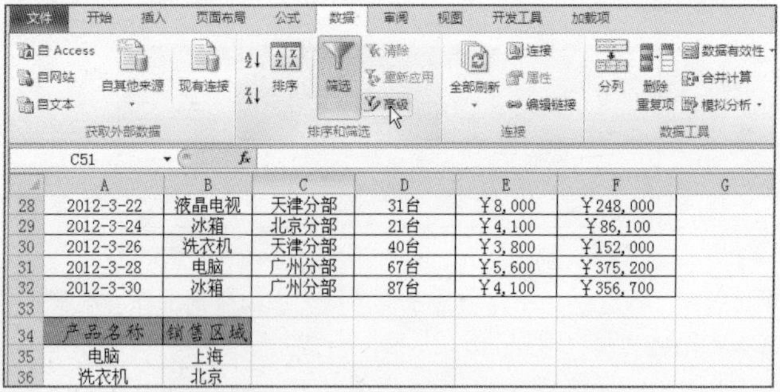

	A	B	C	D	E	F
28	2012-3-22	液晶电视	天津分部	31台	￥8,000	￥248,000
29	2012-3-24	冰箱	北京分部	21台	￥4,100	￥86,100
30	2012-3-26	洗衣机	天津分部	40台	￥3,800	￥152,000
31	2012-3-28	电脑	广州分部	67台	￥5,600	￥375,200
32	2012-3-30	冰箱	广州分部	87台	￥4,100	￥356,700
33						
34	产品名称	销售区域				
35	电脑	上海				
36	洗衣机	北京				

图7-23

❷ 打开“高级筛选”对话框，将光标定位在“列表区域”栏中，然后在工作表中拖动鼠标选中A3:F32单元格区域，如图7-24所示。

❸ 接着将光标定位在“条件区域”栏中，然后在工作表中拖动鼠标选中A34:A36单元格区域，如图7-25所示。

图7-24　　　　　　　　　　　　　图7-25

④ 单击"确定"按钮，则系统会筛选出上海分部电脑北京分部洗衣机的销售情况，效果如图7-26所示。

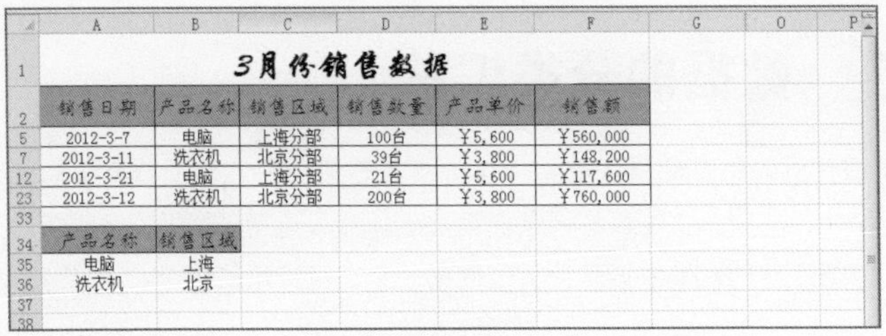

图7-26

7.2.4　使用通配符进行筛选

在Excel 2010中，用户还可以利用"*"、"?"通配符对工作表数据进行模糊筛选，例如要筛选出工作中所有姓李的员工的信息，具体操作方法如下。

① 打开工作表，单击"姓名"筛选按钮，在下拉菜单中选择"文本筛选"命令，在弹出的子菜单中选择"自定义筛选"命令，如图7-27所示。

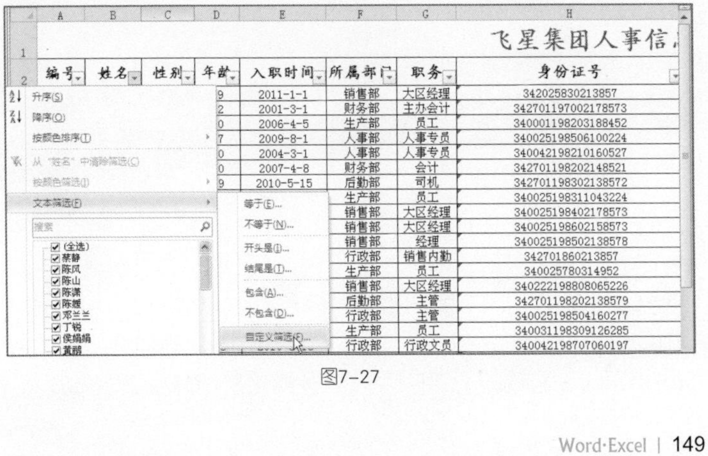

图7-27

②打开"自定义自动筛选方式"对话框,单击"显示行"栏下文本框的下拉按钮,选择"等于"选项,在后面的文本框中输入"陈*",如图7-28所示。

③单击"确定"按钮,即可在工作表中筛选出姓为"陈"的员工,如图7-29所示。

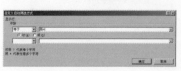

	A	B	C	D	E	F
1						
2	编号	姓名	性别	年龄	入职时间	所属部门
19	FX008	陈山	女	29	2005-2-1	生产部
20	FX021	陈凤	男	25	2010-3-15	行政部
21	FX002	陈媛	女	32	2003-9-8	生产部
22	FX019	陈潇	女	37	2001-3-1	行政部
36						
37						
38						

图7-28　　　　　　　　　　　　　　图7-29

7.3　数据的分类汇总

所谓分类汇总是指将数据按指定的类进行汇总,在进行分类汇总前首先需要进行排序,将同一类的数据记录连续显示,然后再将各个类型数据按指定条件汇总,分类汇总功能是数据库分析过程中一个非常实用的功能。

7.3.1　简单的分类汇总

进行分类汇总之前需要对所汇总的数据进行排序,即将同一类别的数据排列在一起,然后将各个类别的数据按指定方式汇总。

①打开工作表,选中"所属部门"列中任意的单元格,如F3单元格,切换到"数据"选项卡,单击"排序和筛选"选项组中的"降序"按钮,如图7-30所示。

②对数据进行排序后,单击"分级显示"组中的"分类汇总"选项,如图7-31所示。

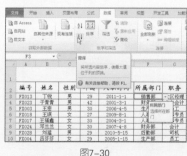

图7-30　　　　　　　　　　　　　　图7-31

③弹出"分类汇总"对话框,单击"分类字段"文本框下拉按钮,在下拉

列表中选中分类字段"所属部门"（如图7-32）所示，设置"汇总方式"为平均值，在选定汇总项下选中"年龄"复选框，如图7-33所示。

图7-32

图7-33

④ 单击"确定"按钮，返回工作簿，汇总效果如图7-34所示。

1 2 3		A	B	C	D	E	F	G	H
	1								飞星集团人事信
	2	编号	姓名	性别	年龄	入职时间	所属部门	职务	身份证号
	3	FX013	丁锐	男	29	2011-1-1	销售部	大区经理	342025830213857
	4	FX014	庄霞	男	28	2009-8-15	销售部	大区经理	340025198402178573
	5	FX011	吴华波	男	26	2009-2-15	销售部	大区经理	340025198602158573
	6	FX010	张丽君	男	27	2003-6-5	销售部	经理	340025198502138578
	7	FX041	李楠	女	24	2012-3-1	销售部	大区经理	340222198808065226
	8	FX012	黄孝铭	男	29	2010-2-5	销售部	大区经理	342031830214857
	9	FX015	黄鹂	男	24	2004-6-8	销售部	大区经理	340025198802138578
	10	FX009	廖晚	女	27	2001-2-5	销售部	总监	340025840312056
	11				26.875		销售部 平均值		
	12	FX023	于青青	男	42	2001-3-1	财务部	主办会计	342701197002178573
	13	FX024	邓兰兰	女	30	2007-4-8	财务部	会计	342701198202148521
	14	FX025	罗羽	女	27	2010-4-15	财务部	会计	342701198504018543
	15				33		财务部 平均值		
	16	FX022	张点点	男	26	2011-3-6	行政部	销售内勤	342701860213857
	17	FX020	杨浪	男	27	2005-3-15	行政部	会计	340025198504160277
	18	FX021	陈凤	男	25	2010-3-15	行政部	行政文员	340042198707060197
	19	FX019	陈潇	女	37	2001-3-1	行政部	行政副总	340025197503240647
	20				28.75		行政部 平均值		
	21	FX028	刘猛	男	29	2010-5-15	后勤部	司机	342701199802138578
	22	FX026	杨宽	男	30	2005-5-15	后勤部	主管	342701198202138579
	23	FX027	郑被涵	女	48	2010-6-3	后勤部	食堂	342701196402138528

学历层次分析 人事信息管理表 人事信息查询表 Sheet3

图7-34

7.3.2 嵌套分类汇总

嵌套分类汇总是指在分类汇总中一次或几次其他方式的汇总，几种汇总方式同时存在于工作表中，具体操作方法如下。

❶ 打开工作表，按"销售日期"进行升序排序，在"分级显示"选项组单击"分类汇总"按钮。

❷ 打开"分类汇总"对话框，单击"分类字段"文本框下拉按钮，在下拉列表中选中分类字段"部门"（如图7-35所示），在选定汇总项下选中"基本工资"复选框，如图7-36所示。

图7-35   图7-36

3 单击"确定"按钮，返回工作表，汇总效果如图7-37所示。

图7-37

4 再次打开"分类汇总"对话框，将选择汇总方式为"平均值"（如图7-38所示），在"选定汇总项"栏选中"岗位工资"复选框，如图7-39所示。

图7-38   图7-39

5 单击"确定"按钮，返回工作表，汇总效果如图7-40所示。

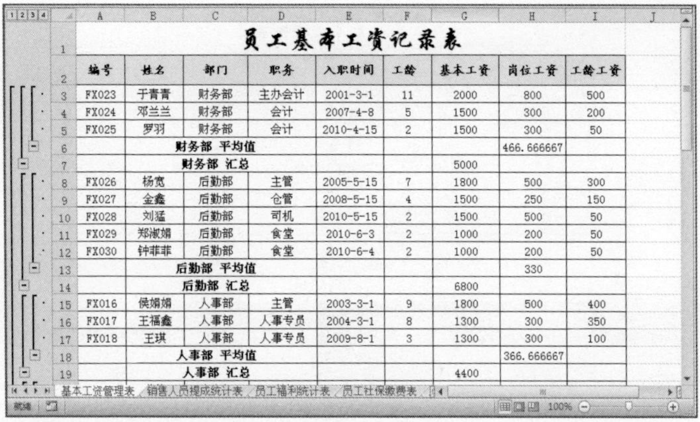

员工基本工资记录表

编号	姓名	部门	职务	入职时间	工龄	基本工资	岗位工资	工龄工资
FX023	于青青	财务部	主办会计	2001-3-1	11	2000	800	500
FX024	邓兰兰	财务部	会计	2007-4-8	5	1500	300	200
FX025	罗羽	财务部	会计	2010-4-15	2	1500	300	50
	财务部 平均值						466.666667	
	财务部 汇总					5000		
FX026	杨宽	后勤部	主管	2005-5-15	7	1800	500	300
FX027	金鑫	后勤部	仓管	2008-5-15	4	1500	250	150
FX028	刘猛	后勤部	司机	2010-5-15	2	1500	500	50
FX029	郑淑娟	后勤部	食堂	2010-6-3	2	1000	200	50
FX030	钟菲菲	后勤部	食堂	2010-6-4	2	1000	200	50
	后勤部 平均值						330	
	后勤部 汇总					6800		
FX016	侯娟娟	人事部	主管	2003-3-1	9	1800	500	400
FX017	王福鑫	人事部	人事专员	2004-3-1	8	1300	300	350
FX018	王琪	人事部	人事专员	2009-8-1	3	1300	300	100
	人事部 平均值						366.666667	
	人事部 汇总					4400		

图7-40

7.3.3　隐藏和显示汇总结果

创建完分类汇总后，会将所有分类汇总的数据显示在工作表中，为了在庞大的数据中查看分类汇总数据，用户可以通过隐藏和显示来辅助查看。

1. 隐藏分类汇总信息

通过分类汇总目的是查看特定的数据，但对于数据比较庞大的工作表来说，即使进行了分类汇总，其显示的数据还是比较多，不便于查看，此时可以将不需要查看的分类汇总进行隐藏，具体操作方法如下。

❶ 如果要隐藏某个字段的信息，可以将光标移动到左侧需要隐藏分类汇总数据的隐藏明细数据按钮[-]，如图7-41所示，即可隐藏该字段的分类汇总，如图7-42所示。

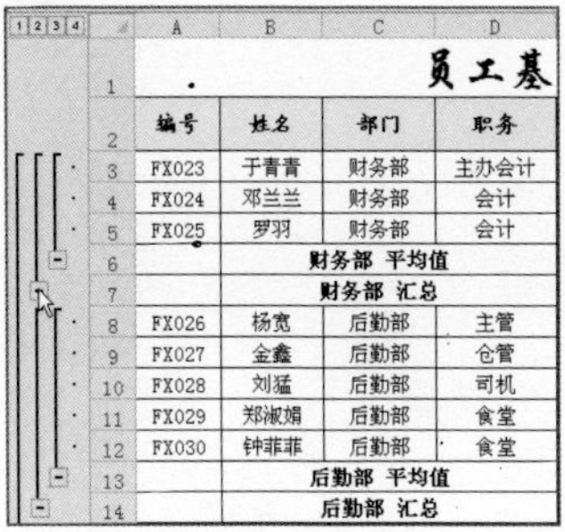

员工基

编号	姓名	部门	职务
FX023	于青青	财务部	主办会计
FX024	邓兰兰	财务部	会计
FX025	罗羽	财务部	会计
	财务部 平均值		
	财务部 汇总		
FX026	杨宽	后勤部	主管
FX027	金鑫	后勤部	仓管
FX028	刘猛	后勤部	司机
FX029	郑淑娟	后勤部	食堂
FX030	钟菲菲	后勤部	食堂
	后勤部 平均值		
	后勤部 汇总		

图7-41

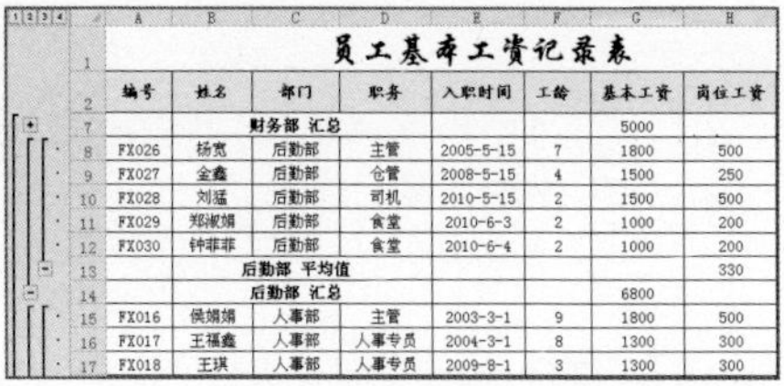

员工基本工资记录表

编号	姓名	部门	职务	入职时间	工龄	基本工资	岗位工资
	财务部 汇总					5000	
FX026	杨宽	后勤部	主管	2005-5-15	7	1800	500
FX027	金鑫	后勤部	仓管	2008-5-15	4	1500	250
FX028	刘猛	后勤部	司机	2010-5-15	2	1500	500
FX029	郑淑娟	后勤部	食堂	2010-6-3	2	1000	200
FX030	钟菲菲	后勤部	食堂	2010-6-4	2	1000	200
	后勤部 平均值						330
	后勤部 汇总					6800	
FX016	侯娟娟	人事部	主管	2003-3-1	9	1800	500
FX017	王福鑫	人事部	人事专员	2004-3-1	8	1300	300
FX018	王琪	人事部	人事专员	2009-8-1	3	1300	300

图7-42

❷ 如果要隐藏所有部门的信息，只显示总的数值，可以依次单击左侧所有数据的隐藏明细数据按钮，如图7-43所示。

	A	B	C	D	E	F	G	H	I
1	员工基本工资记录表								
2	编号	姓名	部门	职务	入职时间	工龄	基本工资	岗位工资	工龄工资
6		财务部 平均值						466.666667	
7		财务部 汇总					5000		
14		后勤部 汇总					6800		
18		人事部 平均值						366.666667	
19		人事部 汇总					4400		
29		生产部 汇总					14000		
37		销售部 平均值						400	
38		销售部 汇总					10500		
43		行政部 平均值						475	
44		行政部 汇总					7400		
45			总计平均值					398.333333	
46			总计				48100		

图7-43

2. 显示分类汇总信息

当分类数据隐藏后，如果用户需要查看数据，可以将其显示。

❶ 如果要显示某个字段的信息，可以将光标移动到左侧需显示分类汇总数据的显示明细数据按钮+，即可显示该字段的分类汇总，如图7-44所示。

	A	B	C	D	E	F	G	H	I
37		销售部 平均值						400	
38		销售部 汇总					10500		
39	FX019	陈潇	行政部	行政副总	2001-3-1	11	3000	800	500
40	FX020	杨浪	行政部	主管	2005-3-15	7	1800	500	300
41	FX021	陈风	行政部	行政文员	2010-3-15	2	1300	250	50
42	FX022	张点点	行政部	销售内勤	2011-3-6	1	1300	350	0
43		行政部 平均值						475	
44		行政部 汇总					7400		
45			总计平均值					398.333333	
46			总计				48100		

图7-44

❷ 如果要显示其他部门的信息可以依次单击左侧所有数据的显示明细数据按钮，来显示其他部门的分类汇总。

7.3.4 让每页显示固定数量的汇总记录

在打印分类会中数据时，希望每页中都显示固定数量的记录，可以通过如下方式实现这一操作。

❶ 打开“员工福利记录”工作表，若要每页显示5条记录可在K3单元格的编辑栏中输入公式“=INT((ROW(A3)-3)/5)”，如图7-45所示。

SUM =INT((ROW(A3)-3)/5)

	A	B	C	D	E	F	G	H	I	J	K
3		FX023	于青青	财务部	250	50	180	0	180	660	-3)/5)
4		FX024	邓兰兰	财务部	250	50	180	0	180	660	
5		FX025	罗羽	财务部	250	50	180	0	180	660	
6		FX026	杨宽	后勤部	200	0	150	0	150	500	
7		FX027	金鑫	后勤部	200	0	150	0	150	500	
8		FX028	刘猛	后勤部	200	0	150	0	150	500	
9		FX029	郑淑娟	后勤部	200	0	150	0	150	500	
10		FX030	钟菲菲	后勤部	200	0	150	0	150	500	

图7-45

❷ 按Enter键，得到公式结果，选中K3单元格，将光标定位到单元格右下角，向下拖动鼠标填公式，如图7-46所示。

❸ 选中数据区域的任意单元格，单击“分级显示”选项组的“分类汇总”选项，打开“分类汇总”对话框，在“分类字段”下拉列表中选择“（列K）”

7.4 数据有效性设置

数据有效性的设置是指让指定单元格中所输入的数据满足一定的要求，如只能输入指定范围的整数、只能输入小数、只能输入特定长度的文本等，根据实际情况设置数据有效性后，可以有效防止在单元格中输入无效的数据。

7.4.1 设置数据有效性

设置数据有效性，可以建立一定的规则来限制向单元格输入内容，也可以有效地防止输入错误，例如在员工基本工资管理表中，可以设置数据有效性来设置单元格中只输入身份证号码，具体操作方法如下。

❶ 选中要设置数据有效性的H3:H33单元格区域，切换到"数据"选项卡下，接着在"数据工具"选项组中单击"数据有效性"按钮，如图7-50所示。

图7-50

❷ 打开"数据有效性"对话框，在"允许"下拉列表中选择"文本"选项，如图7-51所示。

❸ 接着在"数据"文本框下拉列表中选择"介于"，在"最小值"文本框中输入15，在最大值文本框中输入18，如图7-52所示，单击"确定"按钮，即可完成设置。

图7-51

图7-52

❹ 此时如果设置了数据有效性的单元格中输入的序列不在设置序列时，会

弹出错误信息，如图7-53所示。

图7-53

7.4.2 设置输入提示信息

通过设置"数据有效性"对话框，可以设置在单元格中输入数据时，显示提示用户输入数据的信息，具体操作方法如下。

1 选中要设置数据有效性的单元格区域，如H3:H33，打开数据有效性对话框，切换到"输入信息"选项卡，在"标题"和"输入信息"文本框中输入要提示的信息，如图7-54所示。

2 单击"确定"按钮，在H3:H33单元格区域的任意一个单元格单击，即可在其旁边显示出提示信息，如图7-55所示。

图7-54

图7-55

7.4.3 设置出错警告信息

用户还可以在"设置数据有效性"对话框中设置出错警告，即输入单元格的数据不符合有效条件的数据时，即可弹出出错警告，具体操作方法如下。

1 选中要设置数据有效性的单元格区域，如H3:H33，打开"数据有效性"对话框，切换到"出错警告"选项卡，在"样式"下拉列表中选择"停止"选项，接着在"标题"和"错误信息"文本框中输入要提示的信息，如图7-56所示。

2 单击"确定"按钮，当在H3:H33单元格范围内输入不在限制范围的数据时，即可弹出设置的警告信息，如图7-57所示。

图7-56

图7-57

7.4.4　在Excel工作表中添加下拉列表框

在制作Excel表格时，如果希望使用某一列中的数据可以通过下拉列表选择，而不是直接输入，可以按照如下方法进行设置。

❶ 选中要设置数据有效性的单元格区域，如C3:C32，打开数据有效性对话框，在"允许"下拉列表中选择"序列"选项，如图7-58所示。

❷ 在"来源"文本框中输入"生产部,销售部,人事部,行政部,财务部,后勤部"，如图7-59所示。

图7-58

图7-59

❸ 单击"确定"按钮，当在C3:C32单元格区域单击任意一个单元格，在右侧单击出现的下拉按钮，即可在下拉列表中选择相应的数据，如图7-60所示。

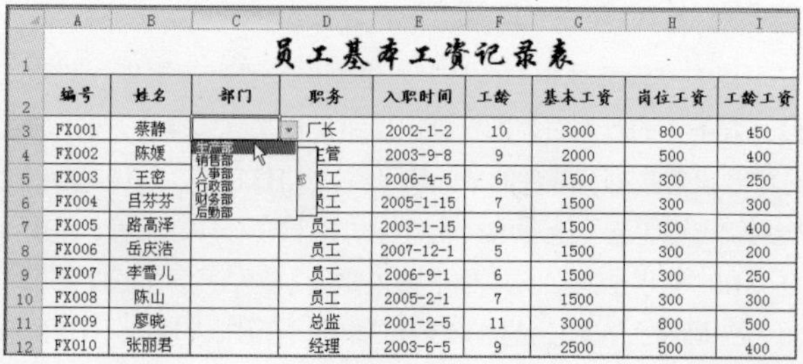

图7-60

7.4.5 通过定义名称创建下拉列表

在制作Excel表格时，如果希望使用某一列中的数据可以通过下拉列表选择，还可以通过设置名称的方式实现，具体操作方法如下。

1 选中要定义名称的数据区域，如K3:K14单元格区域，切换到"公式"选项卡，在"定义的名称"选项组单击"定义名称"下拉按钮在其下拉列表中选择"定义名称"命令，如图7-61所示。

2 打开"定义名称"对话框，在"名称"文本框中输入为单元格区域定义的名称"职位"，如图7-62所示。

图7-61

图7-62

3 单击"确定"按钮，返回工作表中，在其中选择要添加下拉列表的单元格区域，如D3:D32单元格区域，打开"数据有效性"对话框，在"允许"下拉列表中选择"序列"选项，接着在"来源"文本框中输入"=职位"，如图7-63所示。

4 单击"确定"按钮，当在D3:D32单元格区域单击任意一个单元格，在右侧单击出现的下拉按钮，即可在下拉列表中选择相应的数据，如图7-64所示。

图7-63

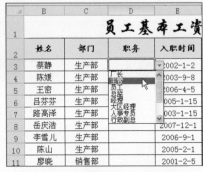

图7-64

7.4.6　圈释无效数据

在"数据有效性"对话框中为数据设置了有效的范围后，当输入的数据不在这个范围内时，会弹出提示信息，但用户却可以正常地输入无效的数据，这时利用"圈释无效数据"按钮即可将其中的无效数据标识出来，具体操作方法如下。

1 选择需要设置数据有效性的单元格区域，如H3:H32单元格区域，打开"数据有效性"对话框，在"允许"下拉列表中选择"整数"选项，如图7-65所示。

2 接着在"数据"文本框下拉列表中选择"介于"，在"最小值"文本框中输入300，在最大值文本框中输入800，如图7-66所示，单击确定按钮，即可完成设置。

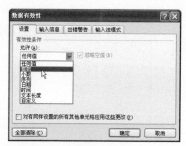

图7-65

图7-66

3 选中任意单元格，在"数据工具"选项组单击"数据有效性"下拉按钮，在其下拉列表中选择"圈释无效数据"按钮（如图7-67所示），即可用红色的椭圆将数据区域中的无效数据圈出来，如图7-68所示。

图7-67

图7-68

7.4.7　清除无效数据标识圈

圈释出了无效数据后，用户还可以将其无效数据标识圈清除，具体操作方法如下。

要取消圈释出的无效的标识，可以直接单击"数据有效性"按钮下拉列表中的"清除圈释无效数据标识圈"按钮（如图7-69所示），即可清除无效数据标识圈，如图7-70所示。

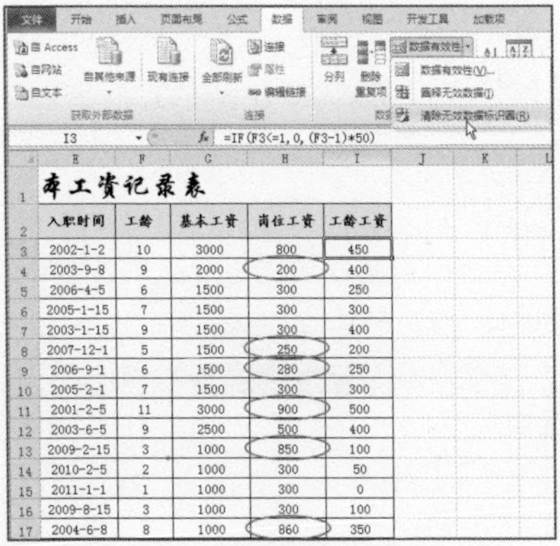

图7-69

图7-70

7.5　数据的合并计算

合并计算的目的就是将不同数据区域中的数据组合在一起，以方便用户对数据进行更新和汇总。

7.5.1　对数据进行合并和计算

"合并计算"功能是将多个区域中的值合并到一个新的区域中，利用合并计算功能可以为数据计算提供很大便利，合并计算的种类有很多种，利用合并求和计算可以将几个工作表中的数据在新的工作表中合并计算，具体操作方法如下。

❶ 打开工作簿，选中合并计算后数据存放的起始单元格，如D2单元格，切换到"数据"选项卡，在"数据工具"选项组中单击"合并计算"按钮，如图7-71所示。

❷ 打开"合并计算"对话框，在"函数"列表中选中"求和"选项，接着将光标定位到"引用位置"栏中，切换到"3月销售额"工作表，在工作表中拖动鼠标选取各产品的销售数量区域，在"合并计算"对话框中单击"添加"按

钮，如图7-72所示。

③ 根据同样的操作，逐一将4月的销售数量单元格区域添加到"所有引用位置"列表中，如图7-73所示。

图7-71

图7-72

图7-73

④ 单击"确定"按钮，即可算出3、4月各产品不同分部的总销售数量，如图7-74所示。

产品名称	销售区域	产品单价	总销售数量	总销售额
液晶电视	上海分部	￥8,000.00	148台	
冰箱	上海分部	￥3,800.00	165台	
电脑	广州分部	￥5,600.00	334台	
空调	天津分部	￥4,100.00	99台	
饮水机	北京分部	￥3,800.00	115台	
饮水机	天津分部	￥5,600.00	240台	
洗衣机	广州分部	￥8,000.00	91台	
冰箱	北京分部	￥3,500.00	138台	
空调	广州分部	￥4,100.00	239台	
电脑	上海分部	￥5,600.00	51台	
饮水机	天津分部	￥1,200.00	61台	
液晶电视	天津分部	￥3,500.00	114台	
饮水机	广州分部	￥3,500.00	112台	
饮水机	上海分部	￥1,200.00	144台	
空调	天津分部	￥3,500.00	105台	
电脑	天津分部	￥3,800.00	110台	
冰箱	天津分部	￥8,000.00	133台	
液晶电视	上海分部	￥3,500.00	175台	
液晶电视	北京分部	￥1,200.00	125台	
洗衣机	广州分部	￥3,500.00	92台	
饮水机	天津分部	￥3,500.00	212台	

图7-74

7.5.2　按类合并各类产品的销售情况

通过分类来合并计算数据的特点是当选定的表格中具有不同的内容时，可以根据这些内容的分类分别进行合并工作，具体操作方法如下。

① 新建工作表，设置工作表标题为"3、4月份各产品销售汇总"，选中A2单元格，切换到"数据"选项卡，在"数据工具"选项组中单击"合并计算"选项，如图7-75所示。

图7-75

② 打开"合并计算"对话框，在"函数"列表中选中 "求和"选项，接着将光标定位到"引用位置"栏中，切换到"3月销售额"工作表，在工作表中拖动鼠标选取各产品的销售数量区域，在"合并计算"对话框中单击"添加"按钮，如图7-76所示。

③ 根据同样的操作，逐一将4月的销售数量单元格区域添加到"所有引用位置"列表中，并在标签位置选中"首行"和"最左列"复选框，如图7-77所示。

图7-76

图7-77

④ 单击"确定"按钮，即可算出3、4月各产品销售情况（如图7-78所示），删除"销售区域"和"产品单价"列，并对单元格进行美化设置，设置后效果如图7-79所示。

图7-78

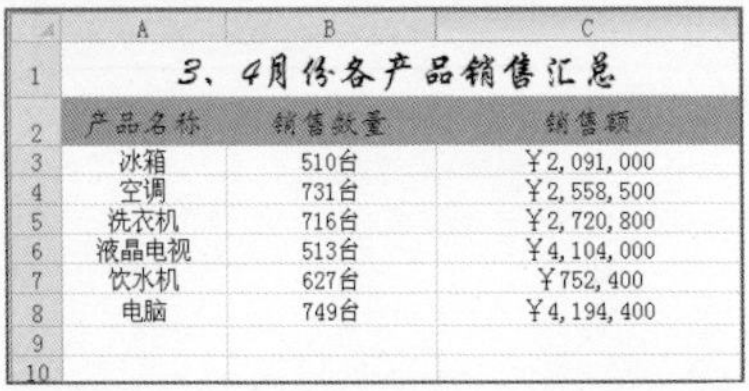

图7-79

专家提示

在"合并计算"对话框选中"创建指向源数据的链接"复选框，可以使合并计算的结果依据源数据的更新而自动更新。

7.5.3 删除任意行列

利用合并计算功能还能够删除数据区域中的任意列，例如上一个例子，可以直接删除"销售区域"和"销售单价"列，具体操作方法如下。

① 打开"3月份销售数据"工作表，将C2和E2单元格的列标识删除（如图7-80所示），接着删除"4月份销售数据"工作表中的C2和E2单元格的列标。

	A	B	C	D	E	F
1			*3月份销售数据*			
2	销售日期	产品名称		销售数量		销售额
3	2012-3-19	冰箱	北京分部	39台	￥4,100	￥159,900
4	2012-3-24	冰箱	北京分部	21台	￥4,100	￥86,100
5	2012-3-17	空调	北京分部	38台	￥3,500	￥133,000
6	2012-3-2	空调	北京分部	35台	￥3,500	￥122,500
7	2012-3-6	空调	北京分部	90台	￥3,500	￥315,000
8	2012-3-11	洗衣机	北京分部	39台	￥3,800	￥148,200

图7-80

② 切换到新键的工作表选中A2单元格，单击"合并计算"选项，打开"合并计算"对话框，添加引用位置，并选中"首行"和"最左列"复选框，如图7-81所示。

③ 单击"确定"按钮，得到合并结果，并可以删除"销售区域"和"产品单价"列，效果如图7-82所示。

图7-81

图7-82

第 8 章

图表创建、设置与美化

8.1 了解图表的组成

对于刚刚开始学习使用图表的用户来说，了解图表的各个组成部分，准确地选中各个组成部分，对于图表编辑的操作非常重要。因为在建立初始的图表后，为了获得最佳的表达效果，通常还需要按实际需要进行一系列的编辑操作，此时就需要准确的选中各个部分，然后才能给进行编辑操作。图表各部分的名称如图8-1所示。

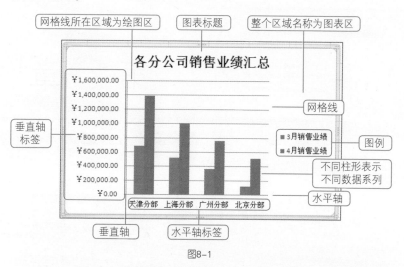

图8-1

1. 利用鼠标选择图表的各个对象

在图表的边线上单击鼠标左键选中整张图表，然后将鼠标移动到要选中的对象上，停顿两秒，可以出现提示文字（如图8-2所示），单击鼠标左键即可选中对象。

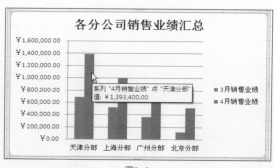

图8-2

2. 利用工具栏选择图表的各个对象

选中整张图表，切换到"格式"选项卡，在"当前所选内容"选项组中单击"图标区"按钮，在其下拉菜单中单击所需要选择的对象即可选中，如图8-3所示。

图8-3

8.2　将销售数据表现为图表格式

在销售管理中经常会建立很多的工作表来记录产品销售情况、销售人员的提成情况以及客户购买情况等等，为了直观的显示出各种数据，可以以将销售数据以图表的格式显示出来。

图8-4为某公司产品销售数据，用户可以建立图表来直观分析各品牌的销售数量或销售金额，具体操作方法如下。

	A	B	C	D
1	产品销售数据分析			
2	品牌	销售数量	销售金额	
3	宜家	350	88400	
4	丰穗家具	220	149860	
5	名匠轩	545	770240	
6	慕缘名居	450	159340	
7	一点家居	305	282280	
8				

图8-4

❶ 在工作表中，选中A2:A9、C2:C9单元格区域，单击"插入"选项卡，在"图表"选项组中单击"饼图"打开下拉菜单单击"分离型三维饼图"，如图8-5所示。

②选中图表类型后，即可为选择的数据创建图表。在图表标题编辑框中重新输入图表标题，并对图表进行美化设置，效果如图8-6所示。

图8-5   图8-6

动手练一练

用户还可以将其他的数据表现为图表形式，比如财务数据以及仓管数据等，在建立图表时要根据数据源的内容不同，选择适合的图表。

8.3 修改图表

为工作表中的数据源创建图表后，可以对图表进行修改操作，例如调整图表的位置和大小、对图表进行复制和删除、更改图表的类型、设置图表的布局以及更改图表的样式等。

8.3.1 图表大小和位置的调整

建立图表后，经常要根据需要更改图表的大小或者是对图表的位置进行调整，具体操作方法如下。

1. 直接更改图表显示大小

①打开工作表，选中要更改的图表，将光标定位到上、下、左、右控点上，当鼠标变成双向箭头时，按住鼠标左键进行拖动即可调整图表宽度或高度，如图8-7所示。

②在光标定位到拐角控点上，当鼠标变成双向箭头时，按住鼠标左键进行拖动即可按比例调整图表大小，如图8-8所示。

专家提示

使用双向箭头更改图表的优点是可以快速地更改图表的大小，缺点是不能精确地设置图表的大小。

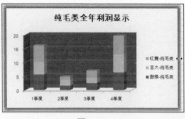
图8-7

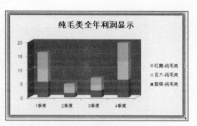
图8-8

2. 在"格式"选项卡下更改图表显示大小

❶ 打开工作表,选中要更改的图表,切换到"图表工具",单击"格式"选项卡,在"大小"选项组中输入需要更改图表的高度与宽度。如将图表框和高分别设置为"15厘米、20厘米",如图8-9所示。

图8-9

❷ 设置完成后,返回工作表中,即可看到图表依据设置的宽和高进行了更改,效果如图8-10所示。

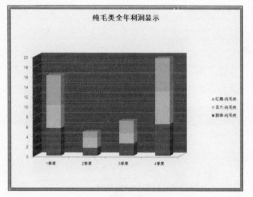
图8-10

3. 在工作表内移动图表

❶ 选中图表,当光标变为✛形状时,按住鼠标左键不放,拖动图表即可移动图表,如图8-11所示。

第6章

第7章

第8章

第9章

第10章

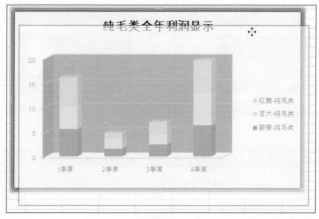

图8-11

② 选定移动位置后，松开鼠标左键，即可将鼠标移动到选定的位置。

4. 将图表移动到其他工作表中

① 打开工作表，选中图表，切换到"设计"选项卡，在"位置"选项组中单击"移动图表"按钮，如图8-12所示。

图8-12

② 打开"移动图表"对话框，在"选择图表放置位置"列表中选择要放置的位置，如将图表放置到"商品销售数据分析"工作表中，如图8-13所示。

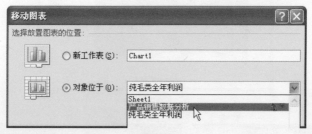

图8-13

③ 单击"确定"按钮，返回工作表中，此时图表被移动到"商品销售数据分析"工作表中，如图8-14所示。

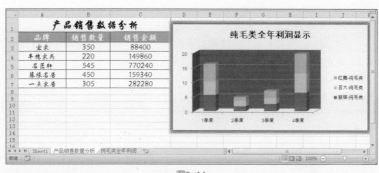

图8-14

动手练一练

用户还可以在"移动图表"对话框选中"新工作表"单选按钮，即可将图表移动到一个新建的工作表"Chart1"中，使图表单独存在一个工作表。

8.3.2 图表的复制和删除

用户可以对创建的图表进行复制和删除操作，复制和删除图表的方法与复制删除数据的方法差不多，但用户还可以对图表的格式进行复制，下面具体进行介绍。

1. 复制图表

1 选中图表并右击，在快捷菜单中选择"复制"命令，如图8-15所示。

2 选择要存放复制图表的位置，单击鼠标右键，在弹出的快捷菜单中选择"粘贴"命令即可。

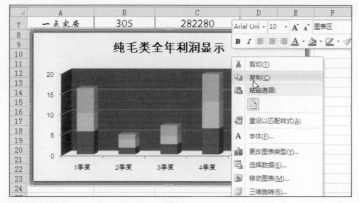

图8-15

动手练一练

用户还可以选中图表，切换到"开始"选项卡，在"剪贴板"选项组中单击"复制"按钮 🗐，即可对图表进行复制。

2. 复制图表格式

① 打开工作表，选中设置完成的图表，切换到"开始"选项卡，在"剪贴板"选项组中单击"复制"按钮，如图8-16所示。

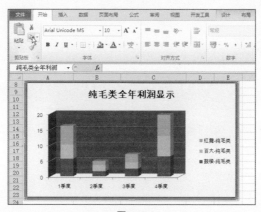

图8-16

② 选中要引用格式的图表，在"开始"选项卡下单击"选择性粘贴"按钮，如图8-17所示。

图8-17

③ 打开"选择性粘贴"对话框，选中"格式"单选按钮，如图8-18所示。

④ 单击"确定"按钮，返回工作表中，即可为选中图表复制格式，效果如图8-19所示。

图8-18

图8-19

专家提示

删除图表的方法很简单：选中图表，按Delete键，即可删除选中的图表。

8.3.3 图表类型的更改

在为工作表的数据建立图标后，如果感觉图表类型不利于观察，可以快速地更改其类型，具体操作方法如下。

① 打开工作表，选中要更改的图表，切换到"设计"选项卡，在"类型"选项组中单击"更改图表类型"按钮，如图8-20所示。

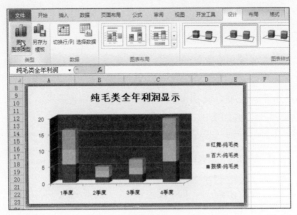

图8-20

② 打开"更改图表类型"对话框，在其中选中一种要更改的图表类型，如"堆积圆柱图"，如图8-21所示。

图8-21

③ 单击"确定"按钮，即可更改图表类型，效果如图8-22所示。

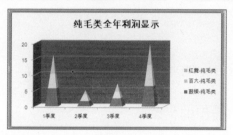

图8-22

专家提示

在更改图表类型时，注意选择的图表类型要适合当前数据源，避免新的图表类型不能完全表示出数据源中的数据。

8.3.4 将多张图表可以组合成一个对象

如果一个工作表中含有多张图表，用户可以将其组合成一个对象，具体操作方法如下。

① 打开工作表，按住Ctrl键选中多张图表，在快捷菜单中选择"组合" | "组合"命令，如图8-23所示。

图8-23

2 返回工作表中，则可以看见图表被组合成一个对象，如图8-24所示。

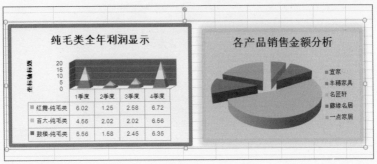

图8-24

专家提示

要想取消组合的图表，只要在快捷菜单中选择"组合"命令，在弹出的子菜单中选择"取消组合"命令即可。

8.3.5 图表形状样式的设置

用户可以在"格式"选项卡下快速设置图表的形状样式，具体操作方法如下。

1 打开工作表，选中要更改的图表，切换到"布局"选项卡，在"形状样式"选项组单击按钮，如图8-25所示。

图8-25

2 打开"形状样式"下拉菜单，选择适合的形状样式如："中等效果-橙色，强调颜色6"，如图8-26所示。

3 设置好图表样式后，即可对选中的图表应用设置的样式，效果如图8-27所示。

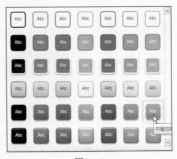

图8-26

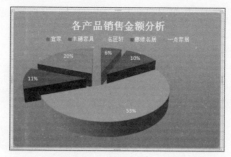

8-27

8.3.6　将建立的图表转化为静态图片

在Excel 2010中，用户可以将工作表中建立的图表转化为静态的图片，应用到其他地方，下面介绍具体方法。

1 打开工作表，切换到"开始"选项卡下，单击"剪贴板"选项组中的"复制"按钮，在其下拉菜单中选择"复制为图片"命令，如图8-28所示。

2 打开"复制图片"对话框，设置图片的质量，接着单击"确定"按钮。，如图8-29所示。

图8-28

图8-29

3 返回工作表中，在需要放置的位置按"Ctrl+ V"组合键执行粘贴命令，即可将图表转化为静态图片，如图8-30所示。

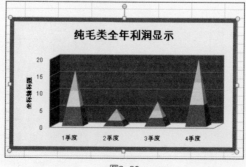

图8-30

专家提示

转化为静态图片的图表只能以图片的形式存在，不再具有图表的功能，用户不可以再对其做出更改。

8.4　设置图表

在"图表工具"的"布局"选项卡下，用户可以对图表进行设置，如添加图表标题、显示图例、添加坐标轴、网格线以及趋势线等，在"样式"选项卡下还可以设置图表区格式、绘图区格式等。

8.4.1　设置图表标题

图表标题用于表达图表反映的主题。默认建立的图表不包含标题，用户可以自行为图表添加标题，下面介绍具体操作方法。

❶ 打开工作表，选中未包含标题的图表，切换到"布局"选项卡下，在"标签"选项组单击"图表标题"选项，在其下拉菜单中选择"图表上方"选项，如图8-31所示。

图8-31

❷ 返回工作表中，图表中会显示"图表标题"编辑框，如图8-32所示。

❸ 接着在标题框输入图表标题即可，如"各产品销售金额分析"，如图8-33所示。

 专家提示

用户如果不想在图表中显示标题，在"图表标题"选项下拉菜单中选择"无"即可将标题隐藏起来。

图8-32

图8-33

8.4.2 设置图例

图例默认显示在图表右侧位置，通过图表的布局可以根据实际需要重新设置图例的显示位置，下面介绍具体操作方法。

❶ 打开工作表，选中图表，切换到"布局"选项卡，在"标签"选项组中单击"图例"按钮，在其下拉菜单中选择一种显示方式，如"在顶部显示图例"命令，如图8-34所示。

图8-34

❷ 返回工作表中，则系统将图例显示在图表的顶部，如图8-35所示。

图8-35

第6章

动手练一练

在"图例"下拉菜单中有多种图例的显示方式，如"在左侧显示图例"、"在底部显示图例"、"左侧覆盖图例"、"在右侧覆盖图例"、等等，用户可以自己动手调整。

8.4.3 设置图表区格式

默认创建的图表是没有设置图表区的格式的，为了达到美化图表的效果，用户可以设置图表区的填充格式，具体操作方法如下。

① 打开工作表，选中图表的图表区，切换到"格式"选项卡，在"形状样式"选项组中单击"形状填充"按钮，在其下拉菜单中选择需要填充的颜色，即可为图表区设置填充颜色，如图8-36所示。

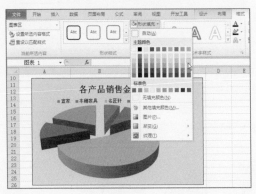

图8-36

② 接着单击"形状轮廓"按钮，在其下拉菜单中选择一种轮廓颜色，如图8-37所示。

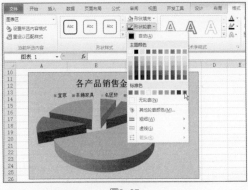

图8-37

③ 接着可以在"形状轮廓"下拉菜单中单击"粗细"选项，设置轮廓边线的宽度，如图8-38所示。

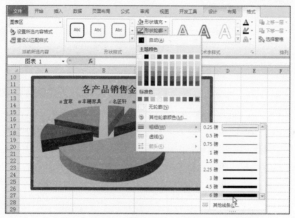

图8-38

④ 接着单击"形状效果"按钮，在下拉菜单中选择"发光"效果，接着在弹出的子菜单中选择一种发光的样式，如"紫色，18pt发光，强调文字4"，如图8-39所示。

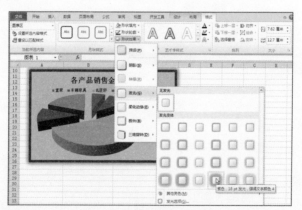

图8-39

⑤ 接着可以在"形状效果"下拉菜单中选择"柔化边缘"选项，在弹出的子菜单中选择"10磅"，设置完成后的效果如图8-40所示。

动手练一练

用户可以自己动手设置下图表表格区域的格式，以达到自己想要的美化的图表的效果。

图8-40

8.4.4　添加数据标签

默认创建的图表是没有添加数据标签的，用户可以手动添加数据标签，并设置数据标签的格式，具体操作方法如下。

1 打开工作表，选中要添加标签的图表，切换到"布局"选项卡，在"标签"选项组单击"数据标签"按钮，在其下拉菜单中选择一种标签样式，如"最佳匹配"，如图8-41所示。

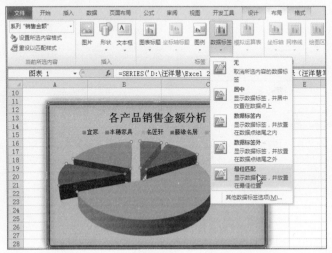

图8-41

2 返回工作表中，即可看见图表中添加了数据标签，如图8-42所示。

3 选中图表绘图区，在快捷菜单中选择"设置数据标签格式"，如图8-43所示。

图8-42

图8-43

④ 打开"设置数据标签格式"对话框，在"标签包括"列表中取消选中"值"复选框，接着选中"百分比"复选框，如图8-44所示。

⑤ 单击"确定"按钮，即可将图表数据标签设置为百分比形式，效果如图8-45所示。

图8-44

图8-45

专家提示

在"柱形图"或"条形图"时，只需要为数据添加数据标签即可，如果插入的是饼形图，则需要将数据标签以百分比显示出来，以方便看出扇形区域在饼形图中所占比例。

8.4.5 设置数据系列格式

柱形图与条形图中每个分类中的各个系列是紧密连接显示的，用户可以设置数据系类格式进行分离，方法如下。

① 打开工作表，选中图表任意系列，在快捷菜单中单击"设置数据系列格式"命令，如图8-46所示。

② 打开"设置数据系列格式"对话框，在右侧窗格中拖动"系列重叠"栏

中的滑块为负值，如："-65%"，如图8-47所示。

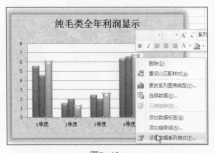

图8-46　　　　　　　　　　　　　　图8-47

❸ 设置完成后，单击"关闭"按钮，返回工作表中，即可看到数据系列分离显示，效果如图8-48所示。

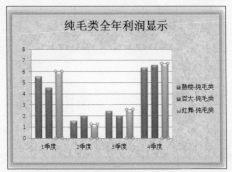

图8-48

专家提示

在"饼形图"中，可以利用"设置数据系统格式"来设置各个扇形区域的分离程度。

8.4.6　设置坐标轴

在图表操作中，用户可以为坐标轴添加标题，删除或者显示坐标轴，具体操作方法如下。

1. 删除坐标轴

❶ 打开工作表，选中图表中水平轴，在快捷菜单中选择"删除"命令，如

图8-49所示。

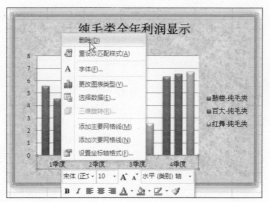

图8-49

② 选中垂直轴并右击，在快捷菜单中选择"删除"命令，即可删除垂直轴，删除后的效果如图8-50所示。

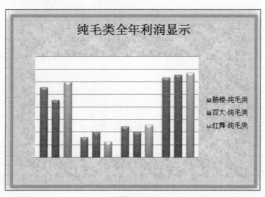

图8-50

专家提示

　　用户还可以在选中垂直轴或水平轴的时候，按Delete键，也可以删除选中的坐标轴。

2. 恢复水平轴

① 打开工作表，选中图表，切换到"布局"选项卡，在"坐标轴"选项组中单击"坐标轴"按钮，在其下拉菜单中选择"主要横坐标轴"命令，在弹出的子菜单中选择"显示从右到左坐标轴"命令，如图8-51所示。

图8-51

2 返回工作表中，即可恢复图表的水平轴，如图8-52所示。

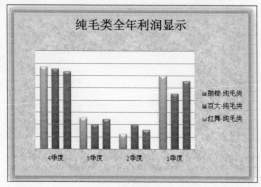

图8-52

3. 恢复垂直轴

1 打开工作表，选中图表，切换到"布局"选项卡，在"坐标轴"选项组中单击"坐标轴"按钮，在其下拉菜单中选择"主要纵坐标轴"命令，在弹出的子菜单中选择"显示默认坐标轴"命令，如图8-53所示。

图8-53

② 返回工作表中，即可恢复图表的水平轴，如图8-54所示。

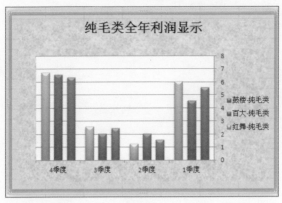

图8-54

8.4.7 设置网格线

网格线分为"主要横网格线"和"主要竖网格线"，又分别分为"主要网格线"和次要网格线，用户可以根据需要进行设置。

1. 将图表中的网格线更改为虚线条

① 打开工作表，选择图表中的网格线，在快捷菜单中选择"设置网格线格式"命令，如图8-55所示。

② 打开"设置主要网格线格式"对话框，在左侧窗格中选择"线性"标签，在右侧窗格的"短划线类型"下拉菜单中选择一种虚线样式，如图8-56所示。

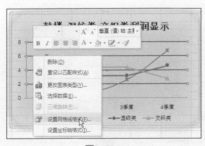

图8-55

图8-56

❸ 单击"关闭"按钮，返回工作表中，即可看到网格线更改为虚线，效果如图8-57所示。

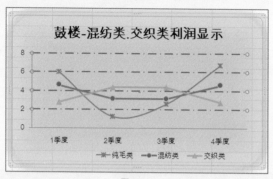

图8-57

2. 显示次网格线

❶ 打开工作表，选中图表中的网格线，切换到"布局"选项卡，在"坐标轴"选项组中单击"网格线"按钮，在其下拉菜单中选择"主要横网格线"命令，在弹出的子菜单中选择"次要网格线"命令，如图8-58所示。

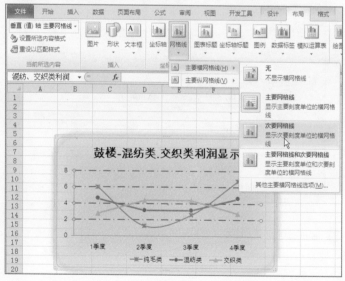

图8-58

❷ 返回工作表中，即可看见图表中显示出次要网格线，如图8-59所示。

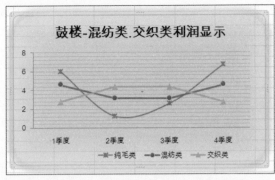

图8-59

3. 添加纵网格线

①　打开工作表，选中图表中网格线，切换到"布局"选项卡，在"坐标轴"选项组单击"网格线"按钮，在其下拉菜单中选择"主要纵网格线"命令，在弹出的子菜单中选择"主要网格线"或"次要网格线"命令，如图8-60所示。

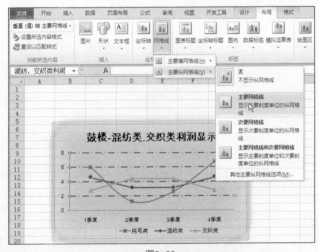

图8-60

②　返回工作表中，即可以看见图表中依据设置显示出纵网格线，如图8-61所示。

专家提示

如果用户想取消显示的网格线，只要在"主要横网格线"或"主要竖网格线"下拉列表中选择"无"命令，即可将图表中的网格线隐藏起来。

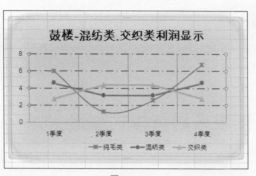

图8-61

8.4.8　添加涨/跌柱线

涨/跌柱线可以形象的表示系列的涨跌情况，若要快速地反应出数据各个系列间的涨跌情况，可以为图表添加涨/跌柱线，具体操作方法如下。

1 打开工作表，选中数据系列，切换到"布局"选项卡，单击"分析"选项组中的"涨/跌柱线"按钮，在其下拉菜单中选择"涨/跌柱线"命令，如图8-62所示。

图8-62

2 设置完成后，返回工作表，即可为图表中各个数据点添加涨/跌柱线，如图8-63所示。

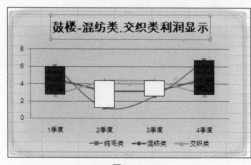

图8-63

专家提示

为图表添加涨/跌柱线之后，可以看到当图表的数据点上的数据呈上涨趋势时，显示实心的实体，当数据呈下降趋势时，显示空心的实体。

8.5　图表布局与样式套用

除了分别设置图表的布局和样式，用户还可以使用系统自带的图表的布局和样式，直接套用。

8.5.1　图表布局的设置

"快速布局"功能是程序预设的方便快速套用的一些布局，利用这一功能可以快速地对图表的布局进行设置，具体操作方法如下。

① 打开工作表，选中建立的图表，切换到"设计"选项卡，在"图表布局容"选项组中单击"快速布局"按钮，在其下拉菜单中选择一种布局样式，如图8-64所示。

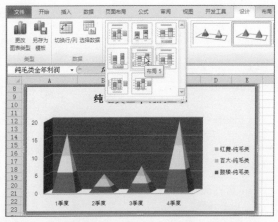

图8-64

② 设置完成后，返回工作表中，即可看到图表重新布局，如图8-65所示。

专家提示

"图表布局"工具栏中列出的可套用的图表布局会根据当前图表的类型做不同的显示。图表布局套用只是更改图表的布局格式，并不改变图表的表达目的。

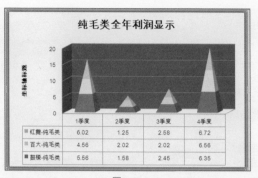

图8-65

8.5.2　图表样式的设置

"图表样式"下拉菜单中有很多种图表的样式，用户如果对创建的图表样式不满意，可以在"图表样式"下拉菜单下快速的更改图表的样式，具体操作方法如下。

❶ 打开工作表，选中要更改的图表，切换到"设计"选项卡，在图表样式选项组单击▼按钮，如图8-66所示。

图8-66

❷ 打开"图表样式"下拉菜单，选择适合的图表样式，如"样式42"，如图8-67所示。

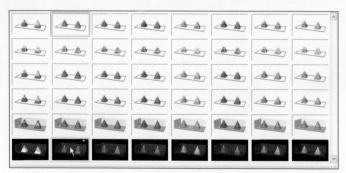

图8-67

❸ 设置好图表样式后，即可对选中的图表应用设置的样式，效果如图8-68所示。

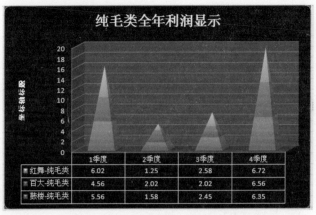

图8-68

专家提示

　　"图表样式"下拉列表中有很多种样式，用户可以自己选择适合的样式运用到图表中。

第 9 章

数据透视表（图）创建与应用分析设置

9.1 数据透视表概述

数据透视是一种对大量数据进行快速汇总和建立交叉列表的交互式表格，它不仅可以转换行和列以查看数据源的不同汇总结果，也可以显示不同页面以筛选数据，还可以根据需要显示区域中的细节数据。

9.1.1 什么是数据透视表

数据透视表是一种交互式的表，可以进行很多计算，如求和、计数以及求平均值等等。所进行的计算和数据与数据透视表中的排列有关。

例如，可以水平或者垂直显示字段值，然后计算每一行或列的合计；也可以将字段值作为行号或列标，在每个行列交汇处汇总出各自的数量，然后计算小计和总计。

例如，如果要按季度来分析每个业务员的销售业绩，可以将业务员名称作为列标识放在数据透视表的顶端，将季度名称作为行标识放在表的左侧，然后对每一个雇员计算以季度分类能销售数量，放在每个行和列的交汇处。

之所以称为数据透视表，是因为可以动态地改变它们的版面布置，以便按照不同方式分析数据，也可以重新安排行列标识和字段。每一次改变版面布置时，数据透视表会立即按照新的布置重新计算数据。另外，如果原始数据发生更改，数据透视表随之更新。

9.1.2 数据透视表的作用

数据透视表有机的综合了数据的排序、筛选、分类汇总等数据分析的优点，可方便地调整分类汇总的方式，灵活的以多种不同的方式展示数据的特征。建立数据表之后，通过鼠标拖动来调节字段的位置可以快速获得以多种不同的统计结果，即表格具有动态性。另外，用户还可以根据数据透视表创建数据透视图，直观地显示数据透视表统计的结果。

9.2 了解数据透视表的结构

了解数据透视表的结构与数据透视表中的专业术语，是初学者学习数据透视表首先要学会的，对数据透视表的结构有所了解之后才能灵活的运用。

9.2.1 数据透视表的结构

新建的数据透视表不包含任何数据，但当新建并保持选中状态时，其中已经包含了数据透视表的各个要素，如图9-1所示。

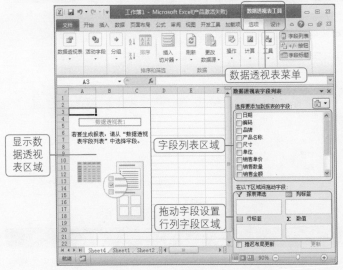

图9-1

9.2.2 数据透视表中的专业术语

数据透视表中的专业术语有"字段"、"项"、"∑数值"和"报表筛选，下面逐一介绍。

1.字段

字段是从源列表或数据库中的字段衍生的数据分类，即源数据表中的列标识都会产生相应的字段，如图9-2所示"数据透视表字段列表"中的"品牌"、"销售金额"、"业务员"都是字段。

图9-2

对于字段列表中的字段，根据其设置不同又分为行字段、列字段和数值字段，如图9-2所示的数据透视表中"品牌"为列字段，"业务员"为行字段，"销售金额"为数值字段。

2. 项

项是字段的子分类成员，如图9-3所示数据透视表中的"吴媛媛"、"孙飞飞"、"丰穗家具"、"名匠轩"等都称为项。

	A	B	C	D	E	F	G
1							
2							
3	求和项:销售金额	品牌 ▼					
4	业务员 ▼	丰穗家具	名匠轩	藤缘名居	一点家居	宜家	总计
5	吴媛媛					88400	88400
6	孙飞飞	149860					149860
7	滕念		770240				770240
8	廖可			159340			159340
9	彭宇				282280		282280
10	总计	149860	770240	159340	282280	88400	1450120
11							

图9-3

3. ∑数值

∑数值是用来对数据字段中的值进行合并的计算类型。数据透视表中通常为包含数字的数据字段使用SUM函数，而为包含文本函数的字段使用COUNT函数。建立数据透视表并设置汇总后，可选择其他汇总函数，如AVERAGE、MIN、MAX和PRIDUCT函数。

4. 报表筛选

字段下拉列表中显示了可在字段中显示的项的列表，利用下拉菜单中的选项可以进行数据的筛选，当包含 ▼ 按钮时，可以单击打开下拉列表，如图9-4和图9-5所示。

图9-4

图9-5

9.3 创建数据透视表分析考勤数据

数据透视表在财务数据中应用很多，而用数据透视表分析财务数据中的员工工资的统计和发放是最基本的一种。下面通过具体的操作来说明数据透视表的创建与字段的设置。

9.3.1 新建数据透视表

新建数据透视表对数据进行分析，需要准备好相关的数据，例如本例中的员工工资统计表，下面具体介绍如何依据"工资统计表"新建数据透视表。

① 打开数据源所在的工作表，切换到"插入"选项卡，在"表格"选项组单击"数据透视表"按钮，在其下拉菜单中选择"数据透视表"命令，如图9-6所示。

② 弹出"创建数据透视表"对话框，默认选中"一个表或区域"选项，在"表/区域"文本框中显示了当前要建立为数据透视表的数据源，如图9-7所示。

图9-6

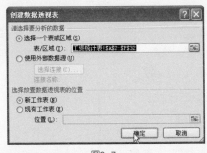

图9-7

③ 保持默认设置，单击"确定"按钮，即可在当前工作表前面新建一个工作表，即创建了一个空白数据透视表，如图9-8所示。

图9-8

建立了数据透视表之后，功能区会显示出"数据透视表工具"选项卡，该选项卡包括"选项"和"设计"两个级联选项卡。选中数据透视表时会显示该选项卡，取消选中数据透视表时该选项卡自动隐藏。

9.3.2 通过设置字段得到统计结果

在Excel 2010中，系统默认建立的数据透视表只是一个框架，要得到相应的统计结果，如统计各部门应发工资总和，则需要根据实际合理的设置字段，具体操作方法如下。

❶ 在"数据透视表字段列表"任务窗格下单击"选择要添加到报表的字段"栏下的字段"部门"，在快捷菜单中选择添加到的位置，如"添加到行标签"，如图9-9所示。

❷ 选择要添加的位置后，字段显示在制定位置，同时数据透视表里也相应地出现数据，如图9-10所示。

图9-9

图9-10

❸ 接着按照相同的方法设置"实发工资"字段为"∑数值"标签，即可得出各个部门实发工资总和，如图9-11所示。

图9-11

9.4 调整数据透视表获取不同分析结果

在创建的数据透视表中，用户可以通过调整字段显示顺序修改汇总方式等调整数据透视表，以达到获取不同分析的结果。

9.4.1 更改数据透视表字段布局

在"数据透视表字段列表"任务窗格中更改格区域中的放置位置字段，可以更改数据透视表的布局，即更改透视关系。

1. 分析销售人员的销售情况

设置"业务员"为行标签，"品牌"为列标签，"销售金额"为∑数值标签，设置后的统计结果如图9-12所示。

图9-12

2. 分析不同日期的销售情况

设置"品牌"为行标签，"日期"为列标签，"销售金额"为∑数值标签，设置后的统计结果如图9-13所示。

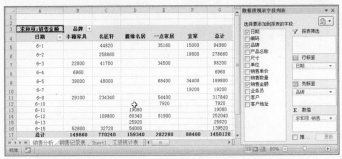

图9-13

Word·Excel | **199**

3. 分析不同客户的购买情况

设置"客户"为行标签，"销售数量"和"销售金额"为∑数值标签，设置后的统计结果如图9-14所示。

图9-14

专家提示

通过对字段的设置，用户可以得到不同的分析统计结果，即更改数据透视表的字段布局。

9.4.2 调整字段显示顺序

在"数据透视表字段"窗格中，用户可以更改数据透视表字段的布局，使其以用户想要的方式显示出来。

1 打开数据透视表，在"数据透视表字段列表窗格"中单击 下拉按钮，在其下拉菜单中选择一种布局方式，如"字段节和区域节层叠"，如图9-15所示。

2 设置完成后，即可将字段布局更改为"字段节和区域节并排层叠"的显示方式，效果如图9-16所示。

图9-15

图9-16

第6章

专家提示

一般情况下都需要显示字段和区域，所以不经常使用"仅字段节"或仅区域节的显示方式。

9.4.3　修改汇总计算

在默认情况下，创建的数据透视表对于汇总字段采用的都是"求和"的计算方式，用户可以更改字段的分类汇总方式。

❶ 选中∑数值标签的"销售金额"字段，在快捷菜单中单击"值字段设置选项，如图9-17所示。

❷ 打开"值字段设置"对话框，将计算类型更改为"平均值"，如图9-18所示。

图9-17　　　　　　　　　　　　　　　　图9-18

❸ 设置完成后，单击"确定"按钮，即可将数据透视表中的统计结果更改为求平均值，效果如图9-19所示。

图9-19

第7章　第8章　第9章　第10章

动手练一练

"值字段设置"对话框中可以设置"计数"、"最大值"以及"最小值"等等的汇总方式，用户可以自己动手进行设置，以查看不同的计算结果。

9.4.4 数据透视表的更新

如果创建数据透视表的数据源发生了改变，想要数据透视表中的数据针对源数据更新的话，可以使用数据透视表的更新功能。

1 打开数据透视表，切换到"选项"选项卡，在"数据"选项组中单击"更新"按钮，在其下拉菜单中选择"全部刷新"命令，如图9-20所示。

2 设置完成后，数据透视表即可根据源数据进行更新。

图9-20

9.5　显示明细数据

在Excel 2010中，通过设置可以在数据透视表中显示字段的明细数据，使透视表中的分析结果一目了然，在当前工作表中显示明细数据即将字段下方显示出明细数据，具体操作方法如下。

1 打开数据透视表，选中要显示明细数据的字段下的任意单元格，如"吴媛媛"，单击"选项"选项卡，在"活动字段"选项组中单击"展开整个字段"按钮，如图9-21所示。

2 打开"显示明细数据"对话框，在列表框中选择要显示明细数据所在的字段，如"销售单价"字段，如图9-22所示。

图9-21

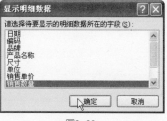

图9-22

③ 单击"确定"按钮，返回数据透视表，可以看到在数据透视表中即可显示"行标签"下业务员所销售商品的所有数量的详细信息，如图9-23所示。

图9-23

专家提示

如果想要隐藏明细数据，在"活动字段"选项组单击"折叠珍格格字段"选项即可。

9.6 数据透视表布局的更改及样式套用

在数据透视表中，用户可以更改数据透视表的布局，还可以根据系统内置的布局和样式，快速更改数据透视表的布局和样式，以达到美化的目的。

9.6.1 设置数据透视表分类汇总布局

在Excel 2010中，用户可以根据需要设置创建的数据透视表的分类汇总布局，具体操作方法如下。

❶ 打开工作表，选中数据透视表，切换到"设计"选项卡，单击"布局"选项组中"分类汇总"按钮，在弹出的下拉菜单中选择一种布局，如"在顶部显示所有分类汇总"命令，如图9-24所示。

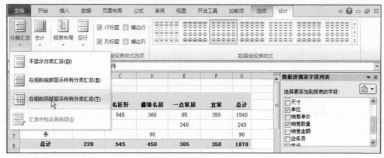

图9-24

❷ 设置完成后，即可更改数据透视表的分类汇总方式。

9.6.2 更改数据透视表默认布局

在Excel 2010中，用户为某个数据源创建的数据透视表会以系统默认布局显示，用户可以根据需要更改其默认布局，具体操作方法如下。

❶ 打开工作表，选中数据透视表，切换到"设计"选项卡，单击"布局"选项组中"报表布局"按钮，在弹出的下拉菜单中选择一种布局，如"以表格形式显示"选项，如图9-25所示。

图9-25

❷ 返回工作表中，数据透视表的布局以表格形式显示出来，如图9-26所示。

求和项:销售金额	品牌					
客户	丰穗家具	名匠轩	蕴缘名居	一点家居	宜家	总计
百家汇家居世界		258860	122320	54400	34400	469980
布洛克家居	39000		19080	145980		204060
利坛大商场	36060	311540				347600
永嘉家居有限公司	74800	199840	17940	81900	54000	428480
总计	149860	770240	159340	282280	88400	1450120

图9-26

专家提示

报表布局下拉菜单中还有"以大纲形式显示"、"不重复项目标签"等布局，用户可以根据自己需要选中合适的数据透视表布局。

9.6.3 通过套用样式快速美化数据透视表

在Excel 2010中，数据透视表和工作表一样，都提供了多种样式，用户可以通过套用样式来美化数据透视表，具体操作方法如下。

1 打开工作表，选中数据透视表，切换到"设计"选项卡，单击"数据透视表样式"下拉按钮，如图9-27所示。

2 在弹出的下拉菜单中选择一种样式，如"数据透视表样式中等深浅4"样式选项，如图9-28所示。

图9-27

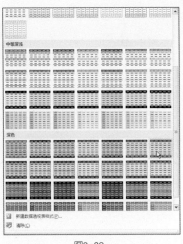

图9-28

3 返回工作表中，数据透视表依据所选样式美化，如图9-29所示。

图9-29

专家提示

数据透视表样式分为"浅色"、"中等色"和"深色"三类，共85种样式，用户可以根据需要选择颜色类型，在类型下拉菜单中选择想要的样式即可。

9.7 数据透视图的建立

虽然数据透视表具有比较全面的分析汇总功能，但是对于一般用户来说，它的布局显得很凌乱，很难一目了然，而采用数据透视图，则可以让用户非常直观地了解所需要的数据信息。

9.7.1 建立数据透视图

数据透视图可以直观地显示出数据透视表的内容，创建数据透视图的方法与创作图表的方法类似，具体操作方法如下。

❶ 选中数据透视表中任意单元格，切换到"选项"选项卡，在"工具"选项组单击"数据透视图"选项，如图9-30所示。

图9-30

②打开"插入图表"对话框，在左边窗格选择"柱形图"，接着在右侧窗格选择"簇状柱形图"，如图9-31所示。

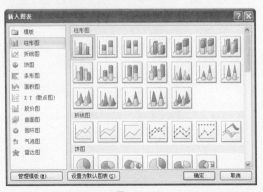

图9-31

③单击"确定"按钮，返回数据透视表中，系统会依据选择的图形创建数据透视图，效果如图9-32所示。

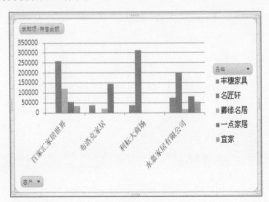

图9-32

9.7.2 通过"图表布局"功能快速设置图表布局

用户可以使用"图表布局"功能，快速地设置创建的数据透视图的布局，具体操作方法如下。

①打开工作表，选中建立的图表，切换到"设计"选项卡，在"图表布局"容"选项组中单击"图表布局"按钮，在其下拉菜单中选择一种布局样式，如"布局2"，如图9-33所示。

②设置完成后，返回工作表中，即可看到图表重新布局，添加标题后的效果如图9-34所示。

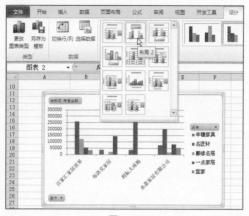

图9-33

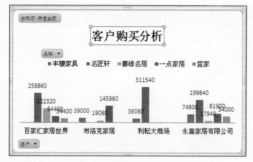

图9-34

9.7.3 通过"图表样式"功能快速设置图表样式

"图表样式"下拉菜单中有很多种图表的样式，用户如果对创建的图表样式不满意，可以在"图表样式"下拉菜单下快速地更改图表的样式，具体操作方法如下。

❶ 打开工作表，选中要更改的图表，切换到"设计"选项卡，在图表样式选项组单击┬按钮，如图9-35所示。

图9-35

❷ 打开"图表样式"下拉菜单，选择适合的图表样式，如"样式42"，如图9-36所示。

图9-36

③ 设置好图表样式后，即可对选中的图表应用设置的样式，效果如图9-37所示。

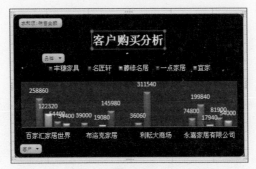

图9-37

9.7.4 更改数据透视图的图表类型

对于创建好的数据透视图，若是用户觉得图表的类型不能很好地满足其所表达的含义，可以重新更改图表的类型，具体操作方法如下。

① 打开数据透视表，选中创建的数据图，在快捷菜单中选择"更改图表类型"选项，如图9-38所示。

图9-38

② 打开"更改图表类型"对话框，在对话框中重新选择图表的类型，如"簇状柱形图"，如图9-39所示。

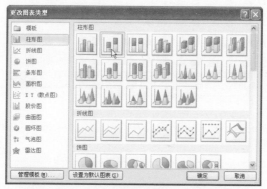

图9-39

③ 单击"确定"按钮，返回数据透视表中，系统会依据选择的图形创建数据透视图，效果如图9-40所示。

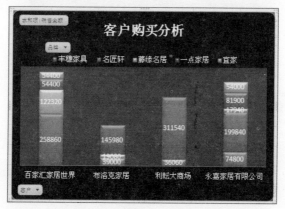

图9-40

9.7.5 在新工作表中显示数据透视图

对于创建好的数据透视图，用户可以使用图表的"移动功能"将其移动到新工作表中，具体操作方法如下。

① 打开数据透视表，选中创建的数据图，切换到"设计"选项卡，在"位置"选项组单击"移动图表"选项，如图9-41所示。

② 打开"移动图表"对话框，在对话框中选中"新工作表"单选项，如图9-42所示。

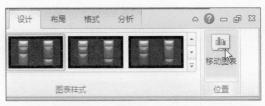

图9-41

图9-42

③ 单击"确定"按钮，即可将图表移动到"Chart1"的工作表中单独显示，效果如图9-43所示。

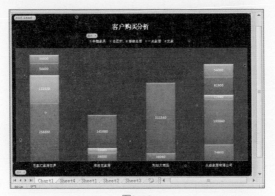

图9-43

第 10 章

制作公司员工奖惩制度文档

实例概述与设计效果展示

"无规矩不成方圆"是我国自古以来就流传的俗语，在现代公司企业中"规矩"更是体现一个公司是否具有组织纪律性的重要表现，具有奖罚分明的标准，不仅可以激发员工的斗志，也能体现公平的竞争原则。

在本例中，详细介绍了如何制作公司员工奖惩制度，运用了对文字格式、页眉页脚设置、项目符号等多个功能，效果图如下所示。

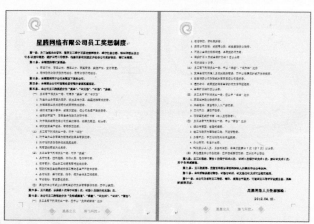

实例设计过程

为了便于用户理解和操作，本例将整个员工奖惩制度文档的制作过程分为设置文本格式→设置段落编号→设置段落样式→设置页眉页脚→插入页码→页面设置等步骤，建议初学者按步骤进行操作，稍微熟练的读者也可以根据需要查看其中的某几个部分。

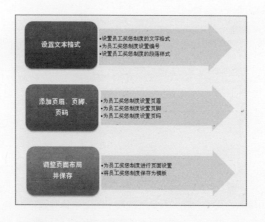

10.1 设置文本格式

文本格式的设置对整个文稿来说较为重要，不仅包含对文字格式的修改，还包括设置编号、调整段落样式等，通过多种操作，能够使文稿的整体效果得以显现。

10.1.1 设置员工奖惩制度内容的文字格式

在写作过程中，并不是单一地只使用默认的文字格式编辑文本内容，而是在不同的文本中分别运用了合适的文字格式，达到突出显示的目的，在本例中将简单介绍如何设置字体格式。

❶ 在电脑合适的位置新建Word文档，将文档命名为"星腾网络有限公司员工奖惩制度"，保存类型为"Word文档（*.docx）"，如图10-1所示为在新建的Word文档中单击"文件"主菜单中的"另存为"按钮进行保存的效果。

图10-1

❷ 在新打开的文档中输入文字"星腾网络有限公司员工奖惩制度"，如图10-2所示。

图10-2

③ 选中输入的文字，在"开始"选项卡的"字体"选项组中，将"字体"设置为"黑体"和"加粗"；"字号"设置为"小一"，如图10-3所示。

④ 继续保持选择文本的状态，在"段落"选项组中，将字体对齐方式设置为"居中"，设置后的效果如图10-4所示。

图10-3

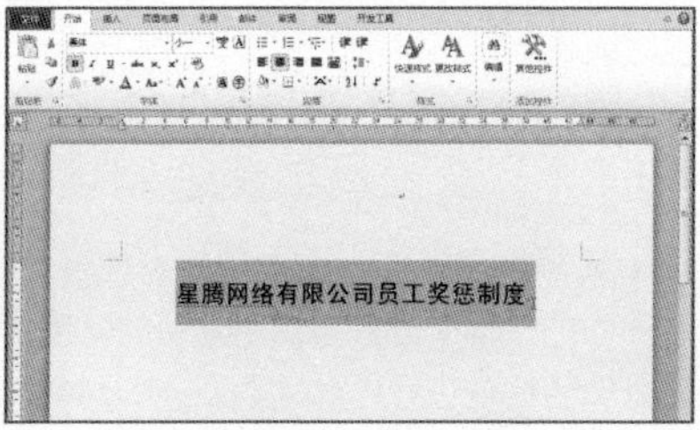

图10-4

⑤ 按Enter键将光标移到下一行，然后单击"字体"选项组中的"清除格式"按钮，如图10-5所示。

⑥ 按键盘上的Tab键将首行缩进，输入正文文本内容，再利用"字体"选项组中的功能按钮，设置合适的字体格式，如图10-6所示。

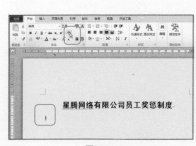

图10-5

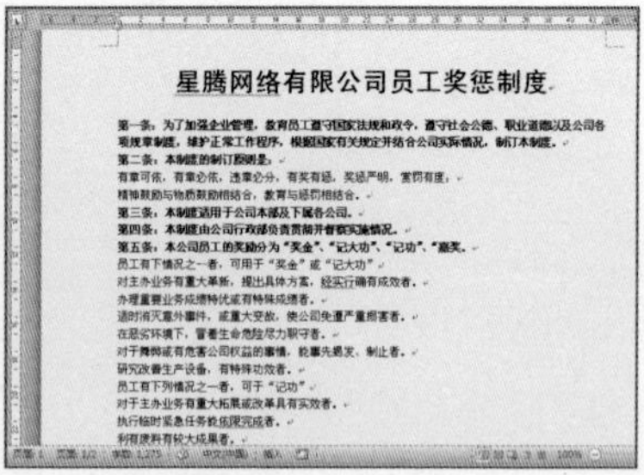

图10-6

专家提示

　　文字格式可以在文字输入后进行设置，也可以在输入之前设置，将光标放在需要输入文字的地方，设置需要的字体格式，然后再输入文字，即可得到设定好格式的文字。

10.1.2　为员工奖惩制度内容设置编号

　　当文档中需要写入各种条款类的文字时就需要使用编号，条款不止是一级时就需要使用不同的编号来加以区分，这里介绍两级嵌套的编号格式，两级以上的编号设置也是如此。

❶ 将光标放至需要插入编号的段落或文字之前，单击"开始"选项卡下"段落"选项组中的"编号"按钮 ≣ ，如图10-7所示。

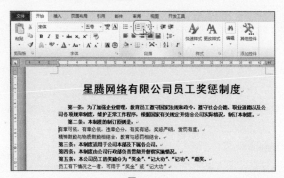

图10-7

❷ 在打开的下拉菜单中，选择合适的编号样式，如选择"左对齐"样式，光标所在的文本可即时显示，用户可查看显示效果，如图10-8所示。

图10-8

③ 将光标定位在需要继续编号的文档位置，单击"编号"按钮，可快速应用之前的编号样式继续编号，如图10-9所示。

④ 选择需要进行编号的段落内容，单击鼠标右键，在弹出的快捷菜单中选择"编号"命令，在右侧出现的编号库中有各种编号样式可供选择，如图10-10所示。

图10-9

图10-10

⑤ 如选择"左对齐"样式，光标所在的文本可即时显示，用户可查看显示效果，如图10-11所示。

⑥ 重复操作，完成其他文本内容添加编号样式的操作，效果如图10-12所示。

图10-11

图10-12

专家提示

在已经设置编号的段落后面按Enter键，使得下一行继续进行编号，如果不需要此编号可以按键盘上的"退格键"（Back space）将编号去除，可进行正常文本的输入。

10.1.3 设置员工奖惩制度内容的段落样式

在文档内容写作完成后，为了让段落分布更加清晰明了，可以为各段落设置不同的段落格式，使文章内容更加错落有致，既显得美观，也更加方便读者阅读。

① 选中需要更改段落样式的段落或文字，单击"开始"选项卡下"段落"选项组右下角的 按钮，打开"段落"对话框，如图10-13所示。

② 在"缩进和间距"选项卡中将"段前"和"段后"间距都设置为"0.3行"，在"缩进"选项组中单击"特殊格式"下拉按钮，选择"首行缩进"命令，在"磅值"文本框中设置为"0.74厘米"，单击"确定"按钮，如图10-14所示。

图10-13

图10-14

③ 设置后第一条款的文本效果如图10-15所示。

图10-15

④ 同时选择第二级别条款下面的段落内容（如图10-16所示），打开"段落"对话框，将"缩进"设置为"左侧"、"1.77厘米"，"特殊格式"设置为"悬挂缩进"、"0.73厘米"，"段前"和"段后"间距都设置为"0.3行"，如图10-17所示。

⑤ 选中第五条款下面的一级标题段落，单击鼠标右键，打开快捷菜单，选择"段落"命令，如图10-18所示。

⑥ 打开"段落"对话框，将"缩进"设置为"左侧"、"1.25厘米"，"特殊格式"设置为"悬挂缩进"、"0.23厘米"，"段前"和"段后"间距都

设置为"0.3行",如图10-19所示。

图10-16

图10-17

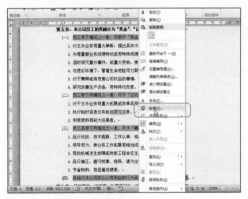

图10-18

图10-19

⑦ 设置完成后,对其他段落进行简单的段落调整,效果如图10-20所示。

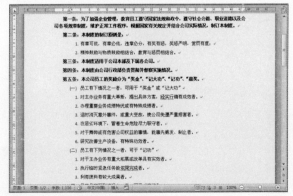

图10-20

专家提示

在设置字体格式和段落样式过程中，也可以使用"格式刷"功能快速更改字体样式或段落样式，方便而快捷。

10.2 添加页眉、页脚和页码

一篇完整的文稿，页眉、页脚和页码是必不可少的元素，合理地运用并插入在文档中，不仅能使文档更规范，也能通过页眉或页脚等传达更多的企业信息，为企业进行良好的宣传。

10.2.1 为员工奖惩制度内容设置页眉

为文档添加页眉可以使其显得更加专业与美观，这里介绍在页眉中插入图片的方法，给员工奖惩制度内容加上企业Logo，这种方法同样适用于在页眉中添加文字或图形等标记。

① 在页面顶端双击鼠标，自动插入默认的页眉，并打开"页眉和页脚工具"的"设计"选项卡，如图10-21所示。

② 单击"开始"选项卡下"字体"选项组中的"清除格式"按钮，将原有的一条横线去掉，效果如图10-22所示。

图10-21

图10-22

③ 在"插入"选项卡下的"插图"选项组中单击"图片"按钮，如图10-23所示。

④ 弹出"插入图片"对话框，选择需要插入的企业Logo图片，单击"插入"按钮，如图10-24所示。

⑤ 选择插入的图片，在"图片工具"的"格式"选项卡中单击"自动换行"按钮，在弹出的下拉菜单中选择"浮于文字上方"命令，如图10-25所示。

⑥ 通过鼠标调整图片的大小和位置，调整后效果如图10-26所示。

图10-23

图10-24

图10-25

图10-26

⑦ 单击"页眉和页脚工具""设计"选项卡下的"关闭页眉和页脚"按钮，退出页眉编辑状态，最终效果如图10-27所示。

图10-27

10.2.2 为员工奖惩制度内容设置页脚

与添加页眉功能相似，在页脚处同样也可以添加需要的标记，这里介绍在页脚中插入文字的方法，这种方法同样适用于在页脚中添加图片或图形等内容。

① 打开"插入"选项卡，在"页眉和页脚"选项组中单击"页脚"按钮，在弹出的下拉菜单中选择"空白"命令，完成在文本中插入页脚的操作，如图10-28所示。

② 在"插入"选项卡的"插图"选项组中单击"形状"按钮，在弹出的可

供选择的多种形状图案中选择"菱形"形状，如图10-29所示。

图10-28　　　　　　　　　　　图10-29

3 按住鼠标左键，在页脚处绘制两个菱形图形（如图10-30所示），然后分别选择插入的图形，切换到"绘图工具"的"格式"选项卡下，在"形状样式"选项组中选择合适的样式进行设置，如图10-31所示。

图10-30　　　　　　　　　　　图10-31

4 在页脚处插入文本内容，并完成文本内容格式的设置，调整文字和图形的位置，最终完成页脚的插入，如图10-32所示。

图10-32

专家提示

在页脚处，还可以插入图片、表格、形状、日期等多种形式的元素，用户可根据需要自行插入。

10.2.3 为员工奖惩制度内容插入页码

添加页码不仅可以方便读者阅读与查找相关的内容，而且也可以使版面的编排效果更加丰富美观，在Word 2010中为用户提供了很多的页码样式，用户可以根据个人喜好或者需要进行选择和设置。

① 在页眉或页脚处双击打开"页眉和页脚工具"，在"选项"选项组中勾选"奇偶页不同"复选框，如图10-33所示。

② 将光标定位在"奇数页页脚"，单击"插入"选项卡下"页眉和页脚"选项组中的"页码"按钮，在下拉菜单中选择"页面底端"命令，选择需要的页码样式，如"三角形2"，如图10-34所示。

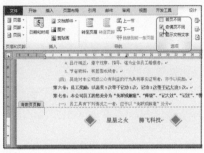

图10-33　　　　　　　　　　　　　　　图10-34

③ 继续将光标定位在"偶数页页眉"，重复操作，打开"页码"下拉菜单，选择"页面底端"下的"三角形1"样式，如图10-35所示。

图10-35

④ 最终完成页码的插入，效果如图10-36所示。

专家提示

在进行双面排版时，奇偶页码的插入是被大量运用的，用户在设置时需考虑时间的页码放置位置，以达到完美的显示效果。

图10-36

10.3　调整页面布局并保存

在完成文档的内容和细节方面的插入后，需要对整篇文稿的页面进行调整，使之更加方便阅读，实现所有文稿内容的修改后，可将文稿保存为模板，方便在以后的工作中套用。

10.3.1　为员工奖惩制度内容进行页面设置

对文档进行打印之前需要对文档进行页面设置以提高打印效果，这里主要介绍如何设置页边距，有手动设置和直接拖动两种方法。

1 打开"页面布局"选项卡，单击"页面设置"选项组右下角的 按钮，如图10-37所示。

2 打开"页面设置"对话框，将上页边距改为"3.45厘米"，下页边距改为"3.25厘米"，左右边距都改为"2.5厘米"，单击"确定"按钮，如图10-38所示。

图10-37

图10-38

3 用户还可以通过直接拖动的方法来设置页边距，将鼠标放在页面左上方的标尺栏上面，当光标变成左右箭头形状、页面提示为"左边距"时，按住鼠标左键左右拖动，如图10-39所示。

图10-39

④ 松开鼠标左键即可改变页面的左边距，利用同样的方法可以改变页面的右边距和上下边距，如图10-40所示。

⑤ 调整后的页面布局如图10-41所示。

图10-40

图10-41

专家提示

　　合理地设置页边距可以节省纸张，但如果文档需要打印则不能把页边距设置得过小，否则打印结果可能会丢失内容。

10.3.2　将员工奖惩制度内容保存为模板

　　将该文档保存为模板，方便在以后的工作中套用该模板进行其他类似文本的修改和创建，下面介绍如何将员工奖惩制度保存为模板。

① 完成文档的编辑后，选择"文件"主菜单，单击"另存为"标签，如图10-42所示。

图10-42

2 打开"另存为"对话框，选择左侧显示栏下的"受信任模板"标签，在"文件名"文本框中输入名称，单击"保存类型"下拉按钮，选择"Word模板"类型，单击"确定"按钮，如图10-43所示。

图10-43

3 关闭文档内容，重新打开Word软件，单击"文件"主菜单下的"新建"标签，在"可用模板"的"主页"列表栏下选择"我的模板"选项，如图10-44所示。

4 打开"新建"对话框，在"个人模板"栏下选择创建好的模板文档，选择右侧"新建"下的"文档"单选按钮，单击"确定"按钮，如图10-45所示。

图10-44

图10-45

专家提示

保存模板类型时，用户还可以根据实际文档的情况选择"启用宏的Word模板"或者"Word 97-2003模板"，满足不同的需求。

5 此时即可在新文档中创建以该模板为基础的文本内容，如图10-46所示。

图10-46

第 *11* 章

制作公司会议
安排流程图

实例概述与设计效果展示

　　流程图是流经一个系统的信息流、观点流或部件流的图示说明，流程图在企业中常常使用，用来说明一项任务或工作的具体进行过程。在本例中，运用流程图制作了公司会议安排，不仅条理清晰，逻辑分明，也避免了大段文字带给阅读者的压抑感，在下面的讲解中，将详细介绍如何制作公司会议安排流程图，下图为效果图。

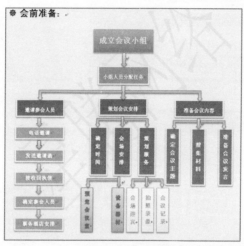

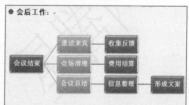

实例设计过程

　　本实例介绍了两种绘制流程图的途径：通过Word 2010自选图形绘制流程图和使用"SmartArt图形"快速插入流程图。在介绍使用"SmartArt"功能时，介绍了"SmartArt图形"中的"流程"和"层次结构"两种模式流程图的修改和设置方法，其他模式的流程图设置都与此类似，读者可自行尝试操作，下图所显示的流程图为本章实例的制作过程。

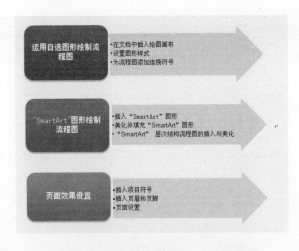

11.1 运用自选图形绘制流程图

流程图的绘制在Word中可以通过插入自选图形并组合排列的方式实现，自选图形的多样性使其具有灵活多变的特点，本节具体介绍如何使用自选图形插入流程图。

11.1.1 在文档中插入绘图画布

在Word中进行绘图之前，插入绘图画布可以让整个文档的结构更加清晰，后期的图片调整也更加方便。

① 在合适的磁盘中单击鼠标右键，选择快捷菜单中的"新建" | "Microsoft Word"命令，创建Word文档图表，将文档命名为"星腾网络有限公司会议安排流程图"，如图11-1所示。

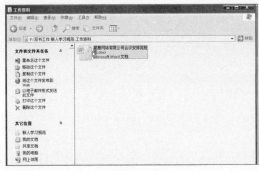

图11-1

第11章

第12章

第13章

第14章

第15章

❷ 双击打开文档，在新打开的文档中输入标题和正文，将标题"字体"设置为"黑体"，"字号"设置为"小一"，将正文"字体"设置为"宋体"、"加粗"，"字号"设置为"小四"，合理设置缩进和段落间距，效果如图11-2所示。

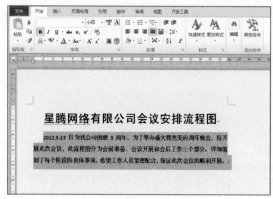

图11-2

❸ 切换到"插入"选项卡，在"插图"选项组中单击"形状"按钮，在弹出的下拉菜单中选择"新建绘图画布"命令，如图11-3所示。

❹ 此时文档中就会出现一个绘图框，同时页面上方的"绘图工具"选项卡被打开，如图11-4所示。

图11-3

图11-4

❺ 在"插入"选项卡的"插图"选项组中单击"形状"按钮，在弹出的下拉菜单中单击"流程图"下面的"矩形"形状□，如图11-5所示。

❻ 此时光标变成了一个黑色十字形，将光标移到画布区域，按下鼠标左键拖动到合适大小松开按键，即可绘制一个矩形框，如图11-6所示。

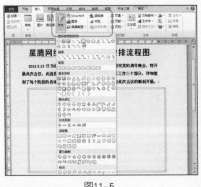

图11-5

图11-6

11.1.2 设置图形样式

插入图形为默认样式，样式简单，也并不能完美地配合文档的整体显示风格，在Word 2010中可以通过设置图形格式，使图形美化。

1 选中绘制好的图形并右击，在弹出的快捷菜单中选择"添加文字"命令，如图11-7所示。

2 将光标自动定位在图形中，可在图形中输入文本内容，如图11-8所示的"成立会议小组"。

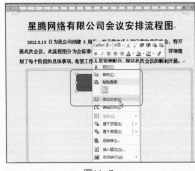

图11-7

图11-8

3 再次选中图形，打开"绘图工具"选项卡，"形状样式"选项组中单击下拉按钮▾，如图11-9所示。

4 在弹出的下拉菜单中有Word内置的多种图形样式，用户可以选择需要的图形颜色和样式单击（如图11-10所示），选择"中等效果-橄榄色，强调文字颜色3"。

5 绘制其他图形，采用同样的方法输入文本并设置颜色样式，如图11-11所示。

⑥ 重复操作，绘制整个流程图的各个部分，整体效果如图11-12所示。

图11-9

图11-10

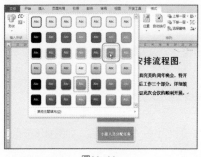

图11-11

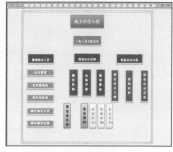

图11-12

专家提示

设置图形样式后图形内的文字样式也会随之改变，若对改变后的字体样式不是很满意，还可以再对字体进行设置。

11.1.3 为流程图添加连接符号

上一例介绍了如何绘制与设置基本形状，但流程图中除了基本形状外，还需要连接符号为各个形状进行有效的指引，才能体现图表的最佳显示状态。

① 打开"插入"选项卡，在"插图"选项组中单击"形状"按钮，在弹出的下拉菜单中选择"箭头总汇"栏下面的"下箭头"形状⇩，如图11-13所示。

② 按住鼠标左键，用选择的"下箭头"形状在两个流程模块间进行绘制，如图11-14所示。

③ 选中绘制的箭头形状，按照前面介绍的方法设置图形样式，并修改其样式，最终如图11-15所示。

④ 在"插入"选项卡的"插图"选项组中单击"形状"按钮，在下拉菜单中选择"直角上箭头"形状⬑，如图11-16所示。

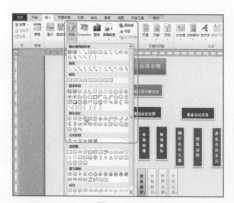

图11-13

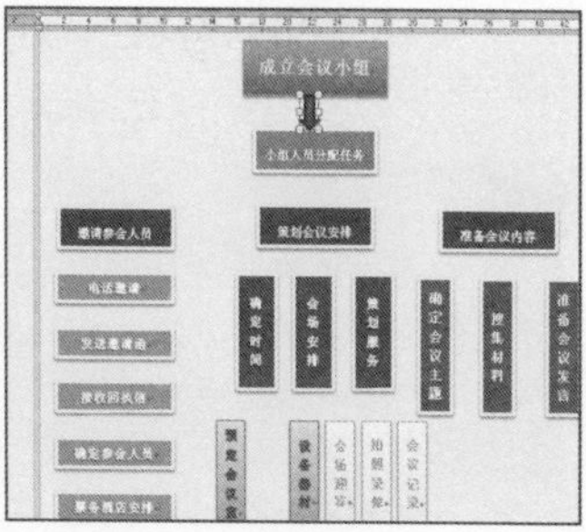

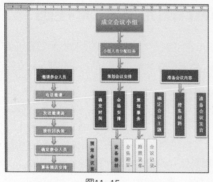

图11-14

图11-15

图11-16

5 使用选择的形状绘制一个图形，在图形上单击，会出现几个控制点，其中蓝色的控制点是用来改变图形大小的，黄色菱形的控制点可以用来调整箭头的粗细，如图11-17所示。

6 选中绘制好的箭头形状，在"格式"选项卡的"排列"选项组中单击"旋转"按钮 旁边的小三角，在弹出的下拉菜单中选择"垂直翻转"命令，即可将刚才绘制的箭头进行垂直翻转，效果如图11-18所示。

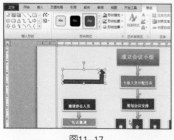

图11-17

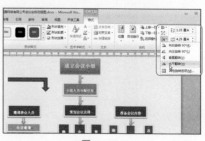

图11-18

⑦ 设置箭头图形的样式，并移动到合适位置，调整大小，采用相同的方法绘制其他箭头，完成后的效果如图11-19所示。

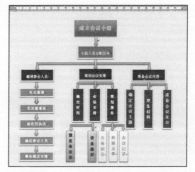

图11-19

专家提示

对图形或图片进行翻转是一种便捷的调整图片方法，有的时候可能要进行多次翻转才能得到需要的图片样式。

11.2 使用SmartArt图形绘制流程图

在Word中自带了精美的"SmartArt"图形，包含多个不同种类的图形可供用户选择，采用这种方式绘制流程图，能够有效地提高文稿的水平和质量，是专业文稿中常用的绘制流程图的方法。

11.2.1 插入"SmartArt"图形

使用Word 2010中的"SmartArt"功能绘制图形既快速又美观，而且绘制"SmartArt"图形无需添加画布，下面具体介绍如何插入"SmartArt"图形。

① 打开"插入"选项卡，在"插图"选项组中单击"SmartArt"按钮，弹出"选择SmartArt图形"对话框，在对话框左侧单击"流程"标签，本例中选择"基本蛇形流程"，单击"确定"按钮，如图11-20所示。

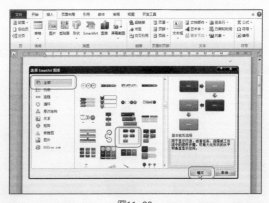

图11-20

② 此时即可在Word中插入选择的SmartArt图形，如图11-21所示。

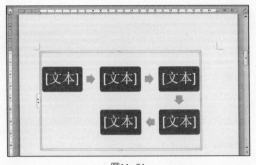

图11-21

11.2.2　美化并填充"SmartArt"图形

　　默认插入的"SmartArt"图形是不能直接体现文本内容的，需要进行文本编辑，为了达到美化的效果，可使用Word 2010中内置的配色方案和样式对"SmartArt"图形进行设置。

　　❶ 选中刚才插入的"SmartArt"图形，在"设计"选项卡下的"SmartArt样式"选项组中单击"改变颜色"按钮，在弹出的下拉菜单选择一种合适的颜色，如图11-22所示。

　　❷ 继续选中"SmartArt"图形，在"SmartArt样式"选项组中单击下拉按钮，选择一种合适的样式，如图11-23所示。

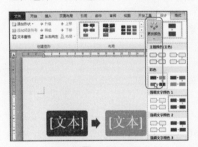

图11-22

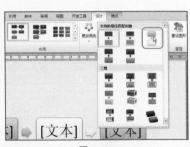

图11-23

　　❸ 此时单击画布左侧的展开按钮，弹出文本窗格，在所有图形中输入一级标题文字，如图11-24所示。

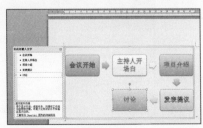

图11-24

④ 当形状不够用时，将光标放在最后一个形状的文字后面，按键盘上的 Enter键，即可在后方添加一个新的图形，新图形仍然是设定好的配色方案和样式，如图11-25所示。

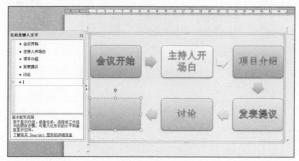

图11-25

⑤ 将光标放在第一个形状的文字后面，按Enter键，此时光标移动到新建的图形文字栏中，相对应的图形也是被选中状态，单击"设计"选项卡下的"创建图形"选项组中的"降级"按钮➡ **降级**，如图11-26所示。

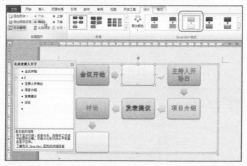

图11-26

⑥ 此时即可在第一个形状里的文字下方输入二级标题，将其他图形与上述步骤一样操作，在所有图形中都输入二级标题，如图11-27所示。

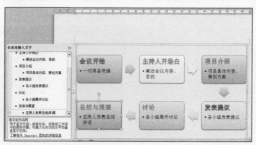

图11-27

⑦ 选择图形中的一级标题文字，在"格式"选项卡的"艺术字样式"选项组中单击下拉按钮 ▾，设置合适的艺术字，如图11-28所示。

⑧ 设置完所有的艺术字样式后，最终整个流程图如图11-29所示。

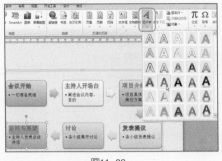

图11-28　　　　　　　　　　图11-29

动手练一练

在"SmartArt工具"下的"设计"选项卡中默认有个"创建图形"选项组，用户可试一试其中的"添加形状"、"添加项目符号"、"文本窗格"命令。

11.2.3 "SmartArt"层次结构流程图的插入与美化

前面介绍了使用"SmartArt"功能创建流程图形的实例，这里继续介绍如何使用"SmartArt"中的层次结构图形。

① 将光标定位在要插入图形的位置，单击"插入"选项卡，在"插图"选项组中单击"SmartArt"按钮，弹出"选择SmartArt图形"对话框，在左侧栏中选择"层次结构"选项，在列表中选择"水平层次结构"，如图11-30所示。

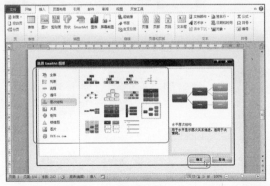

图11-30

② 单击"确定"按钮，完成所选图形的插入，如图11-31所示。

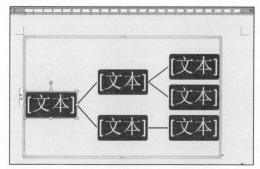

图11-31

③ 单击画布左侧的展开按钮打开文本窗格，将光标放在不需要的形状的文字位置上，按键盘上的Deletc键即可删除，如图11-32所示。

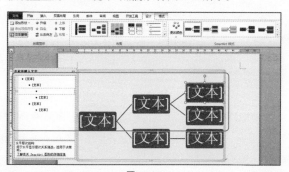

图11-32

④ 将第一个二级标题下的三级标题删去一个，只保留一个，如图11-33所示。

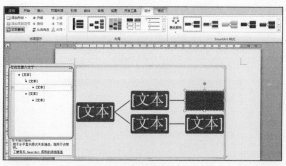

图11-33

⑤ 将光标放在文本窗格的最后，按Enter键三次，新建三个二级标题，再将后面的两个标题依次降级，成为三级和四级标题，如图11-34所示。

⑥ 在图形中依次输入不同级别的文本内容，如图11-35所示。

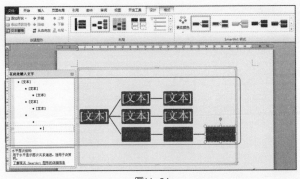

图11-34

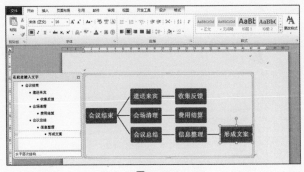

图11-35

⑦ 选中图形，在"设计"选项卡下的"SmartArt样式"选项组中单击"改变颜色"按钮，在弹出的下拉菜单中选择一种配色方案，如选择"彩色范围-强调文字颜色5至6"，如图11-36所示。

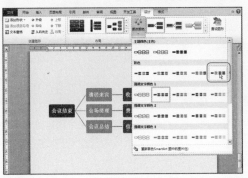

图11-36

⑧ 仍然选中"SmartArt"图形，在"SmartArt样式"选项组右侧的样式列表中选择一种合适的样式，如选择"三维"下的"优雅"，如图11-37所示。

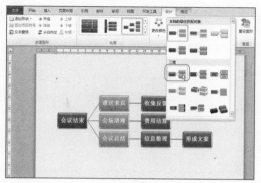

图11-37

⑨ 将图形内的字体调整为宋体16号字、粗体，为流程图添加标题。至此，整个流程图绘制完毕，后面加上落款，设置合适的字体，如图11-38所示。

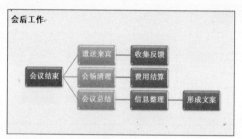

图11-38

11.3 页面效果设置

对整个文档进行页面效果设置，包括添加项目符号、页码、页眉页脚，页面设置和添加水印等。本例中大部分操作在前面章节中已有详细介绍，这里只进行简单说明。

11.3.1 插入项目符号

项目符号的插入可以有效地对同一级别的文本内容进行标注，同时突出文档编辑重点，也能起到美化文档的作用。

① 将光标放在"会前准备"等标题前，在"开始"选项卡下，单击"段落"选项组中的"项目符号"按钮，打开下拉菜单，选择合适的符号，如图11-39所示。

② 完成项目符号的插入，如图11-40所示。

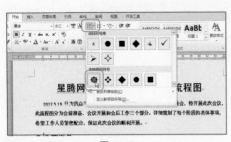

图11-39

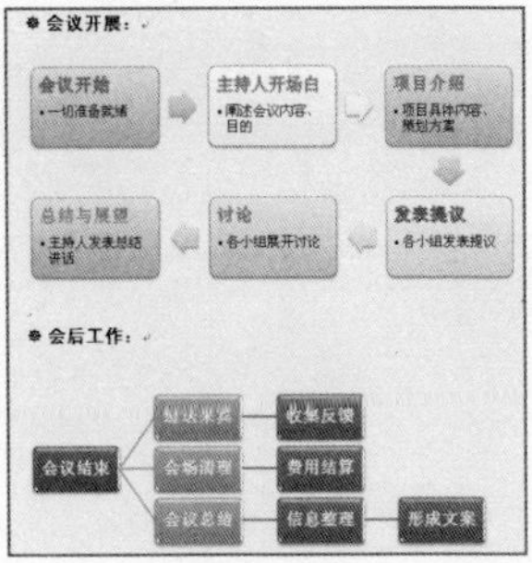

图11-40

专家提示

单击"项目符号"选项下的"定义新项目符号"选项，可自主设置图片或图形为项目符号，用户可自己尝试操作。

11.3.2 插入页眉和页脚

页眉和页脚的插入在实际的应用中有较高的频率，在本例中，也能充分体现，下面来简单介绍页眉和页脚的插入。

1 双击页面上方的页眉位置，或在"插入"选项卡下单击"插入页眉"按钮，打开页眉编辑页面，单击"插图"选项组中的"图片"按钮，如图11-41所示。

2 打开"插入图片"对话框，选择公司Logo，单击"插入"按钮，如图11-42所示。

图11-41

图11-42

3 选中插入的图片，单击"开始"选项卡下"段落"选项组中的"居中"对齐按钮，将其居中显示，如图11-43所示。

4 再单击"插入"选项卡下"插图"选项组中的"形状"按钮，打开下拉菜单，选择"直线"进行绘制，如图11-44所示。

5 单击"插入"选项卡下"文本"选项组中的"文本框"按钮，打开下拉菜单，选择"绘制文本框"命令，如图11-45所示，在直线上绘制文本框。

图11-43

图11-44

图11-45

6 在文本框内输入文本内容，并调整文本框的位置，最终页眉效果如图11-46所示。

7 页脚的插入和修饰与页眉的方法类似，单击"插入"选项卡下"页眉和页脚"选项组中的"页码"按钮，选择合适的页码进行插入，最终文档的页眉和页脚设置效果如图11-47所示。

图11-46

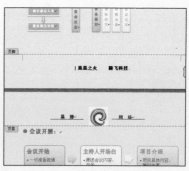

图11-47

专家提示

　　用户可在插入页码后再对页脚进行编辑，否则在插入页码后，原先设置好的页脚效果将消失。

11.3.3　页面设置

　　完成上述操作后，可对页面进行最后的调整，完成文稿的创建。

❶ 单击"页面布局"选项卡，在"页面背景"选项组中单击"水印"按钮，选择下拉菜单中的"自定义水印"命令，图11-48所示。

❷ 打开"水印"对话框，选择"文字水印"单选按钮，在其后的文本框中进行设置，如图11-49所示，单击"确定"按钮。

图11-48

图11-49

❸ 在"页面布局"选项卡下打开"页面设置"对话框，将上下页边距设置为"3.5厘米"，左右页边距设置为"2厘米"，如图11-50所示。

❹ 最后对整个文档进行细微调整，效果如图11-51所示。

图11-50

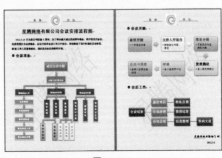

图11-51

第 *12* 章

制作公司客户
业务受理单

实例概述与设计效果展示

　　企业推出新业务、开展新活动时，为了做推广，都会根据业务内容或活动项目制作出相应的业务受理单或活动参与填写单等，这种文档可以利用Word 2010程序来完成创建。在Word 2010中制作企业客户受理单，可以运用"表格"、"文本框"、"插入形状"、"插入图片"等多项功能来实现，下面为显示效果。

实例设计过程

　　本实例介绍了业务受理单的具体制作过程，大体上分为"页面与文本内容设置→主体设计→版面效果设置"，右图所显示的流程图为本章实例的制作过程。

12.1 页面与文本内容设置

制作客户业务受理单的第一步是在新建的文档中对页面进行设置，完成页面设置后可进行文档内容的输入，以实现业务受理单的基础操作。

12.1.1 设置客户业务受理单的页面

页边距的合理设置能创建出观感度较高的文档，对于客户业务受理单而言，页面布局版式设置不仅是公司对待客户态度认真的体现，也能使客户有较为良好的处理事务的心情。

① 启动Word 2010程序，新建文档，将其保存为"星腾网络客户业务受理单"，切换到"页面布局"选项卡，在"页面设置"选项组中单击"页面设置"按钮，如图12-1所示。

② 打开"页面设置"对话框，分别将上边距、下边距、左边距和右边距设置为"2厘米"、"1厘米"、"2厘米"和"2厘米"，如图12-2所示。

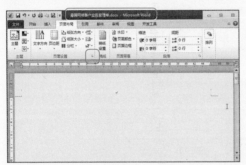

图12-1　　　　　　　　　　　图12-2

③ 设置完成后，单击"确定"按钮，即可重新设置文档的页边距，以满足客户业务受理单的制作要求。

专家提示

在"页面设置"选项组中，单击"页边距"下拉按钮，在下拉列表中可以看到Word 2010内置了几种页边距的尺寸样式，用户可以根据需要选择适合的样式，在页面中直接拖动上边距、下边距、左边距和右边距来设置页面边距。

12.1.2 输入与设置客户业务受理单的文本内容

在设置好页面之后，就可以在文档中输入客户业务受理单的文本内容，在输入前要考虑在哪些位置需要输入文本内容，哪些位置需要空出来以供其他文本对象使用。

① 在文档中输入文本内容，切换到"开始"选项卡，在"字体"选项组中通过"字体"和"字号"列表来设置文本的字体和字号，设置完成后的效果如图12-3所示。

图12-3

② 在"段落"选项组中，通过设置"文本右对齐"按钮，来设置文档头以右对齐方式显示，通过"居中"按钮来设置文档底部的公司名称文本以居中方式显示，并手动移动"业务名称"文本与文档头对齐，如图12-4所示。

图12-4

12.2 主体设计

完成客户业务受理单文本内容的输入与设置后，就可以着手主体的设计，如插入表格、插入与设置文本框、插入与设置直线以及插入与设置企业Logo等。

12.2.1 表格对象的插入与设置

在本例中主要运用表格的插入来实现整张文本的显示效果，表格插入后需要进行调整，包括合并、设置边框等，在本例中都将具体介绍。

1. 插入表格并合并单元格

① 在文档中，将光标定位到要插入表格的位置，切换到"插入"选项卡，

在"表格"选项组中单击"表格"按钮，在其下拉菜单中选择合适的表格，如2×3表格，如图12-5所示，选择表格行列数时，会在文档位置显示表格。

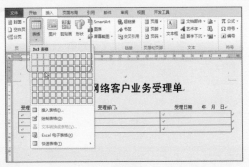

图12-5

2 根据客户业务受理单的需要，在文档中调整表格的列宽，选中1列和2列中间的边框线，然后按住鼠标左键向右拖动调整，如图12-6所示。

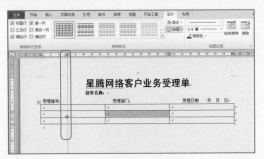

图12-6

3 根据客户业务受理单的设计思路，将第1、2行的第1列单元格合并，选中要合并的单元格，切换到"布局"选项卡，在"合并"选项组中单击"合并单元格"按钮，如图12-7所示，即可将单元格合并。

图12-7

4 重复操作，完成其他需要合并单元格的操作，最终表格效果如图12-8所示。

图12-8

2. 输入表格文字并调整表格行高

① 在插入的单元格中，根据客户业务受理单的需要输入对应的文本内容，输入后的效果如图12-9所示。

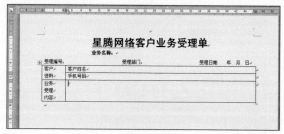

图12-9

② 输入文本后，可以根据客户业务受理单的要求调整表格的行高，将光标移动到要调整单元格行高的边框线上，接着按住鼠标左键向下拖动鼠标，如图12-10所示。

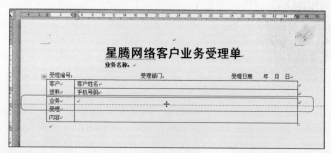

图12-10

③ 将行高拖动到合适的大小，松开鼠标即可，按照相同的方法，可以对其他单元格设置行高，设置完成后的效果如图12-11所示。

图12-11

专家提示

　　对于表格行高的设置，除了可以运用手动的方式进行拖拉外，还可以在"表格工具"的"布局"选项卡下的"单元格大小"选项组中进行具体数值的设置。

3. 设置表格对齐方式与文本段落间距

　　① 在默认情况下，表格的对齐方式是靠左上角对齐，选中第1列的两行单元格，切换到"布局"选项卡，在"对齐方式"选项中单击"水平居中"按钮如图12-12所示。

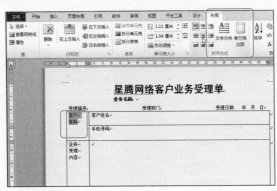

图12-12

　　② 即可将所选单元格的对齐方式更改为"水平居中"，重复操作，完成所有所需单元格的对齐调整，效果如图12-13所示。

　　③ 选中"业务受理范围"，切换到"开始"选项卡，在"段落"选项组中单击"段落"按钮，打开"段落"对话框，在"间距"栏下将"段后"间距设置为5行，单击"确定"按钮，如图12-14所示。

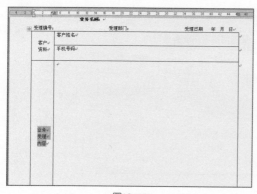

图12-13   图12-14

④ 设置完成后，即可看到表格中的文字分别拉开了间距，效果如图12-15所示。

图12-15

⑤ 单击"表格工具"的"设计"选项卡，在"绘制表格"选项组中单击"绘制表格"按钮，如图12-16所示。

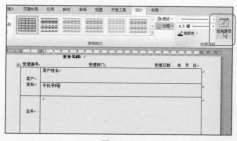

图12-16

⑥ 在"业务"与"受理"文本之间绘制一条单元格线，如图12-17所示。

⑦ 重复操作，完成多条表格线的绘制，将该大表格分成三个单元格，效果如图12-18所示。

图12-17　　　　　　　　　　　　图12-18

除了本例中的操作外，还可以通过"布局"选项卡下"合并"选项组中的"拆分单元格"按钮进行拆分表格操作。

12.2.2　文本框对象的插入与设置

在Word文档中有两种方式可以插入文本框，一种方式是直接引用系统内置的文本框样式，另一种方法是绘制文本框，根据客户业务受理单的要求，需要4个文本框来辅助设计文本内容，这时可以选择手动绘制文本框的方式插入文本框。

① 在文档中，将光标定位到要绘制文本框的位置，切换到"插入"选项卡，在"文本"选项组中单击"文本框"按钮，在其下拉菜单中选择"绘制文本框"命令，如图12-19所示。

② 返回工作区，光标变成+形，按住鼠标左键向右下角拖动即可绘制文本框，拖动到合适大小，松开鼠标左键即可完成文本框的绘制，如图12-20所示。

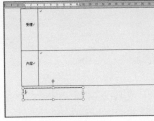

图12-19　　　　　　　　　　　　图12-20

③ 选中插入的文本框，按快捷键Ctrl+V，复制出第4个文本框，分别对其

位置与大小进行调整，调整后的效果如图12-21所示。

④ 在文本框中输入文本内容，设置文本格式，最终效果如图12-22所示。

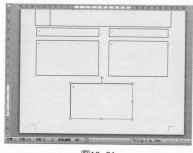

图12-21

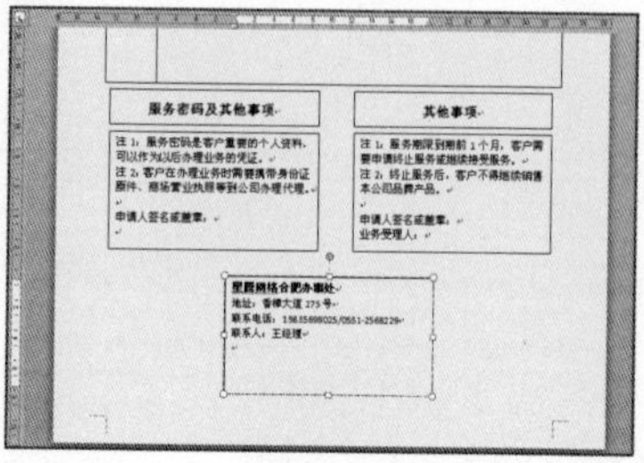

图12-22

12.2.3 直线的插入与设置

根据客户业务受理单的要求，需要在底部插入一条直线来分隔上下内容，在Word 2010中插入直线的方法和在Word 2007中是一样的，即在"形状"下拉列表中选中直线，然后手动进行绘制，而直线的粗细只能等绘制完成后进行设置。

① 在文档中，将光标定位到要插入直线的位置，接着切换到"插入"选项卡，在"插图"选项组中单击"形状"按钮，在其下拉列表中选中"直线"形状，如图12-23所示。

② 返回工作表中，光标变为+形状，在需要插入直线的位置，按住鼠标左键向右拖动来绘制直线，完成如图12-24所示的直线插入。

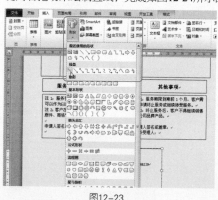

图12-23

图12-24

③ 在文档中选中直线，单击鼠标右键，选择快捷菜单中的"设置形状格式"命令，如图12-25所示。

④ 打开"设置形状格式"对话框，单击"线型"标签，在"宽度"文本框中将宽度从0.75磅调整到2磅，如图12-26所示。

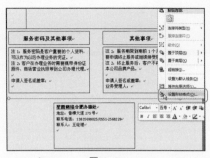

图12-25　　　　　　　　　　　　图12-26

⑤ 切换到"线条颜色"标签，单击"颜色"下拉按钮，在其下拉列表中选择"黑色"，如图12-27所示。

⑥ 设置完成后，单击"确定"按钮，即可将选择的直线粗细设置为2磅，效果如图12-28所示。

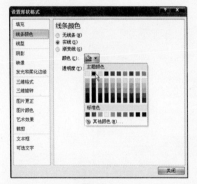

图12-27　　　　　　　　　　　　图12-28

专家提示

直线的线型和阴影等效果都可以在"设置形状形式"对话框中设置，用户可自行设置线条的样式。

12.2.4　图片的插入与设置

作为企业的应用文档、行政文档等，一般都会在文档中插入企业的Logo图片，在本例中，由于文本的特殊性，可以为文档添加企业的地图位置，方便用户前往询问，具体操作方法如下。

1. 插入企业Logo

❶ 在文档中，将光标定位到要插入企业Logo的位置，打开"插入图片"对

话框，找到企业Logo所在的文件夹，选中要插入的企业Logo，单击"插入"按钮，如图12-29所示。

图12-29

2 选中插入的Logo图片，切换到"格式"选项卡，在"排列"选项组中单击"自动换行"按钮，在其下拉菜单中选中"衬于文字下方"命令，如图12-30所示。

图12-30

3 调整企业Logo图片的位置和大小，重复操作完成另一个企业Logo的插入，最终效果如图12-31所示。

图12-31

2. 插入地图图片

1 在文档中，将光标定位到要插入企业地图的位置，单击"插入"选项卡下的"插图"选项组中的"图片"按钮，如图12-32所示，打开"插入图片"对话框，选中要插入的企业地图，单击"插入"按钮。

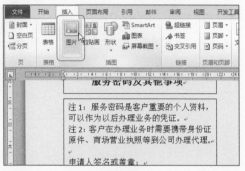

图12-32

2 选中插入的企业地图图片，调整其位置和大小，最终如图12-33所示。

图12-33

12.3 版面效果设置

通过以上操作，完成对客户业务受理单主体的设计，接下来用户可以对主体中插入的各种对象进行版面效果设置，如设置文档水印效果、设置表格的填充效果和边框效果、设置文本框的填充效果和边框效果等。

12.3.1 设置文档页面水印效果

在客户业务受理单中，将企业品牌名称作为水印效果显示在文档中，可以通过下面的操作来实现。

➊ 在文档中"页面布局"选项卡下的"页面背景"选项组中，单击"水印"按钮，在其下拉菜单中选择"自定义水印"命令，如图12-34所示。

图12-34

➋ 打开"水印"对话框，选中"图片水印"单选按钮，单击"选择图片"按钮，如图12-35所示。

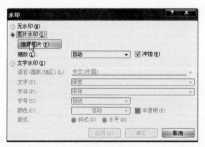

图12-35

➌ 打开"插入图片"对话框，选择需要作为水印的图片，单击"插入"按钮，如图12-36所示。

➍ 返回至"水印"对话框中，单击"确定"按钮，如图12-37所示。

图12-36

图12-37

➎ 此时可查看水印的最终效果，如图12-38所示。

图12-38

专家提示

　　水印效果还可以自定义设置文字或者选用默认的水印，用户可以自行挑选适合的水印进行插入。

12.3.2　对表格效果进行设置

　　为了达到客户页面受理单的版面效果，还需要对表格进行必要的美化设置，如为表格中的指定单元格设置填充效果和设置特定的边框效果。

　　① 在文档中选中表格中要设置填充效果的单元格区域，切换到"设计"选项卡，在"表格样式"选项组中单击"底纹"按钮。

　　② 在其下拉菜单中选中填充颜色，如"水绿色，强调文字颜色5，淡色40%"，如图12-39所示，即可为选择的单元格完成颜色填充。

图12-39

③ 在文档中选中第1行和第2行单元格区域，切换到"设计"选项卡，在"表格样式"选项组中单击"边框"按钮，在其下拉菜单中选择"边框和底纹"命令，如图12-40所示。

图12-40

④ 打开"边框和底纹"对话框，在"边框"选项卡的"预览"栏下先取消左、右和中间的边框线，接着在"样式"列表框中选中表格的上边框样式，然后在"预览"栏中单击上边框，即可替换成选中的上边框样式，效果如图12-41所示。

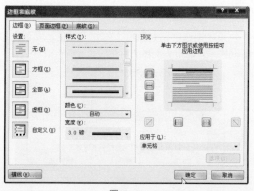

图12-41

⑤ 设置完成后，单击"确定"按钮，即可将设置的上边框效果应用到表格中，效果如图12-42所示。

⑥ 重复操作，对文档中的其他表格边框进行调整，最终表格效果如图12-43所示。

图12-42

图12-43

12.3.3　对文本框效果进行设置

在12.2.2小节中，根据客户业务受理单的要求，在文档中插入了5个文本框，并在文本框中输入了不同的文本内容，为了达到客户业务受理单的版面效果，还需要对文本框进行美化设置，如为指定文本框设置填充、为文本框取消边框等。

❶ 在文档中，选中要设置填充效果的文本框，接着按住Ctrl键再依次选中其他要设置填充效果的文本框，如图12-44所示。

❷ 切换到"格式"选项卡，在"文本框样式"选项组中单击"形状填充"按钮，在其下拉菜单中选择填充颜色，如"水绿色，强调文字颜色5，淡色40%"，即可将颜色填充到文本框中，如图12-45所示。

图12-44

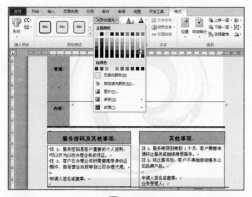

图12-45

③ 保持选中状态，单击"格式"选项卡，在"文本框样式"选项组中单击"形状轮廓"下拉按钮，选择"无轮廓"选项，如图12-46所示。

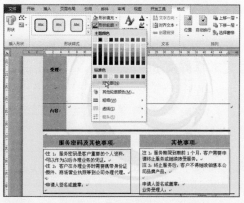

图12-46

④ 选中其他文本框，在"形状颜色"下拉菜单中选择"无填充颜色"选

项，如图12-47所示。

图12-47

⑤ 重复操作，完成所有文本框格式的调整，最终效果如图12-48所示。

图12-48

专家提示

　　文本框的填充除了纯色外，还可以进行渐变、图案或纹理等效果填充，用户都可以在"形状填充"选项下进行设置。

读书笔记

第 *13* 章

公司行政四大
常用表格设计

实例概述与设计效果展示

日常行政管理是保障企业正常运营的基础，行政办公中会使用到多种表格，例如员工通讯录管理表、电话记录管理表、办公用品领用表以及企业收发文件统计表格等。通过建立表格对这些信息进行管理，可以使得日常办公顺利、规范地进行。

实例设计过程

在Excel 2010中可以很方便地建立专业的表格，同时领用Excel 2010中的统计工具也更有利于数据的统计。

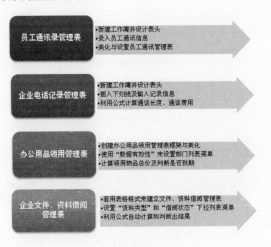

13.1　员工通讯录管理表

公司员工通讯录管理表是人力资源部门的一项重要工作，有效地进行员工信息的管理，可以大大提高工作效率，为人力资源工作人员减负。

13.1.1　新建工作簿并设计表头

企业员工通讯录管理表中包含员工的员工编号、员工姓名、所属部门、担任职务、居住地、电话等相关信息。下面具体介绍员工通讯录管理表的制作。

1 打开Excel 2010，将文件命名为"员工通讯录管理表"，保存类型为"Excel工作簿"，如图13-1所示。

2 在"Sheet1"工作表标签中双击鼠标左键，输入新的工作表名称"员工通讯录管理表"，如图13-2所示。

图13-1

图13-2

❸ 在工作表中的A1、A2、…I2等单元格中，分别输入表头、标识项等文字，如图13-3所示。

图13-3

❹ 在工作表中，利用"对齐方式"选项组中的"合并后居中"按钮对A1:I1单元格区域进行单元格合并，如图13-4所示。

图13-4

❺ 在工作表中，利用"字体"选项组中的"字体"分别对表头和标识项进行文字字体设置。利用"字体"选项组中的"字号"分别对表头和标识项进行文字字号设置。

❻ 利用"对齐方式"选项组中的"文本左对齐"和"居中"按钮来设置单元格的对齐方式。完成以上设置后的效果如图13-5所示。

图13-5

13.1.2　录入员工通讯信息

❶ 在工作表中选中A3单元格，输入电话记录起始编号为“WL_001”，如图13-6所示。

❷ 将光标移到A3单元格右下角，光标变成黑色十字形时，按住鼠标左键向下拖动，松开鼠标左键即可完成电话记录编号的输入，如图13-7所示。

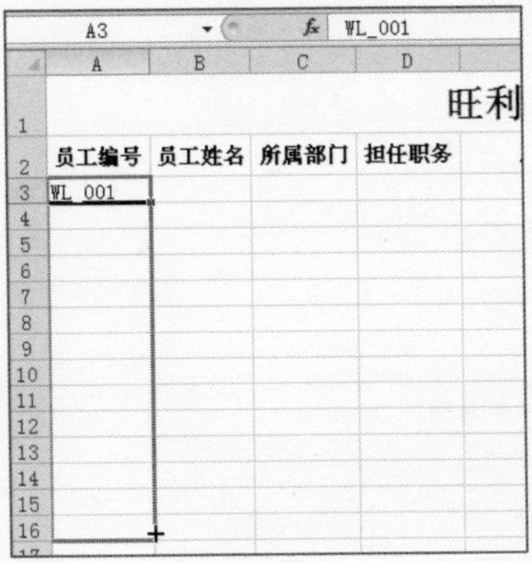

图13-6

图13-7

❸ 在表格中逐一记录员工的通讯信息，记录完成后的效果如图13-8所示。

旺利集团员工通讯录

员工编号	员工姓名	所属部门	担任职务	居住地	电话	QQ	MSN	微博
WL_001	陶丽	销售部	销售经理	上海市怡心小区	021-66270550	455011258	1230102@gmail.com	http://t.sina.com.cn/aaao
WL_002	王鹏	销售部	销售员	上海市广盛豪庭	021-61236551	418545698	laomao20010224@msn.com	http://t.sina.com.cn/akiani
WL_003	郝丽丽	销售部	销售员	上海市昊天园	021-66298698	238422315	aprilspring263@sina.com	http://t.sina.com.cn/mandyashcan
WL_004	张小林	采购部	采购员	上海市印象时代	021-66270553	458792123	wndbsyb@hotmail.com	http://t.sina.com.cn/1871700950
WL_005	赵楠	采购部	采购员	上海市天一家园	021-66270554	1238461	wuqing1978@msn.com	http://t.sina.com.cn/graciee
WL_006	李孟	设计部	设计总监	上海市花园城	021-64412299	128793113	cheevolin@hotmail.com	http://t.sina.com.cn/1751285715
WL_007	周保国	设计部	设计师	上海市黎安馨园	021-66270556	38751896	zff01@hotmail.com	http://t.sina.com.cn/huanghuang116
WL_008	王芬	设计部	设计师	上海市光明巷	021-66278962	48868792	Martin-way@hotmail.com	http://t.sina.com.cn/1878580145
WL_009	陈南	设计部	设计师	上海市家天下	021-68522258	895858532	bobo_wener@hotmail.com	http://t.sina.com.cn/1780724387
WL_010	吴军	行政部	经理助理	上海市新安名苑	021-66270559	258639642	irise.don@hotmail.com	http://t.sina.com.cn/1787943493
WL_011	孙文胜	行政部	文员	上海市绿洲花园	021-66532560	8974233	mizuki_nakajo@hotmail.com	http://t.sina.com.cn/plum77
WL_012	刘勇	财务部	会计师	上海市华润幸福里	021-66270561	22388124	yukuangkuang@hotmail.com	http://t.sina.com.cn/1686402680
WL_013	马梅	财务部	出纳	上海市皇马家园	021-64685462	48793113	gtyy@example.com	http://t.sina.com.cn/toenjyu
WL_014	吴小华	财务部	会计助理	上海市紫云府	021-66286263	89721685	joyce_shan0304@hotmail.com	http://t.sina.com.cn/1t33c

图13-8

13.1.3　美化与设置员工通讯管理表

❶ 在工作表中选中A2:I2单元格区域。

❷ 单击“开始”选项卡，在“字体”选项组中单击“填充颜色”下拉按钮，在下拉菜单中选择一种合适的填充颜色，如图13-9所示。

❸ 选中A2:I16单元格区域，在“开始”选项卡下的“字体”选项组中单击“边框”设置按钮，在展开的下拉菜单中选中“所有框线”命令（如图13-10所示），即可应用到选中的单元格区域中。

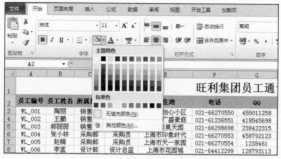

图13-9

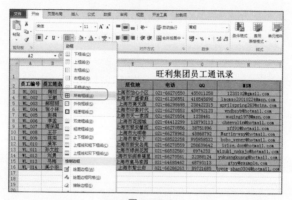

图13-10

④ 手动调整行高和列宽，设置后的效果如图13-11所示。

旺利集团员工通讯录								
员工编号	员工姓名	所属部门	担任职务	居住地	电话	QQ	MSN	微博
WL_001	陶丽	销售部	销售经理	上海市怡心小区	021-66270550	455011258	1230102@gmail.com	http://t.sina.com.cn/asso
WL_002	王鹏	销售部	销售员	上海市广盛豪庭	021-61236551	418545698	laomao20010224@msn.com	http://t.sina.com.cn/skisnl
WL_003	郝丽丽	销售部	销售员	上海市昊天园	021-66298698	238422315	aprilspring263@sina.com	http://t.sina.com.cn/sandyshcan
WL_004	张小林	采购部	采购员	上海市印象时代	021-66270553	458792123	vndbsyb@hotmail.com	http://t.sina.com.cn/187170050
WL_005	赵楠	采购部	采购员	上海市天一家园	021-66270554	1238461	wuqing1979@msn.com	http://t.sina.com.cn/gracine
WL_006	李孟	设计部	设计总监	上海市花园城	021-64412299	128793113	cheevolin@hotmail.com	http://t.sina.com.cn/1751285715
WL_007	周怀国	设计部	设计师	上海市馨安馨园	021-66270556	38751896	zff01@hotmail.com	http://t.sina.com.cn/huanghuang116
WL_008	王保	设计部	设计师	上海市光明府	021-66278962	48868792	Martlin-way@hotmail.com	http://t.sina.com.cn/1878580145
WL_009	孙文娟	设计部	设计师	上海市智家天下	021-66552258	895858532	bobo_vener@hotmail.com	http://t.sina.com.cn/1780724387
WL_010	吴军	行政部	经理助理	上海市新安名苑	021-66270659	258639642	iriss.don@hotmail.com	http://t.sina.com.cn/178794349
WL_011	刘飞	行政部	文员	上海市绿洲花园	021-66532560	8974233	mizuki_nakajo@hotmail.com	http://t.sina.com.cn/glum77
WL_012	刘勇	财务部	会计师	上海市润幸福星	021-66270561	22388124	yukuangkuang@hotmail.com	http://t.sina.com.cn/1686402680
WL_013	马梅	财务部	出纳	上海市驷马金家	021-64685462	48793113	gtty@exaaple.com	http://t.sina.com.cn/toonjyu
WL_014	吴小华	财务部	会计员	上海市馨云府	021-66286263	89721685	joyce_shan0304@hotmail.com	http://t.sina.com.cn/1133c

图13-11

13.2　企业电话记录管理表

　　绝大多数公司都对电话有很大的依赖性。没有一条以上电话线路的公司是无法生存和发展的，因此，控制电话的使用费是至关重要的。公司的只要目的是想控制员工打私人电话。偶尔的市话问题还不大，但长途电话就会迅速增加公司的电话费用。控制私人长途电话的方法就是每月检查电话账单，从而分辨出哪些是公务电话，哪些是私人电话。作为企业的行政管理人员，可制作完善的电话记录管理表，并安排相关人员对电话记录进行管理工作。

13.2.1 新建工作簿并设计表头

建立企业电话记录管理表，方便对电话记录进行管理。下面具体介绍企业电话记录管理表的建立，首先需要建立基本工作表并设置表格的格式。

① 打开Excel 2010，将文件命名为"企业日常电话记录管理表"，保存类型为"Excel工作簿"，如图13-12所示。

② 在"Sheet1"工作表标签上双击鼠标左键，输入新的工作表名称，为"电话记录管理表"，如图13-13所示。

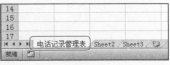

图13-12　　　　　　　　图13-13

③ 在工作表中的A1、A2、A3、B3、…G2等单元格中，分别输入表头、记录人、标识项等文字，如图13-14所示。

图13-14

④ 在工作表中，利用"对齐方式"选项组中的"合并后居中"按钮分别对A1:I1单元格区域、A2:C2单元格区域和G2:I2单元格区域进行单元格合并，如图13-15所示。

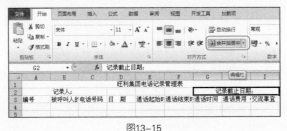

图13-15

⑤ 利用"字体"选项组中的"字体"分别对表头、记录人、记录起止日期和标识项进行文字字体设置。利用"字体"选项组中的"字号"分别对表头、记录人、记录起止日期和标识项进行文字字号设置。接着利用"对齐方式"选项组中的"文本左对齐"和"居中"按钮来设置单元格的对齐方式。完成以上设置后的效果如图13-16所示。

图13-16

⑥ 在工作表中，分别选中B3、E3、F3和H3单元格，在"开始"选项卡下的"对齐方式"选项组中，单击"设置单元格格式：对齐方式"按钮，打开"设置单元格格式"对话框，在"对齐"选项卡下的"文本控制"选项组中勾选"自动换行"复选框，如图13-17所示。

图13-17

⑦ 设置完成后，单击"确定"按钮，即可将选中的单元格中的文字自动换行显示，如图13-18所示。

图13-18

⑧ 当显示的文字不能完全显示时，可以通过手工设置表格行高和列宽的方式进行调整，调整完成后的效果如图13-19所示。

图13-19

⑨ 在工作表中选中A3:I22单元格区域，在"开始"选项卡下的"字体"选项组中，单击"边框"按钮，在展开的下拉菜单中选中"所有框线"命令（如图13-20所示），即可应用到选中的单元格区域中。

图13-20

⑩ 在工作表中选中A3:I3单元格区域，在"开始"选项卡下的"字体"选项组中单击"填充颜色"按钮，在展开的下拉菜单中选中一种颜色来填充底纹，如"水绿色"，即可应用到选中的单元格区域中，如图13-21所示。

图13-21

13.2.2 插入下划线及输入记录信息

① 打开工作表，在"插入"选项卡下的"插图"选项组中单击"形状"按钮，展开形状类型选择列表，在列表中选中"直线"形状（如图13-22所示），接着在工作表中绘制直线，即下划线，如图13-23所示。

图13-22　　　　　　　　　　　图13-23

❷ 双击绘制的直线，进入"绘图工具"→"格式"选项卡下，在"大小"选项组中的"形状高度"和"形状宽度"框中分别设置直接的高度和宽度为"0"和"4"，如图13-24所示。

图13-24

❸ 如果用户需要对直线进行形状格式设置、效果设置等，可以在"形状格式"选项组中实现。选中直线，在"形状格式"选项组中单击默认提供的套用形状格式，在展开的形状格式列表中选中套用的形状格式，如图13-25所示。

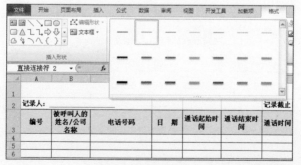

图13-25

❹ 插入的直线设置完成后，可以选中直线然后利用光标键调整其位置。如果其他地方需要插入下划线，可以通过按快捷键Ctrl+C并按快捷键Ctrl+V的方法来完成，最终效果如图13-26所示。

⑤ 在工作表中选中A4单元格，输入电话记录起始编号为"WL_DH001"，如图13-27所示。

⑥ 将光标移到A4右下角，光标变成黑色十字形时，按住鼠标左键向下拖动，松开鼠标左键即可完成电话记录编号的输入，如图13-28所示。

图13-26

图13-27    图13-28

⑦ 在表格中逐一记录每次通话信息，记录完成后效果如图13-29所示。

图13-29

13.2.3 利用公式计算通话长度、通话费用

① 选中G4单元格，在公式编辑栏中输入公式：

```
=F4-E4
```

② 按Enter键，即可根据第1条电话通话起始时间和结束时间，计算出通话长度为"0:4:56"。将光标移到G4右下角，光标变成黑色十字形时，按住鼠标左键向下拖动进行公式填充，松开鼠标左键即可计算出其他通话记录的通话长度，如图13-30所示。

C4 | =F4-E4

	A	B	C	D	E	F	G	H	I
1				旺利集团电话记录管理表					
2	记录人:	伍晨				记录截止日期:	2011-11-1		
3	编号	被呼叫人的姓名/公司名称	电话号码	日期	通话起始时间	通话结束时间	通话时间	通话费用（元）	交流事宜
4	WL_DH001	华德公司	010-8677XXXX	2011-11-1	9:28:12	9:33:08	0:04:56		货款已付，尽快发货。
5	WL_DH002	风向标科技	021-2897XXXX	2011-11-1	10:00:25	10:08:43	0:08:18		邀请参加新产品发布会
6	WL_DH003	李光明经理	021-3688XXXX	2011-11-1	14:35:11	14:47:38	0:12:27		参加风向标科技的新产品发布会
7	WL_DH004	张千万主任	025-3622XXXX	2011-11-1	14:50:15	14:51:21	0:01:06		16:00到群会议室，召开会议
8	WL_DH005	方天军主任	025-3621XXXX	2011-11-1	14:51:28	14:53:23	0:01:55		16:00群会议室，召开会议
9	WL_DH006	法国麦卡投资公司	00-33-77-195XXXX	2011-11-2	10:38:11	10:54:54	0:16:43		投资项目洽谈
10	WL_DH007						0:00:00		
11	WL_DH008						0:00:00		
12	WL_DH009						0:00:00		
13	WL_DH010						0:00:00		
14	WL_DH011						0:00:00		
15	WL_DH012						0:00:00		
16	WL_DH013						0:00:00		
17	WL_DH014						0:00:00		
18	WL_DH015						0:00:00		
19	WL_DH016						0:00:00		
20	WL_DH017						0:00:00		
21									
22	费用合计:								

图13-30

③ 这里假设本地（025）通话费用为"0.2元/分钟"；其他地区的通话费用为"0.7元/分钟"；国际长途通话费用为"3.2元/分钟"。选中H4单元格，在公式编辑栏中输入公式：

=IF(LEFT(C4,3)="025",ROUNDUP((MINUTE(G4)*60+SECOND(G4))/60,0)*0.1,IF(LEFT(C4,2)="00",ROUNDUP((MINUTE(G4)*60+SECOND(G4))/60,0)*3.2,ROUNDUP((MINUTE(G4)*60+SECOND(G4))/60,0)*0.7))

④ 按Enter键，判断本次通话是属于本地通话、其他地区通话还是国际长途通话，通过判断结果得到本次通话费用为3.5元。将光标移到H4右下角，光标变成黑色十字形时，按住鼠标左键向下拖动进行公式填充，松开鼠标左键即可计算出其他通话记录的通话费用，如图13-31所示。

H4 | =IF(LEFT(C4,3)="025",ROUNDUP((MINUTE(G4)*60+SECOND(G4))/60,0)*0.1,IF(LEFT(C4,2)="00",ROUNDUP((MINUTE(G4)*60+SECOND(G4))/60,0)*3.2,ROUNDUP((MINUTE(G4)*60+SECOND(G4))/60,0)*0.7))

	A	B	C	D	E	F	G	H	I
1				旺利集团电话记录管理表					
2	记录人:	伍晨				记录截止日期:	2011-11-1		
3	编号	被呼叫人的姓名/公司名称	电话号码	日期	通话起始时间	通话结束时间	通话时间	通话费用（元）	交流事宜
4	WL_DH001	华德公司	010-8677XXXX	2011-11-1	9:28:12	9:33:08	0:04:56	3.5	货款已付，尽快发货。
5	WL_DH002	风向标科技	021-2897XXXX	2011-11-1	10:00:25	10:08:43	0:08:18	6.3	邀请参加新产品发布会
6	WL_DH003	李光明经理	021-3688XXXX	2011-11-1	14:35:11	14:47:38	0:12:27	9.1	参加风向标科技的新产品发布会
7	WL_DH004	张千万主任	025-3622XXXX	2011-11-1	14:50:15	14:51:21	0:01:06	0.2	16:00群会议室，召开会议
8	WL_DH005	方天军主任	025-3621XXXX	2011-11-1	14:51:28	14:53:23	0:01:55	0.4	16:00群会议室，召开会议
9	WL_DH006	法国麦卡投资公司	00-33-77-195XXXX	2011-11-2	10:38:11	10:54:54	0:16:43	54.4	投资项目洽谈
10	WL_DH007						0:00:00	0	
11	WL_DH008						0:00:00	0	
12	WL_DH009						0:00:00	0	
13	WL_DH010						0:00:00	0	
14	WL_DH011						0:00:00	0	
15	WL_DH012						0:00:00	0	
16	WL_DH013						0:00:00	0	
17	WL_DH014						0:00:00	0	
18	WL_DH015						0:00:00	0	
19	WL_DH016						0:00:00	0	
20	WL_DH017						0:00:00	0	
21									

图13-31

 公式分析

=IF(LEFT(C4,3)="025",ROUNDUP((MINUTE(G4)*60+SECOND(G4))/60,0)*0.1,IF(LEFT(C4,2)="00",ROUNDUP((MINUTE(G4)*60+SECOND(G4))/60,0)*3.2,ROUNDUP((MINUTE(G4)*60+SECOND(G4))/60,0)*0.7))

使用LEFT函数从C4单元格中提取前3位数字，并判断是否等于"025"。如果是，执行"ROUNDUP((MINUTE(G4)*60+SECOND(G4))/60,0)*0.1"；反之，继续使用LEFT函数从C4单元格中提取前2位数字，并判断是否等于"00"。如果是，执行"ROUNDUP((MINUTE(G4)*60+SECOND(G4))/60,0)*3.2；反之，执行ROUNDUP((MINUTE(G4)*60+SECOND(G4))/60,0)*0.7))"。

"ROUNDUP((MINUTE(G4)*60+SECOND(G4))/60,0)*0.1"的作用是提取G4单元格中的分钟数和秒数，并将分钟数转化为秒数与秒数相加，再转换为分钟数并向上舍入小数位。最后利用最终得到的分钟数乘上每分钟电话费用单价，即可计算出员工所打出的电话费用。

⑤ 在工作表中选中H22单元格，在公式编辑栏中输入公式：

=SUM(H4:H20)

按Enter键，即可计算出所有通话记录的总费用为"73.7"元，如图13-32所示。

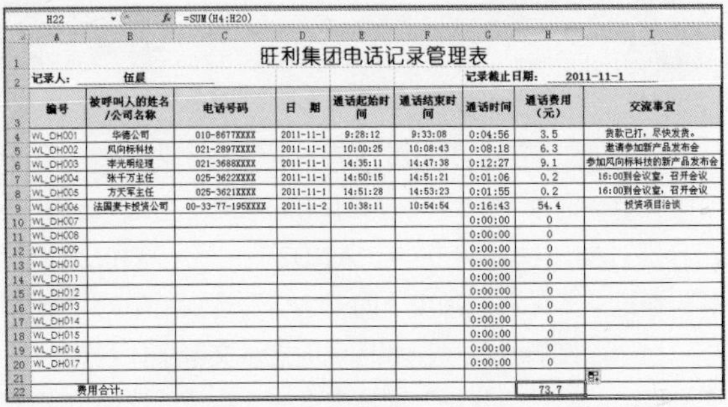

图13-32

13.3　办公用品领用管理表

日常办公用品的领用需要进行规范的管理，从而有效避免铺张浪费、随意领用的情况发生，同时对大件物品领用后在约定的使用期限后及时催还，从而有效节约办公成本。在领用办公用品前需要填写办公用品领用登记表，有了这一表格，行政部门在期末可以很方便地统计出各部门的办公用品领用情况，对不正常的领用情况进行管理，对于缺的用品及时采购等。

13.3.1　创建办公用品领用管理表框架与美化

要创建办公用品领用管理表，首先需要建立基本工作表并设置表格的格式。

① 打开Excel 2010，新建"企业办公用品领用管理表"工作簿。在

"Sheet1"工作表标签上双击鼠标左键，输入新的工作表名称"办公用品领用管理表"，如图13-33所示。

图13-33

② 输入表格表头与各项列标识，如：领用日期、所在部门、物品名称、数量……归还日期和负责人签字，如图13-34所示。

图13-34

③ 在工作表中，通过"开始"选项卡下的"对齐方式"选项组中的"合并后居中"按钮分别对A1:L1单元格区域、A2:D2单元格区域和J2:L2单元格区域进行单元格合并，通过"开始"选项卡下的"字体"选项组中的"字体"分别对表头、公司名称：……、制表人：……和标识项进行文字字体设置。

④ 在工作表中，通过"开始"选项卡下的"字体"选项组中的"字号"分别对表头、记录人、记录起止日期和标识项进行文字字号设置，设置完成后的效果如图13-35所示。

图13-35

⑤ 在工作表中，可以通过手工拖动的方式调整表格的行高和列宽，从而达到自己所需要的效果。利用"开始"选项卡下的"对齐方式"选项组中的"文本左对齐"和"居中"按钮来设置单元格的对齐方式。设置完成后的效果如图13-36所示。

图13-36

6 在工作表中，按住Ctrl键，分别选中A4:A27、H4:H27和K4:K27单元格区域，在"开始"选项卡下的"数字"选项组中，单击"数字格式"按钮展开下拉菜单，选择"短日期"命令，即可将选中的单元格区域的单元格设置为"短日期"格式，如图13-37所示。

图13-37

7 在工作表中选中A3:L27单元格区域，在"开始"选项卡下的"字体"选项组中单击"边框"按钮，在展开的下拉菜单中选择"所有框线"命令，即可应用到选中的单元格区域中。选中A3:L3单元格区域，在"开始"选项卡下的"字体"选项组中单击"填充颜色"按钮，在展开的下拉菜单中选中一种颜色来填充底纹，如：黑色，文字1，即可应用到选中的单元格区域中，如图13-38所示。

图13-38

❽ 设置完成表格边框及填充单元格底纹颜色后，管理人员即可在表格中输入每次领用记录信息。信息输入完成后的效果如图13-39所示。

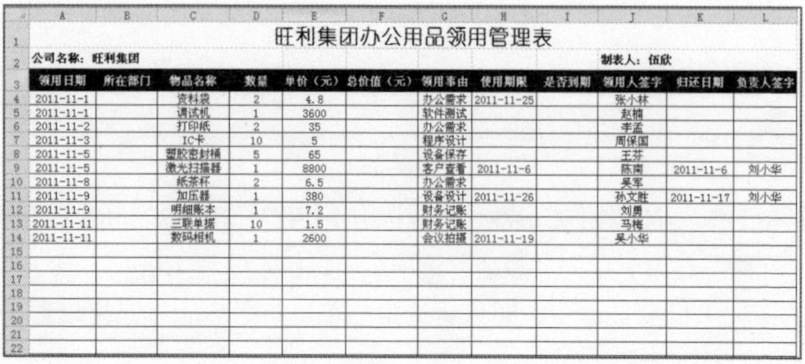

旺利集团办公用品领用管理表

公司名称：旺利集团　　　　制表人：伍欣

领用日期	所在部门	物品名称	数量	单价（元）	总价值（元）	领用事由	使用期限	是否到期	领用人签字	归还日期	负责人签字
2011-11-1		资料袋	2	4.8		办公需求	2011-11-25		张小林		
2011-11-1		调试机	1	3600		软件测试			赵楠		
2011-11-2		打印纸	2	35		办公需求			李孟		
2011-11-3		IC卡	10	5		程序设计			周保国		
2011-11-5		塑胶密封桶	5	65		设备保存			王芬		
2011-11-5		激光扫描器	1	8800		客户查看	2011-11-6		陈南	2011-11-6	刘小华
2011-11-8		纸茶杯	2	6.5		办公需求			吴军		
2011-11-9		加压器	1	380		设备设计	2011-11-26		孙文胜	2011-11-17	刘小华
2011-11-9		明细账本	1	7.2		财务记账			刘勇		
2011-11-11		三联单据	10	1.5		财务记账			马梅		
2011-11-11		数码相机	1	2600		会议拍摄	2011-11-19		吴小华		

图13-39

❾ 在工作表中，按住Ctrl键，分别选中H5:H7、H9:H10和H12:H13单元格区域，在"开始"选项卡的"对齐方式"选项组中单击"设置单元格格式:对齐方式"按钮，打开"设置单元格格式"对话框，如图13-40所示。

❿ 在"边框"选项卡中，先在"样式"列表框中选择一种斜线样式，接着在"边框"下单击"斜线"按钮，即可为选中的单元格区域划上斜线，如图13-41所示。

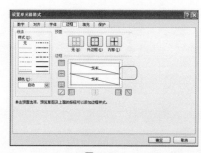

图13-40

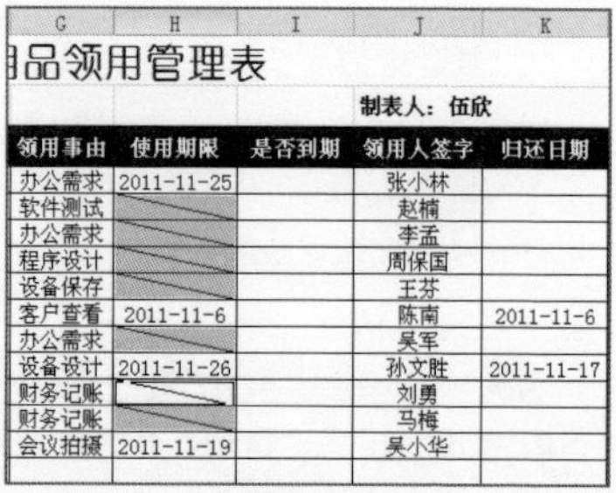

图13-41

13.3.2 使用"数据有效性"来设置部门列表菜单

当在工作表中逐一记录每次领用人领用的物品名称、数量、单价及其他信息后，接下来可以使用公式计算出每次领用人领用物品的总价，以及根据领用物品的使用期限判断该领用物品是否到期。

❶ 在工作表中选中B4:B27单元格区域，在"数据"选项卡下的"数据工具"选项组中单击"数据有效性"按钮，展开下拉菜单。

❷ 在展开的下拉菜单中，选择"数据有效性"命令，如图13-42所示。

❸ 打开"数据有效性"对话框，在"设置"选项卡中，将"有效性条件"下的"允许"项设置为"序列"，如图13-43所示。

④ 接着在"来源"下拉列表中分别依次输入"行政部,市场部,开发部,设计部,人事部,财务部,采购部",如图13-44所示。

图13-42

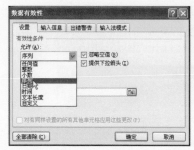

图13-43

图13-44

⑤ 切换到"输入信息"选项卡,在"标题"文本框中输入提示框标题文字,如"选择领用部门",如图13-45所示。

⑥ 在"输入信息"文本框中输入提示框中具体的提示信息,如"从下拉菜单中选择领用部门",如图13-46所示。

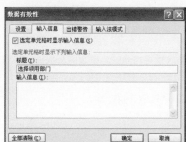

图13-45

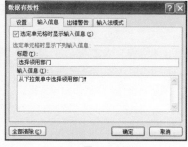

图13-46

⑦ 设置完成后,单击"确定"按钮,即可将设置的有效性数据序列应用到选中的B4:B27单元格区域中,如图13-47所示。

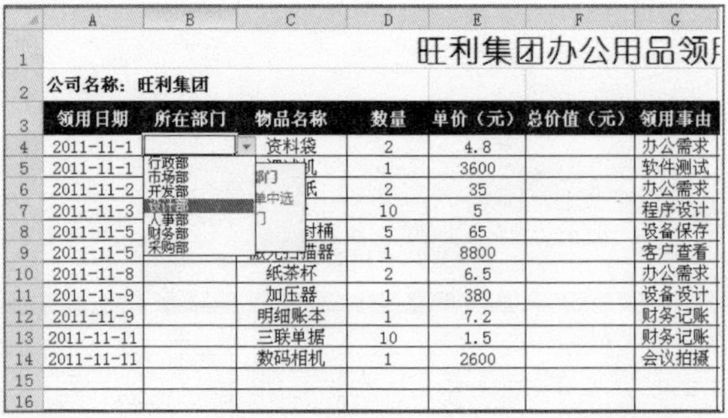

	A	B	C	D	E	F	G
1					旺利集团办公用品领		
2	公司名称：旺利集团						
3	领用日期	所在部门	物品名称	数量	单价（元）	总价值（元）	领用事由
4	2011-11-1		资料袋	2	4.8		办公需求
5	2011-11-1		机	1	3600		软件测试
6	2011-11-2		纸	2	35		办公需求
7	2011-11-3			10	5		程序设计
8	2011-11-5		封桶	5	65		设备保存
9	2011-11-5		描器	1	8800		客户查看
10	2011-11-8		纸茶杯	2	6.5		办公需求
11	2011-11-9		加压器	1	380		设备设计
12	2011-11-9		明细账本	1	7.2		财务记账
13	2011-11-11		三联单据	10	1.5		财务记账
14	2011-11-11		数码相机	1	2600		会议拍摄
15							
16							

图13-47

8 将光标定位到B4:B14单元格区域上，会自动弹出提示信息框。单击该区域中任意一个单元格都会弹出下拉菜单，在其中逐一选中物品领用人所在的部门，如图13-48所示。

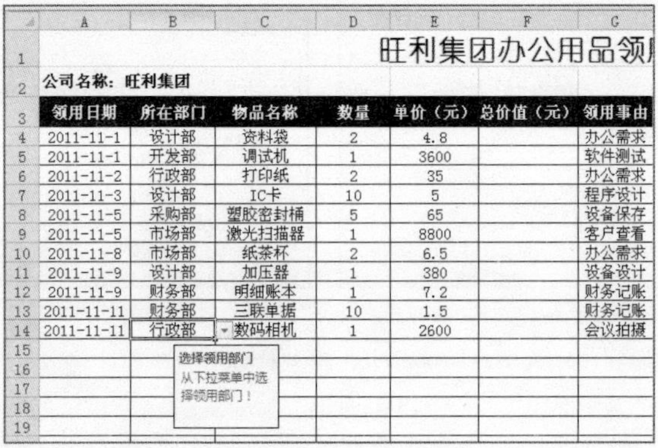

	A	B	C	D	E	F	G
1					旺利集团办公用品领		
2	公司名称：旺利集团						
3	领用日期	所在部门	物品名称	数量	单价（元）	总价值（元）	领用事由
4	2011-11-1	设计部	资料袋	2	4.8		办公需求
5	2011-11-1	开发部	调试机	1	3600		软件测试
6	2011-11-2	行政部	打印纸	2	35		办公需求
7	2011-11-3	设计部	IC卡	10	5		程序设计
8	2011-11-5	采购部	塑胶密封桶	5	65		设备保存
9	2011-11-5	市场部	激光扫描器	1	8800		客户查看
10	2011-11-8	市场部	纸茶杯	2	6.5		办公需求
11	2011-11-9	设计部	加压器	1	380		设备设计
12	2011-11-9	财务部	明细账本	1	7.2		财务记账
13	2011-11-11	财务部	三联单据	10	1.5		财务记账
14	2011-11-11	行政部	数码相机	1	2600		会议拍摄
15							
16							
17							
18							
19							

图13-48

13.3.3 计算领用物品总价及判断是否到期

当在工作表中逐一记录每次领用人领用的物品名称、数量、单价及其他信息后，接下来可以使用公式计算出每次领用人领用物品的总价，以及根据领用物品的使用期限判断该领用物品是否到期。

1 在工作表中选中F4单元格，在公式编辑栏中输入公式：

```
=D4*E4
```

按Enter键，即可计算出设计部的张小林“2011-11-1”领用物品的总价值为9.6元，将光标移到F4单元格右下角，光标变成黑色十字形时，按住鼠标左键向下拖动进行公式填充，松开鼠标左键即可计算出其他领用人领用物品的总价值，如图13-49所示。

图13-49

2 在工作表中选中I4单元格，在公式编辑栏中输入公式：

=IF(H4="","",IF(H4>NOW(),"未到期","到期"))

按Enter键，即可根据使用期限和当前日期来判断用品是否到期。如果使用期限大于当前日期，则显示为"未到期"；反之，显示为"到期"。将光标移到I4单元格右下角，光标变成黑色十字形时，按住鼠标左键向下拖动进行公式填充，松开鼠标左键即可判断其他领用物品是否到期，如图13-50所示。

图13-50

 公式分析

=IF(H4="","",IF(H4>NOW(),"未到期","到期"))

该公式表示如果H4单元格为空时，返回空值；如果H4单元格不为空，当H4单元格的值大于当前值时返回"未到期"，否则返回"到期"。

13.4 企业文件、资料借阅管理表

为保障企业内部文档资料、书籍有序地管理，并且借阅后及时归还，建立

Excel表格进行管理是十分必要的。利用Excel 2010中的函数设置公式，可以自动返回应还日期、判断借阅的书籍是否到期，以及计算过期天数、罚款额等。

13.4.1 套用表格格式来建立文件、资料借阅管理表

要建立企业文件、资料借阅管理表，首先需要建立基本工作表并设置表格的格式。

❶ 打开Excel 2010，新建"企业文件、资料借阅管理表"工作簿。在"Sheet1"工作表标签上双击鼠标左键，输入新的工作表名称为"公司文件、资料借阅管理表"，如图13-51所示。

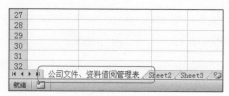

图13-51

❷ 输入表格表头与各项列标识，如借阅编号、资料名称、资料编号、资料类型……过期天数和罚款额，如图13-52所示。

图13-52

❸ 在工作表中，通过"开始"选项卡下的"对齐方式"选项组中的"合并后居中"按钮分别对A1:L1单元格区域、A2:D2单元格区域和J2:L2单元格区域进行单元格合并。通过"开始"选项卡下的"字体"选项组中的"字体"选项分别对表头、公司名称：……、制表人：……和标识项进行文字字体设置。通过"开始"选项卡下的"字体"选项组中的"字号"选项分别对表头、记录人、记录起止日期和标识项进行文字字号设置。设置完成后的效果如图13-53所示。

图13-53

④ 在工作表中，利用"开始"选项卡下的"对齐方式"选项组中的"文本左对齐"和"居中"按钮设置单元格的对齐方式。接着通过手工拖动的方式调整表格的行高和列宽，达到自己需要的效果即可。设置完成后的效果如图13-54所示。

图13-54

⑤ 在工作表中选中A3:L30单元格区域，在"开始"选项卡下的"样式"选项组中单击"套用表格格式"按钮，展开下拉菜单，在其中选择一种表格格式来美化表格，如"表样式中等深浅6"，如图13-55所示。

⑥ 选中"表样式中等深浅6"套用表格样式后，弹出"套用表格式"对话框，如图13-56所示。

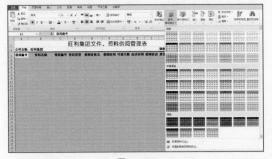

图13-55

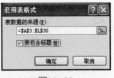

图13-56

⑦ 在该对话框中的"表数据的来源"文本框中显示的是选中的套用表格式的单元格区域"=$A$3:$M$30"。如果需要变动套用单元格区域，可以进行更改，接下来要确认将"表包含标题"复选框选中。完成后，单击"确定"按钮，即可将选中的表格样式套用到选中的A3:L30单元格区域中，如图13-57所示。

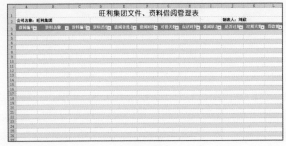

图13-57

⑧ 套用表格样式后，会自动产生筛选下拉列表，此时需要将筛选下拉列表取消。选中A3:L3单元格区域，在"数据"选项卡下的"排序和筛选"选项组中单击"筛选"按钮，即可取消A3:L3单元格区域中自动产生的筛选下拉列表，如图13-58所示。

图13-58

专家提示

在Excel 2010中，"表格样式"已经将表格套用效果与筛选功能整合。在默认状态下，套用表格样式后将无法进行数据"分类汇总"操作，需要将套用表格格式的表格转换为正常区域后才能进行"分类汇总"，具体转换操作如下。

选中被套用表格样式的表格，在"表工具"→"设计"主菜单下的"工具"工具栏中单击"转换为区域"按钮（如图13-59所示），弹出提示对话框。

单击"是"按钮，即可将套用表格样式的表格转换为正常区域，如图13-60所示。

图13-59   图13-60

⑨ 在工作表中选中A4单元格，输入借阅编号为"WL_B0001"，接着将光标移到A4右下角，光标变成黑色十字形时，按住鼠标左键向下拖动，松开鼠标左键即可完成借阅编号的输入。

⑩ 在工作表中，按住Ctrl键，分别选中F4:F30和H4:H30单元格区域，在"开始"选项卡下的"数字"选项组中单击"数字格式"按钮，展开下拉菜单，选中"短日期"命令，即可将选中的单元格区域的单元格设置为"短日期"格式，如图13-61所示。

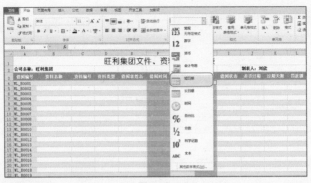

图13-61

13.4.2 设置"资料类型"和"借阅状态"下拉列表

下面通过使用"数据有效性"来设置"资料类型"和"借阅状态"下拉列表菜单，方便用户输入。

① 在工作表中选中D4:D30单元格区域，在"数据"选项卡下的"数据工具"选项组中单击"数据有效性"按钮，展开下拉菜单，选择"数据有效性"命令，打开"数据有效性"对话框，如图13-62所示。

② 在"设置"选项卡中，将"有效性条件"下的"允许"项设置为"序列"，如图13-63所示。

图13-62　　　　　　　　　　　　　图13-63

③ 在"来源"框右侧单击"拾取器"按钮 📷（如图13-64所示），进入"数据有效性"数据源选取状态中。

④ 在数据源选取状态中，使用鼠标选取序列数据P5:P8单元格区域，如图13-65所示。

专家提示

在设置"资料类型"下拉列表前，用户需要在P5:P8单元格区域中输入4种设定的图书、资料类型，分别是S1、S2、S3、S4。

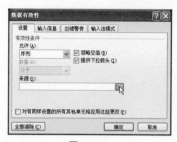

图13-64　　　　　　　　　　　　　图13-65

⑤ 序列数据源选取完成后，在浮动对话框中单击 ▣ 按钮，返回到"数据有效性"对话框中，并在"来源"文本框中显示选取的数据源区域，如图13-66所示。

⑥ 确定所有设置完成后，单击"确定"按钮，即可在D4:D30单元格区域中建立"资料类型"下拉列表，如图13-67所示。

资料类型	借阅者姓名	借阅时间	可借天数
S4	李国强	2011-7-15	
	张 军	2011-7-20	
	朱子进	2011-8-2	
	赵庆龙	2011-8-5	
	李华健	2011-8-7	
	高志敏	2011-8-11	
	宋子雄	2011-8-11	
	曹正松	2011-8-18	
	郭美玲	2011-8-27	
	杨依娜	2011-9-1	
	王雪峰	2011-9-2	
	吴东梅	2011-9-8	
	张长江	2011-9-12	
	黄引泉	2011-9-15	

图13-66　　　　　　　　　　　　　图13-67

⑦ 在工作表中选中I4:I30单元格区域，在"数据"选项卡下的"数据工具"选项组中单击"数据有效性"按钮，展开下拉菜单，在其中选择"数据有效性"命令选项，打开"数据有效性"对话框，在"设置"选项卡中，将"有效性条件"下的"允许"框设置为"序列"选项，接着在"来源"文本框中输入"已还,未还"，如图13-68所示。

⑧ 确定所有设置完成后，单击"确定"按钮，即可在I4:I30单元格区域中建立借阅状态下拉列表，如图13-69所示。

图13-68　　　　　　　　　　　　　图13-69

⑨ 通过"资料类型"和"借阅状态"下拉列表，逐一选择对应借阅图书、资料的资料类型（S1、S2、S3和S4）和借阅状态（已还和未还）。完成后的效果如图13-70所示。

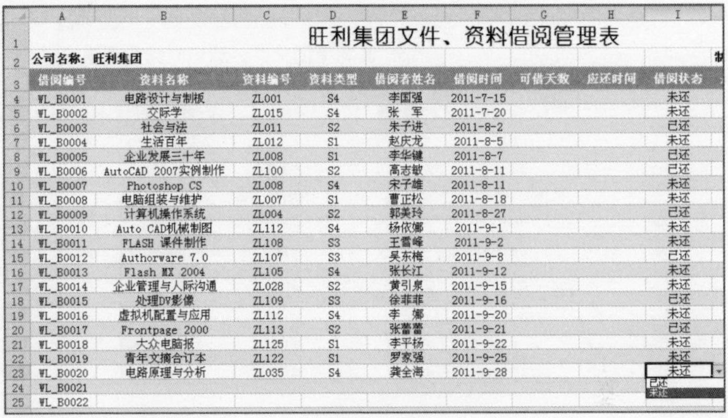

	A	B	C	D	E	F	G	H	I
1				旺利集团文件、资料借阅管理表					
2	公司名称：旺利集团								
3	借阅编号	资料名称	资料编号	资料类型	借阅者姓名	借阅时间	可借天数	应还时间	借阅状态
4	WL_B0001	电路设计与制版	ZL001	S4	李国强	2011-7-15			未还
5	WL_B0002	交际学	ZL015	S4	张 军	2011-7-20			未还
6	WL_B0003	社会与法	ZL011	S2	朱子进	2011-8-2			已还
7	WL_B0004	生命百年	ZL012	S1	赵庆龙	2011-8-5			未还
8	WL_B0005	企业发展三十年	ZL008	S1	李华健	2011-8-7			已还
9	WL_B0006	AutoCAD 2007实例制作	ZL100	S2	高龙敏	2011-8-11			已还
10	WL_B0007	Photoshop CS	ZL008	S4	宋子维	2011-8-11			未还
11	WL_B0008	电脑组装与维护	ZL007	S1	曹正松	2011-8-17			已还
12	WL_B0009	计算机操作系统	ZL004	S2	郭美玲	2011-8-27			未还
13	WL_B0010	Auto CAD机械制图	ZL112	S4	杨欣郁	2011-9-1			未还
14	WL_B0011	FLASH 课件制作	ZL108	S3	王雪峰	2011-9-2			未还
15	WL_B0012	Authorware 7.0	ZL107	S3	吴东梅	2011-9-8			已还
16	WL_B0013	Flash MX 2004	ZL105	S4	张长江	2011-9-12			未还
17	WL_B0014	企业管理与人际沟通	ZL028	S2	黄引泉	2011-9-12			已还
18	WL_B0015	处理DV影像	ZL109	S3	徐菲菲	2011-9-16			已还
19	WL_B0016	虚拟机配置与应用	ZL112	S4	李 娜	2011-9-20			已还
20	WL_B0017	Frontpage 2000	ZL113	S2	张蕾蕾	2011-9-21			已还
21	WL_B0018	大众电脑报	ZL125	S1	李干标	2011-9-22			未还
22	WL_B0019	青年文摘合订本	ZL122	S1	罗家强	2011-9-25			未还
23	WL_B0020	电路原理与分析	ZL035	S4	龚全海	2011-9-28			未还
24	WL_B0021								已还
25	WL_B0022								未还

图13-70

13.4.3 利用公式自动计算和判断出结果

利用函数设置公式，可以自动返回应还日期、判断借阅的书籍是否到期，以及计算过期天数、罚款额等。

❶ 根据所借图书和资料类型的不同，其可借天数也不相同，本例具体约定如下。

资料类型为"S1"的资料，可借天数为20天。

资料类型为"S2"的资料，可借天数为30天。

资料类型为"S3"的资料，可借天数为40天。

资料类型为"S4"的资料，可借天数为60天。在工作表中选中G4单元格，在公式编辑栏中输入公式：

```
=IF(D4="","",IF(D4="S1",20,IF(D4="S2",30,IF(D4="S3",40,60))))
```

❷ 按Enter键，即可根据所借《电路设计与制版》这本书的类型，返回可借天数为60天。将光标移到G4单元格右下角，光标变成黑色十字形时，按住鼠标左键向下拖动进行公式填充，松开鼠标左键即可根据其他所借图书和资料的类型返回可借天数，如图13-71所示。

❸ 在工作表中选中H4单元格，在公式编辑栏中输入公式：

```
=F4+G4
```

按Enter键，即可根据《电路设计与制版》这本书的借阅日期和可借天数，返回应还日期为"2011-9-13",将光标移到H4单元格右下角,光标变成黑色十字形时,按住鼠标左键向下拖动进行公式填充,松开鼠标左键即可根据其他所借图书和资料的借阅日期和可借天数返回应还日期,如图13-72所示。

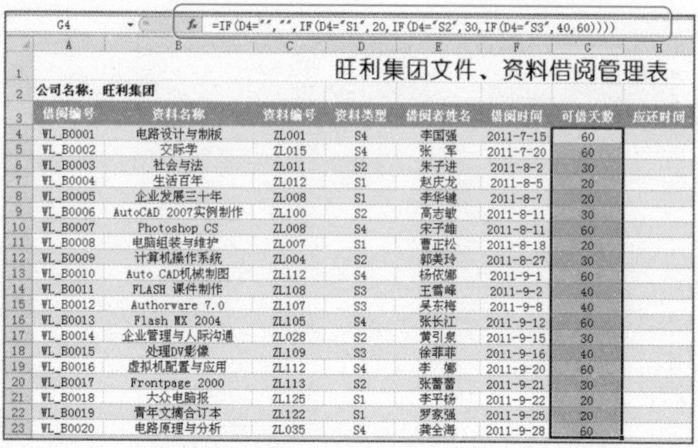

图13-71

图13-72

专家提示

填充公式后出现"VALUE!"错误值是什么原因呢?这是因为由于公式中需要引用的单元格的值还未确定,当根据实际借阅情况填写了数据后,单元格会自动显示出正确值。这里出现"VALUE!"错误值,用户可以不必理会。

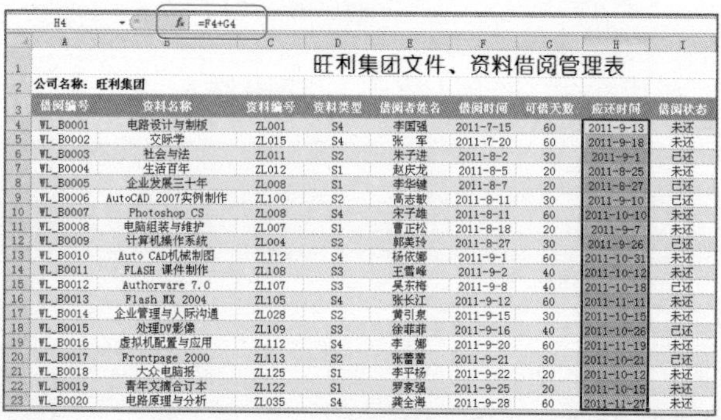

④ 在工作表中选中J4单元格,在公式编辑栏中输入公式:

=IF(I4="已还","",IF(H4>TODAY(),"未到期","到期"))

按Enter键,即可根据《电路设计与制板》这本书的应还日期和当前日期,判断该书是否过期。如果过期显示为"到期";反之显示为"未到期"。将光标移到J4单元格右下角,光标变成黑色十字形时,按住鼠标左键向下拖动进行公式填充,松开鼠标左键即可根据其他所借图书和资料的应还日期和当前日期判断是否过期，如图13-73所示。

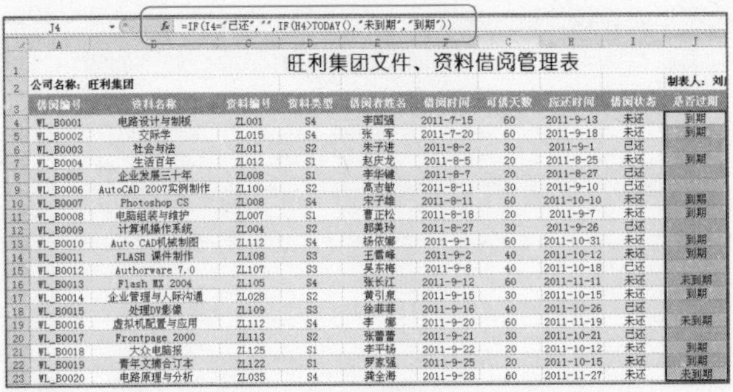

J4　=IF(I4="已还","",IF(H4>TODAY(),"未到期","到期"))

旺利集团文件、资料借阅管理表

公司名称：旺利集团　　制表人：刘

借阅编号	资料名称	资料编号	资料类型	借阅者姓名	借阅时间	可借天数	应还时间	借阅状态	是否过期
WL_B0001	电路设计与制板	ZL001	S4	李国强	2011-7-15	60	2011-9-13	未还	到期
WL_B0002	交际学	ZL015	S4	张　军	2011-7-20	60	2011-9-18	未还	到期
WL_B0003	社会与法	ZL011	S2	朱子进	2011-8-2	30	2011-9-1	已还	
WL_B0004	生活百年	ZL012	S1	赵庆龙	2011-8-5	20	2011-8-25	未还	到期
WL_B0005	企业发展三十年	ZL008	S1	李华键	2011-8-7	20	2011-8-27	已还	
WL_B0006	AutoCAD 2007实例制作	ZL100	S2	高志敏	2011-8-11	30	2011-9-10	已还	
WL_B0007	Photoshop CS	ZL008	S4	宋子雄	2011-8-11	60	2011-10-10	未还	到期
WL_B0008	电脑组装与维护	ZL007	S1	曹正松	2011-8-18	20	2011-9-7	未还	到期
WL_B0009	计算机操作系统	ZL004	S2	郭美玲	2011-8-27	30	2011-9-26	已还	
WL_B0010	Auto CAD机械制图	ZL112	S4	杨依娜	2011-9-1	60	2011-10-31	未还	到期
WL_B0011	FLASH 课件制作	ZL108	S3	王雪峰	2011-9-2	40	2011-10-12	未还	到期
WL_B0012	Authorware 7.0	ZL107	S3	吴东梅	2011-9-8	40	2011-10-18	已还	
WL_B0013	Flash MX 2004	ZL105	S4	张长江	2011-9-12	60	2011-11-11	未还	未到期
WL_B0014	企业管理与人际沟通	ZL028	S2	黄引泉	2011-9-15	30	2011-10-15	未还	到期
WL_B0015	处理DV影像	ZL109	S3	徐菲菲	2011-9-16	40	2011-10-26	已还	
WL_B0016	虚拟机配置与应用	ZL112	S4	李　娜	2011-9-20	60	2011-11-19	未还	未到期
WL_B0017	Frontpage 2000	ZL113	S2	张蕾蕾	2011-9-21	30	2011-10-21	已还	
WL_B0018	大众电脑报	ZL125	S1	李平杨	2011-9-22	20	2011-10-12	未还	到期
WL_B0019	青年文摘合订本	ZL122	S1	罗家强	2011-9-25	20	2011-10-15	未还	到期
WL_B0020	电路原理与分析	ZL035	S4	龚全海	2011-9-28	60	2011-11-27	未还	未到期

图13-73

5 在工作表中选中K4单元格，在公式编辑栏中输入公式：

=IF(IF(I4="已还","",TODAY()-H4)<0,"",IF(I4="已还","",TODAY()-H4))

按Enter键，即可根据当前日期和《电路设计与制板》这本书的应还日期，计算出过期天数为“34”天。将光标移到K4单元格右下角，光标变成黑色十字形时，按住鼠标左键向下拖动进行公式填充，松开鼠标左键即可根据当前日期和其他所借图书和资料的应还日期计算出过期天数，如图13-74所示。

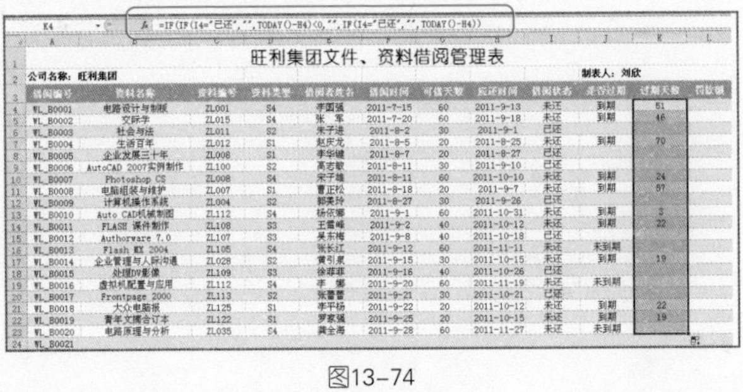

K4　=IF(IF(I4="已还","",TODAY()-H4)<0,"",IF(I4="已还","",TODAY()-H4))

旺利集团文件、资料借阅管理表

公司名称：旺利集团　　制表人：刘欣

借阅编号	资料名称	资料编号	资料类型	借阅者姓名	借阅时间	可借天数	应还时间	借阅状态	是否过期	过期天数	罚款额
WL_B0001	电路设计与制板	ZL001	S4	李国强	2011-7-15	60	2011-9-13	未还	到期	51	
WL_B0002	交际学	ZL015	S4	张　军	2011-7-20	60	2011-9-18	未还	到期	46	
WL_B0003	社会与法	ZL011	S2	朱子进	2011-8-2	30	2011-9-1	已还			
WL_B0004	生活百年	ZL012	S1	赵庆龙	2011-8-5	20	2011-8-25	未还	到期	70	
WL_B0005	企业发展三十年	ZL008	S1	李华键	2011-8-7	20	2011-8-27	已还			
WL_B0006	AutoCAD 2007实例制作	ZL100	S2	高志敏	2011-8-11	30	2011-9-10	已还			
WL_B0007	Photoshop CS	ZL008	S4	宋子雄	2011-8-11	60	2011-10-10	未还	到期	24	
WL_B0008	电脑组装与维护	ZL007	S1	曹正松	2011-8-18	20	2011-9-7	未还	到期	57	
WL_B0009	计算机操作系统	ZL004	S2	郭美玲	2011-8-27	30	2011-9-26	已还			
WL_B0010	Auto CAD机械制图	ZL112	S4	杨依娜	2011-9-1	60	2011-10-31	未还	到期	3	
WL_B0011	FLASH 课件制作	ZL108	S3	王雪峰	2011-9-2	40	2011-10-12	未还	到期	22	
WL_B0012	Authorware 7.0	ZL107	S3	吴东梅	2011-9-8	40	2011-10-18	已还			
WL_B0013	Flash MX 2004	ZL105	S4	张长江	2011-9-12	60	2011-11-11	未还	未到期		
WL_B0014	企业管理与人际沟通	ZL028	S2	黄引泉	2011-9-15	30	2011-10-15	未还	到期	19	
WL_B0015	处理DV影像	ZL109	S3	徐菲菲	2011-9-16	40	2011-10-26	已还			
WL_B0016	虚拟机配置与应用	ZL112	S4	李　娜	2011-9-20	60	2011-11-19	未还	未到期		
WL_B0017	Frontpage 2000	ZL113	S2	张蕾蕾	2011-9-21	30	2011-10-21	已还			
WL_B0018	大众电脑报	ZL125	S1	李平杨	2011-9-22	20	2011-10-12	未还	到期	22	
WL_B0019	青年文摘合订本	ZL122	S1	罗家强	2011-9-25	20	2011-10-15	未还	到期	19	
WL_B0020	电路原理与分析	ZL035	S4	龚全海	2011-9-28	60	2011-11-27	未还	未到期		
WL_B0021											

图13-74

6 根据不同的过期天数，其罚款金额各不相同，设置公式前需要根据实际情况事先约定好，本例约定如下：

过期天数为1～10天时，罚款金额为5元。

过期天数为10～20天时，罚款金额为10元。

过期天数为20～30天时，罚款金额为15元。

过期天数超过31天时，罚款金额为30元。在工作表中选中L4单元格，在公式编辑栏中输入公式：

=IF(K4="","",IF(K4<=10,5,IF(K4<=20,10,IF(K4<=30,15,30))))

按Enter键，即可根据借阅者“李国强”的所借的《电路设计与制板》这本书的过期天数，计算出罚款金额为30元。将光标移到L4单元格右下角，当光标变成黑色十字形时，按住鼠标左键向下拖动进行公式填充，松开鼠标左键即可根据其他借阅者所借图书和资料的过期天数计算出罚款金额，如图13-75所示。

图13-75

专家提示

此处RANK函数中引用的J4:J25单元格区域之所以要使用绝对引用，是因为要计算指定值的排位都是相对于J4:J25单元格区域中的数值的，即各个数值在这个指定区域中的排位，所以在进行公式填充时必须使用绝对引用。

第 *14* 章

公司员工应聘登记与培训管理表

实例概述与设计效果展示

　　企业需要及时吸纳人才，以保障企业具有源源不断的动力。而在人才招聘、试用期间需要使用到多种表格，如员工应聘登记管理表、员工培训管理表等，如下图所示。

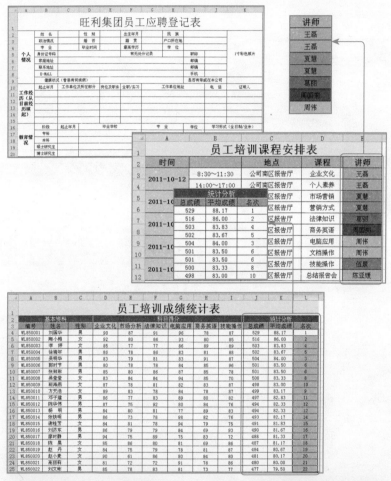

实例设计过程

　　为了方便讲解，这里将整个"员工应聘登记与培训管理表"工作簿的制作过程分为几大步骤：企业员工应聘登记管理表→企业员工培训管理表，建议初学者按步骤进行操作,稍微熟练的读者也可以根据需要查看其中的某几个部分。

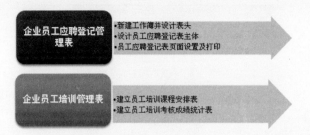

14.1 企业员工应聘登记管理表

人才是企业的核心,对于任何一个企业来说,每年都会向社会招聘/选聘符合企业所需要的人才进入企业的各管理、生产、销售等环节中。对于企业人事管理部门来说,做好应聘人员的登记、面试、考核等工作是十分关键的。要做好应聘员工的登记信息,就需要制作员工应聘登记表。

14.1.1 新建工作簿并设计表头

在企业员工应聘登记表中,包含应聘员工的6项相关信息、应聘职位、目前薪酬、期望薪酬、是否愿意接受调剂。6项相关信息分别是:个人情况、工作经历、教育情况、能力水平、参与项目或工作成果、家庭情况及主要社会关系。下面具体介绍员工应聘登记表的创建过程。

❶ 打开Excel 2010,将文件命名为"企业员工应聘登记表",保存类型为"Excel工作簿",如图14-1所示。

❷ 在"Sheet1"工作表标签上双击鼠标左键,输入新的工作表名称"员工应聘登记表",如图14-2所示。

图14-1

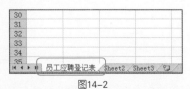

图14-2

❸ 输入表头文字。在A1单元格中输入新进员工登记表表头文字,如"旺

利集团员工应聘登记表"，如图14-3所示。

图14-3

④ 选中A1:K1单元格区域，在"开始"选项卡下的"对齐方式"选项组中单击"合并后居中"按钮 ，将选中的A1:K1单元格区域合并成A1单元格，如图14-4所示。

图14-4

⑤ 将光标移动第1行与第2行的交界处，当光标变成黑色十字形 后，按住鼠标左键向下拖动，此时会弹出一个浮动尺寸提示条，显示其具体的尺寸大小，如图14-5所示。达到自身需要的行高尺寸后，松开鼠标左键即可。

⑥ 选中合并后的A1单元格，在"开始"选项卡下的"字体"选项组中单击"字体"按钮，展开"字体"下拉列表，选中设置的字体，如"幼圆"，如图14-6所示。

图14-5

图14-6

⑦ 在"开始"选项卡下的"字体"选项组中单击"字号"按钮，展开"字号大小"下拉列表，在其中选中设置的字号大小，如28，如图14-7所示。

图14-7

14.1.2　设计员工应聘登记表主体

新建"企业员工应聘登记表"工作簿并设计好表头后，接下来就可以设计"员工应聘登记表"的主体部分。

❶ 在A2、B2、D2单元格中输入"个人情况"、"姓名"和"性别"，并将C2单元格位置预留出来填写诚聘员工姓名，如图14-8所示。

图14-8

❷ 完成员工应聘登记表其他各元素的输入，并合理预留填写信息的位置。各元素输入完成后，效果如图14-9所示。

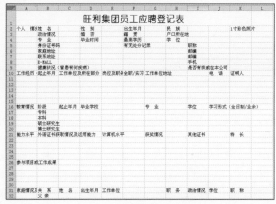

图14-9

③ 选中A2:A9单元格区域,在"开始"选项卡下的"对齐方式"选项组中单击"合并后居中"按钮🔲,将选中的A2:A9单元格区域合并成A2单元格,如图14-10所示。

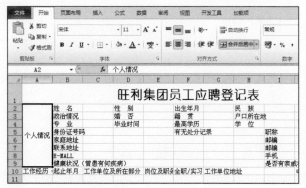

图14-10

④ 接着对A10:A15、A16:A20、A21:A25、A26:A30、C5:E5、C6:H6、…A40:K40等单元格区域进行合并操作。完成所有需要合并的单元格区域后,效果如图14-11所示。

图14-11

⑤ 在"开始"选项卡下的"字体"选项组中单击"字体"按钮,展开"字体"下拉列表,选中设置的字体,应用到选中的单元格文字上。选中需要设置字号的单元格,接着在"开始"选项卡下的"字体"选项组中单击"字号"按钮,展开"字号大小"下拉列表。选中设置的字号大小,应用到选中的单元格文字上。按住Ctrl键,选中A1:A31、A39:A40单元格区域,在"开始"选项卡下的"字体"选项组中,单击"加粗"按钮**B**,即可加粗选中的单元格区域中的文字。设置文字字体、字号和加粗文字后的效果如图14-12所示。

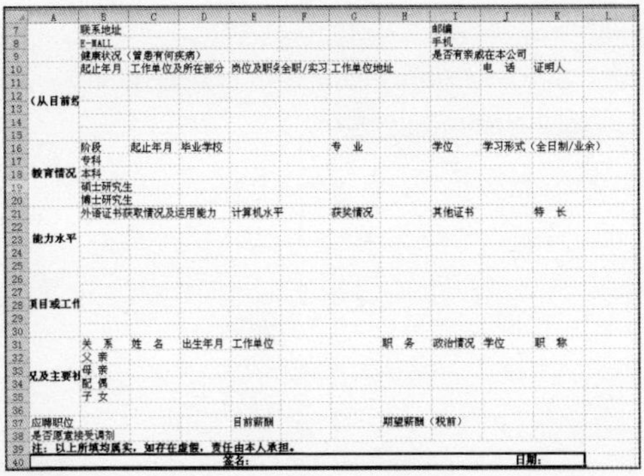

图14-12

⑥ 当显示的文字不能完全显示时，可以通过手工设置表格行高和列宽的方式进行调整，如图14-13所示。

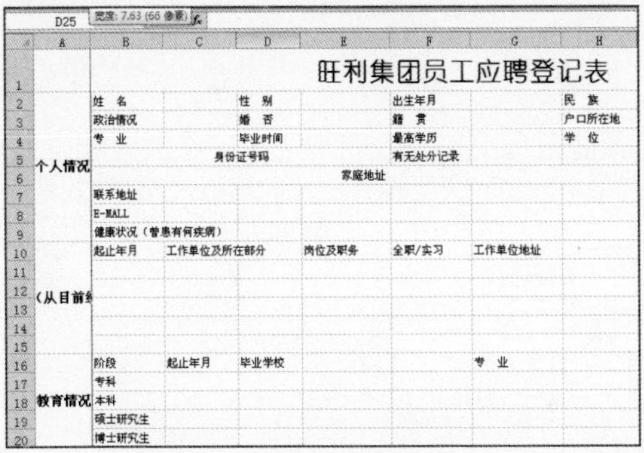

图14-13

⑦ 对A列列宽进行调整后，发现在A列中输入的文字不能完全显示，这时可以选中A2:A31单元格区域，在"开始"选项卡下的"对齐方式"选项组中，单击 按钮（如图14-14所示），进入"设置单元格格式"对话框的"对齐"选项卡中，如图14-15所示。

图14-14

图14-15

⑧ 在"文本控制"选项组下选中"自动换行"复选框（如图14-16所示），
单击"确定"按钮，选中的单元格中的文字即可自动换行显示，如图14-17所示。

图14-16 图14-17

⑨ 选中A2单元格中的字体，在"个人"和"情况"之间添加1~2个空格
键，此时显示的效果如图14-18所示。利用同样的方法设置其他换行显示不整齐
的文字。选中所有要居中对齐的单元格区域，在"开始"选项卡下的"对齐方
式"选项组中单击"居中对齐"按钮，即可应用到选中的单元格区域中，如
图14-19所示。

图14-18

图14-19

⑩ 在工作表中选中A1:K40单元格区域，在"开始"选项卡下的"字体"
选项组中单击"边框"按钮，展开下拉菜单，在其中选中边框设置效果，如"所

有框线"（如图14-20所示），即可应用到选中的**A1:K40**单元格区域中。

图14-20

14.1.3　员工应聘登记表页面设置及打印

完成企业员工应聘登记表的创建后，人事部门需要将此表应用到具体的工作中，就需要将该表打印出来投入使用。为了获取较为完美的打印效果，打印之前需要进行页面设置，以及纸张调整等。

① 在"企业员工应聘登记表"工作簿中，单击"文件"选项卡，在弹出的窗格中，单击"打印"标签，即可进入"打印预览"窗口中，如图14-21所示。

② 在"打印预览"窗口中，单击"页面设置"按钮（如图14-22所示），打开"页面设置"对话框，如图14-23所示。

③ 在"纸张大小"下拉列表中，确保选中的是"A4"纸张。在"页边距"选项卡中，将页面的上、下、左、右页边距尺寸分别设置为"1.9"、"1.4"、"0"和"0"。将页眉和页脚边距分别设置为"0.8"和"1.3"。在"居中方式"选项组下选中"水平"复选框，如图14-24所示。

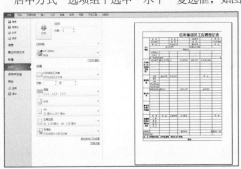

图14-21

图14-22

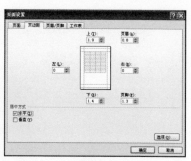

图14-23　　　　　　　　　図14-24

④ 设置完成后，单击"确定"按钮，返回到"打印预览"窗口中，此时可以看到"员工应聘登记表"可以完整地显示在页面中，如图14-25所示。

专家提示

当打印内容无法在一页中显示出来时，如果超出页面的部分较少，可以通过减小页边距的方法来让超出部分完整显示出来。但是当表格较宽时，即使将页边距设置为0也无法显示完整，因为页边距的长度毕竟有限。此时则需要选择"横向"版式来打印。

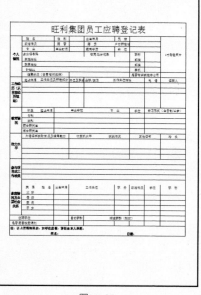

图14-25

14.2　企业员工培训管理表

人事部门通过对各应聘人员进行面试和综合考核，再进行逐一筛选最后确定哪些应聘人员可以被公司录用。一旦应聘人员录用后，人事部门就需要对新员工进行岗位培训、技能培训等，只有通过培训并达到考核标准后的员工才可以正试上岗。对于人事部门来说，要安排好新员工的培训课程，并统计培训考核成绩确定上岗人员也是十分关键的事情。

14.2.1　建立员工培训课程安排表

要对员工进行培训，那么需要建立员工培训课程安排表，并将该表打印出来，粘贴在公司信息栏中，以供新进员工查看了解。

❶ 新建“企业员工培训管理”工作簿，并将“Sheet1”工作表标签更名为“员工培训课程安排表”，如图14-26所示。

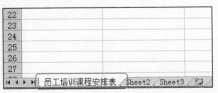

图14-26

❷ 选中A1:E1单元格区域，在“开始”选项卡下的“对齐方式”选项组中单击“合并后居中”按钮，将选中的A1:E1单元格区域合并成A1单元格。将光标移动第1行与第2行的交界处，当光标变成黑色十字形后，按住鼠标左键向下拖动，此时会弹出一个浮动尺寸提示条，显示其具体的尺寸大小，达到自身需要的行高尺寸后，松开鼠标左键即可。

❸ 选中合并后的A1单元格，在“开始”选项卡下的“字体”选项组中分别进行“字体”和“字号”设置，最终效果如图14-27所示。在单元格中分别输入列标识和课程安排情况，如图14-28所示。

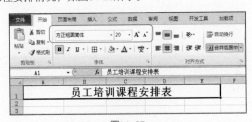

图14-27

	A	B	C	D	E
1	员工培训课程安排表				
2	时间		地点	课程	讲师
3	2011-10-12	8:30～11:30	公司南区报告厅	企业文化	王磊
4		14:00～17:00	公司南区报告厅	个人素养	王磊
5	2011-10-13	8:30～11:30	公司南区报告厅	市场营销	夏慧
6		14:00～17:00	公司南区报告厅	营销方式	夏慧
7	2011-10-14	8:30～11:30	公司南区报告厅	法律知识	葛丽
8		14:00～17:00	公司南区报告厅	商务英语	周国菊
9	2011-10-15	8:30～11:30	公司南区报告厅	电脑应用	周伟
10		14:00～17:00	公司南区报告厅	文档操作	周伟
11	2011-10-16	8:30～11:30	公司南区报告厅	技能操作	伍晨
12		14:00～17:00	公司南区报告厅	总结报告会	陈亚媛
13					

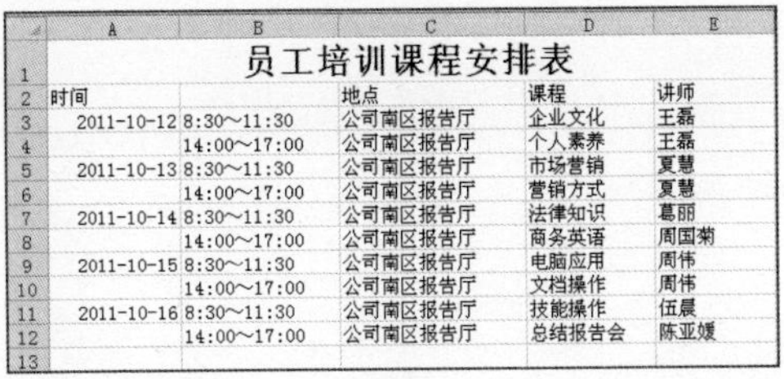

图14-28

❹ 使用“对齐方式”选项组中的“合并后居中”功能，分别合并A2:B2、A3:A4、A5:A6、A7:A8、A9:A10和A11:A12单元格区域。使用光标拖动

的方法，分别对行高和列宽尺寸进行调整。使用"字体"选项组中的"字体"和"字号"功能，分别设置不同区域单元格的字体和字号大小。使用"对齐方式"选项组中的"居中对齐"功能，设置单元格以居中对齐，最终效果如图14-29所示。

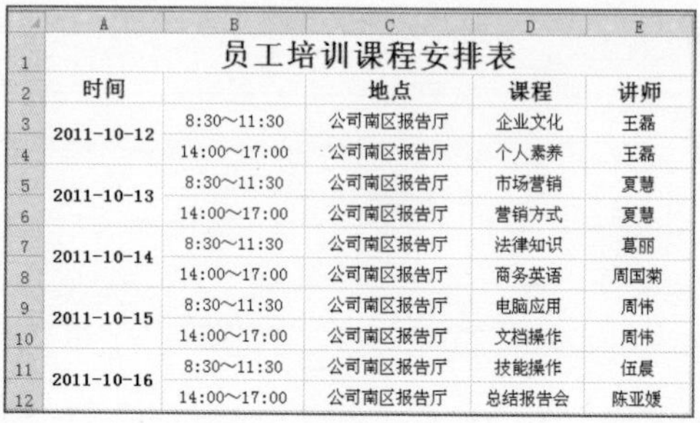

图14-29

⑤ 在"开始"选项卡下的"字体"选项组中单击"填充颜色"按钮，展开下拉菜单，在其中选择一种颜色，如"橙色,强调文字颜色6,淡色80%"，即可应用到表头单元格中，效果如图14-30所示。

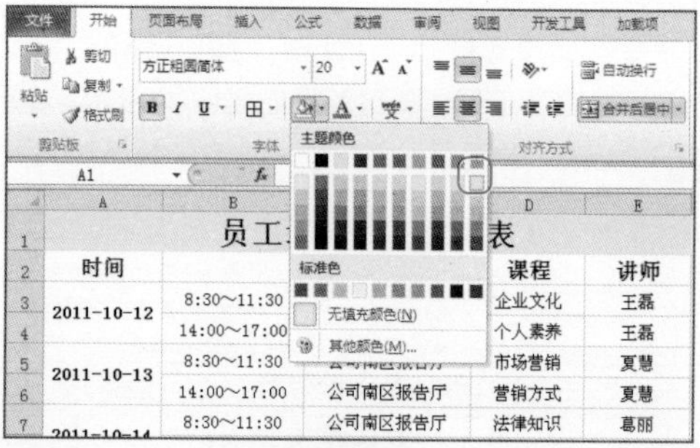

图14-30

⑥ 利用同样的方法，分别为其他单元格的底纹填充颜色，最终效果如图14-31所示。

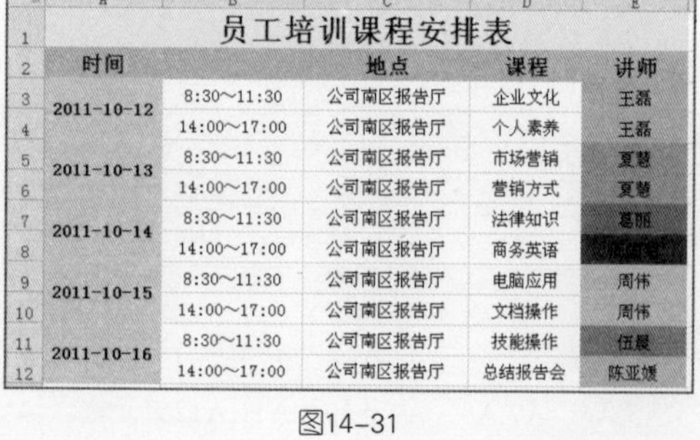

图14-31

❼ 选中A2:E12单元格区域，在“开始”选项卡下的“字体”选项组中，打开“边框设置”下拉菜单，选择“所有框线”命令，即可应用到选中的A2:E12单元格区域，效果如图14-32所示。

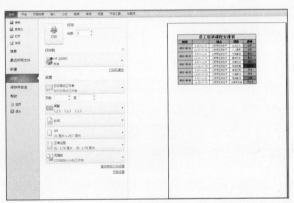

	A	B	C	D	E
1	员工培训课程安排表				
2	时间		地点	课程	讲师
3	2011-10-12	8:30～11:30	公司南区报告厅	企业文化	王磊
4		14:00～17:00	公司南区报告厅	个人素养	王磊
5	2011-10-13	8:30～11:30	公司南区报告厅	市场营销	夏慧
6		14:00～17:00	公司南区报告厅	营销方式	夏慧
7	2011-10-14	8:30～11:30	公司南区报告厅	法律知识	葛丽
8		14:00～17:00	公司南区报告厅	商务英语	周新月
9	2011-10-15	8:30～11:30	公司南区报告厅	电脑应用	周伟
10		14:00～17:00	公司南区报告厅	文档操作	周伟
11	2011-10-16	8:30～11:30	公司南区报告厅	技能操作	伍展
12		14:00～17:00	公司南区报告厅	总结报告会	陈亚媛

图14-32

❽ 在“企业新进员工登记表”工作簿中，单击“文件”选项卡，打开下拉菜单，选择“打印”|“打印预览”命令，即可进入“打印预览”窗口中，如图14-33所示。

图14-33

❾ 在“打印预览”窗口中，单击“页面设置”按钮，进入“页面设置”对话框，在“页面”选项卡中，将“方向”下的“横向”复选框选中（如图14-34所示），在“页边距”选项卡中，将上、下、左、右边距，分别设置为“5.4”、“1.9”、“1.8”、“1.8”。接着将页眉和页脚边距，分别设置为“1.8”和“0.8”，接着在

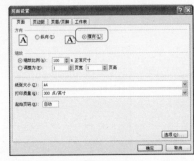

图14-34

"居中方式"选项组下选中"水平"复选框，如图14-35所示。

⑩ 设置完成后，单击"确定"按钮，返回到"打印预览"窗口中，将员工培训课程安排表居中显示，如图14-36所示。

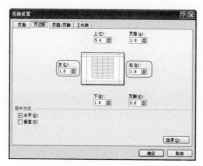

图14-35

图14-36

14.2.2 建立员工培训考核成绩统计表

对员工进行培训后，需要通过考核的形式来了解员工通过短期的培训掌握了哪些内容。考核完成后，就需要建立"培训考核成绩统计表"来统计每位新进员工的考核成绩，从而便于后期管理和查询。

1. 建立员工培训成绩统计表

❶ 在"企业员工培训管理"工作簿中，将"Sheet1"工作表重命名为"员工培训成绩统计表"。在A1单元格中输入表头文字，如"员工培训成绩统计表"，合并A1:L1单元格区域，设置表头行高、字体、字号、底纹效果等，最终效果如图14-37所示。

图14-37

❷ 在A2、D2和J2单元格中，分别输入“基本资料”、“科目得分”和“统计分析”。接着在A3～L3单元格中，分别输入编号、姓名、性别、企业文化、市场分析、法律知识、电脑应用、商务英语、技能操作、总成绩、平均成绩和名次列标识，如图14-38所示。

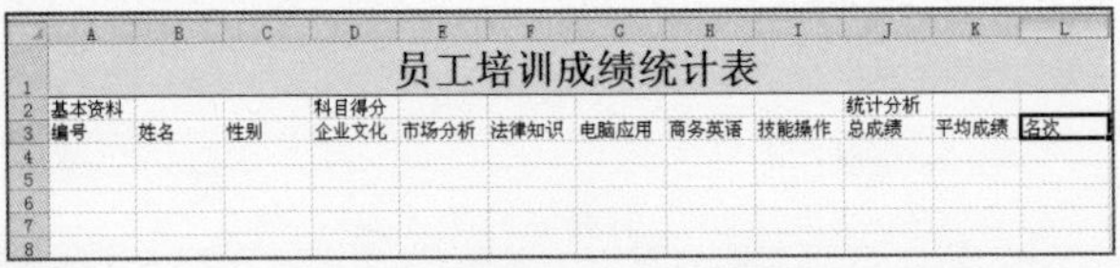

图14-38

❸ 通过“合并后居中”功能，分别合并A2:C2、D2:I2和J2:L2单元格区域并对单元格进行字体、字体颜色和对齐方式设置。接着分别对不同区域的单元格进行底纹设置，效果如图14-39所示。

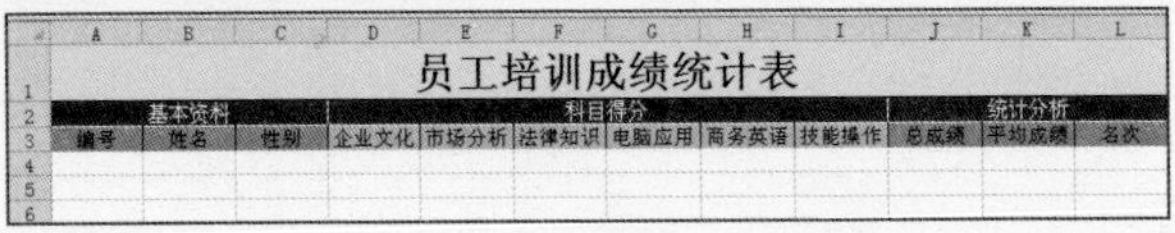

图14-39

❹ 在编号、姓名、性别、企业文化、市场分析、法律知识、电脑应用、商务英语、技能操作列标识中，分别输入新进员工的相关信息和考核成绩。选中A2:L25单元格区域，通过“边框”设置功能来设置边框效果，最终效果如图14-40所示。

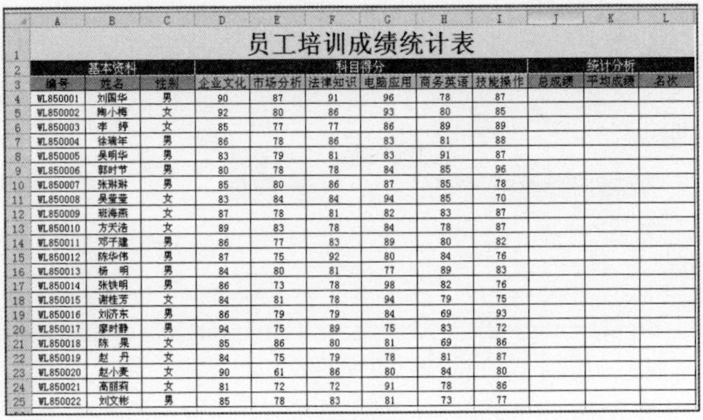

员工培训成绩统计表

基本资料			科目得分						统计分析		
编号	姓名	性别	企业文化	市场分析	法律知识	电脑应用	商务英语	技能操作	总成绩	平均成绩	名次
WL850001	刘国华	男	90	87	91	96	78	87			
WL850002	陶小梅	女	92	80	86	93	80	85			
WL850003	李　婷	女	85	77	77	86	89	89			
WL850004	徐璃年	男	86	78	86	83	81	88			
WL850005	吴明华	男	83	79	81	83	91	87			
WL850006	郭时节	男	80	78	78	84	85	96			
WL850007	张琳琳	男	85	80	86	87	85	78			
WL850008	吴莹莹	女	83	84	84	94	85	70			
WL850009	班海燕	女	87	78	81	82	83	87			
WL850010	方天浩	女	89	83	78	84	78	87			
WL850011	邓子建	男	86	77	83	89	80	82			
WL850012	陈华伟	男	87	75	92	80	84	76			
WL850013	杨　明	男	84	80	81	77	89	83			
WL850014	张铁明	男	86	73	78	98	82	76			
WL850015	谢桂芳	女	84	81	78	94	79	75			
WL850016	刘济东	男	86	79	79	84	69	93			
WL850017	廖时静	男	94	75	89	75	83	72			
WL850018	陈　果	女	85	86	80	81	69	86			
WL850019	赵　丹	女	84	75	79	78	81	87			
WL850020	赵小麦	女	90	61	86	80	84	80			
WL850021	高丽莉	女	81	72	72	91	78	86			
WL850022	刘文彬	男	85	78	83	81	73	77			

图14-40

2. 计算员工总考核成绩和平均考核成绩

完成所有员工各门培训考核成绩统计后，可以使用函数来计算每位员工的总考核成绩和平均考核成绩。

①在工作表中选中J4单元格，在公式编辑栏中输入公式：

=SUM(D4:I4

按Enter键，即可计算出员工"刘国华"的总考核成绩，将光标移动到J4单元格右下角，当光标变成黑色十字形后，按住鼠标左键向下拖动，进行公式填充，即可计算出其他员工的总考核成绩，如图14-41所示。

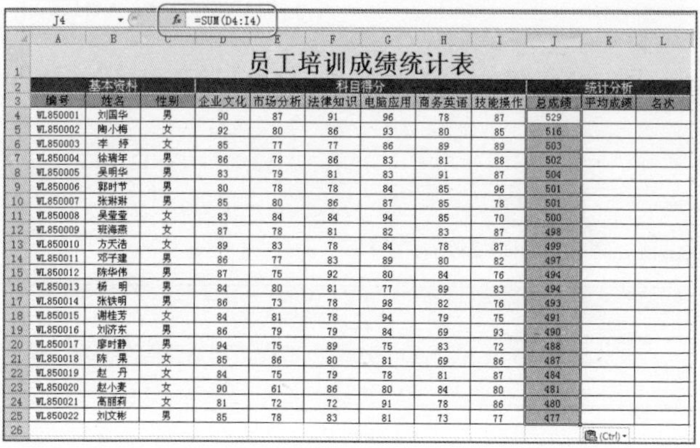

图14-41

②选中K4:K25单元格区域，在"开始"选项卡下的"数字"选项组中，单击"数字格式"按钮，在展开的下拉菜单中选择"数字"命令，即可应用到选中的K4:K25单元格区域，如图14-42所示。

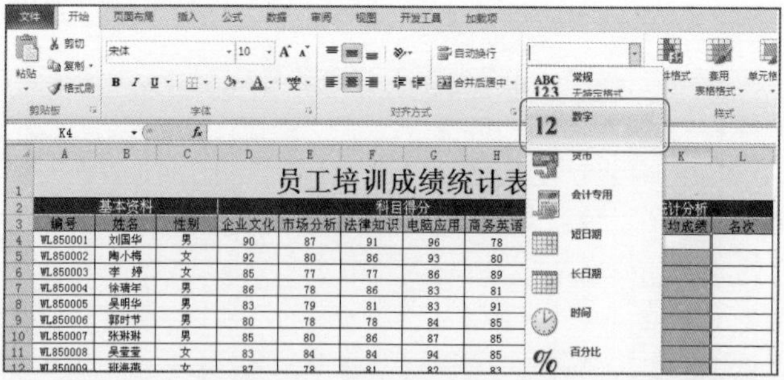

图14-42

③在工作表中选中K4单元格，在公式编辑栏中输入公式：

=AVERAGE(D4:I4)

按Enter键，即可计算出员工"刘国华"的平均考核成绩。将光标移动到K4单元格右下角，当光标变成黑色十字形后，按住鼠标左键向下拖动，进行公式填充，即可计算出其他员工的平均考核成绩，如图14-43所示。

K4　=AVERAGE(D4:I4)

员工培训成绩统计表										
基本资料			科目得分						统计分析		
编号	姓名	性别	企业文化	市场分析	法律知识	电脑应用	商务英语	技能操作	总成绩	平均成绩	名次
WL850001	刘国华	男	90	87	91	96	78	87	529	88.17	
WL850002	陶小梅	女	92	80	86	93	80	85	516	86.00	
WL850003	李　婷	女	85	77	77	86	89	89	503	83.83	
WL850004	徐瑞年	男	86	78	86	83	81	88	502	83.67	
WL850005	吴明华	男	83	79	81	83	91	87	504	84.00	
WL850006	郭时节	男	80	78	78	84	85	96	501	83.50	
WL850007	张琳琳	男	85	80	86	87	85	78	501	83.50	
WL850008	吴莹莹	女	83	84	84	94	85	70	500	83.33	
WL850009	班海燕	女	87	78	81	82	83	87	498	83.00	
WL850010	方天浩	女	89	83	78	84	78	87	499	83.17	
WL850011	邓子建	男	86	77	83	89	80	82	497	82.83	
WL850012	陈华伟	男	87	75	92	80	84	76	494	82.33	
WL850013	杨　明	男	84	80	81	77	89	83	494	82.33	
WL850014	张铁明	男	86	73	78	98	82	76	493	82.17	
WL850015	谢桂芳	女	84	81	78	94	79	75	491	81.83	
WL850016	刘济东	男	86	79	79	84	69	93	490	81.67	
WL850017	廖时静	男	94	75	89	75	83	72	488	81.33	
WL850018	陈　果	女	85	86	80	81	69	86	487	81.17	
WL850019	赵　丹	女	84	75	79	78	81	87	484	80.67	
WL850020	赵小麦	女	90	61	86	80	84	80	481	80.17	
WL850021	高丽莉	女	81	72	72	91	78	86	480	80.00	
WL850022	刘文彬	男	85	78	83	81	73	77	477	79.50	

图14-43

3. 对员工考核成绩进行名次排名

统计出每位新进员工的培训考核总成绩，就可以使用RANK函数求得每位员工考核成绩在所有员工培训考核成绩的名次排名。

❶ 在工作表中选中L4单元格，在公式编辑栏中输入公式：

```
=RANK(J4,$J$4:$J$25
```

❷ 按Enter键，即可得到员工“刘国华”的总考核成绩在所有员工总考核成绩的名次排名。将光标移动到L4单元格右下角，当光标变成黑色十字形后，按住鼠标左键向下拖动，进行公式填充，即可得到其他员工的总考核成绩在所有员工总考核成绩的名次排名，如图14-44所示。

L4　=RANK(J4,$J$4:$J$25)

员工培训成绩统计表											
基本资料			科目得分						统计分析		
编号	姓名	性别	企业文化	市场分析	法律知识	电脑应用	商务英语	技能操作	总成绩	平均成绩	名次
WL850001	刘国华	男	90	87	91	96	78	87	529	88.17	1
WL850002	陶小梅	女	92	80	86	93	80	85	516	86.00	2
WL850003	李　婷	女	85	77	77	86	89	89	503	83.83	4
WL850004	徐瑞年	男	86	78	86	83	81	88	502	83.67	5
WL850005	吴明华	男	83	79	81	83	91	87	504	84.00	3
WL850006	郭时节	男	80	78	78	84	85	96	501	83.50	6
WL850007	张琳琳	男	85	80	86	87	85	78	501	83.50	6
WL850008	吴莹莹	女	83	84	84	94	85	70	500	83.33	8
WL850009	班海燕	女	87	78	81	82	83	87	498	83.00	10
WL850010	方天浩	女	89	83	78	84	78	87	499	83.17	9
WL850011	邓子建	男	86	77	83	89	80	82	497	82.83	11
WL850012	陈华伟	男	87	75	92	80	84	76	494	82.33	12
WL850013	杨　明	男	84	80	81	77	89	83	494	82.33	12
WL850014	张铁明	男	86	73	78	98	82	76	493	82.17	14
WL850015	谢桂芳	女	84	81	78	94	79	75	491	81.83	15
WL850016	刘济东	男	86	79	79	84	69	93	490	81.67	16
WL850017	廖时静	男	94	75	89	75	83	72	488	81.33	17
WL850018	陈　果	女	85	86	80	81	69	86	487	81.17	18
WL850019	赵　丹	女	84	75	79	78	81	87	484	80.67	19
WL850020	赵小麦	女	90	61	86	80	84	80	481	80.17	20
WL850021	高丽莉	女	81	72	72	91	78	86	480	80.00	21
WL850022	刘文彬	男	85	78	83	81	73	77	477	79.50	22

图14-44

专家提示

此处RANK函数中引用的J4:J25单元格区域为何要使用绝对引用，这是因为要计算指定值的排位都是相对于J4:J25单元格区域中的数值的，即各个数值在这个指定区域中的排位，所以在进行公式填充时必须使用绝对引用。

读书笔记

第 *15* 章

公司员工技能考核与岗位等级评定

实例概述与设计效果展示

"公司员工技能考核与岗位等级评定"中包含"员工技能考核表"和"员工岗位等级评定表"两个表格，表格中对员工的各项考核成绩进行综合分析评定，并根据得出的考核成绩对员工进行等级评定和岗位分配。

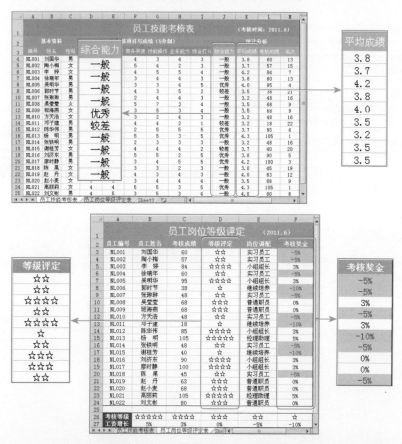

实例设计过程

本实例中介绍了两张表格的制作过程，分别是员工技能考核表和员工岗位等级评定表。在表格制作过程中，需要使用一些函数来实现数据的统计、计算、判断、查询等。下面来看看这两张表格的具体制作过程。

15.1 公司员工技能考核表

在制作公司员工技能考核表中，需要使用IF函数、AVERAGE函数、SUM函数、RANK函数等。

15.1.1 建立员工技能考核表

员工技能考核表中包括员工信息、考核内容、考核成绩、综合成绩分析计算和成绩排名等内容，首先创建表格并对其进行美化操作。

1 新建一个Excel表格文件，将文件命名为"公司员工技能考核与岗位等级评定"，保存类型为"Excel工作簿（*.xlsx）"，如图15-1所示。

专家提示

如果月加班记录比较多，可以使用"视图"选项卡下的"窗口"选项组中的"冻结窗格"功能来冻结表头行和标识项行。

2 在打开的工作簿中将鼠标放在"Sheet1"工作表下方名称位置右击鼠标，在弹出的快捷菜单中选择"重命名"命令，如图15-2所示。

图15-1   图15-2

3 将"Sheet1"工作簿重命名为"员工档案管理表"，如图15-3所示。

4 在工作簿第1行的A1单元格中输入表头"员工技能考核表"（考核时

间：2011.6），接着在第2行的A1、D2与J2单元格中分别输入“基本资料”和“考核项目与成绩（5分制）”3个大项目，再在第3行中输入每个大项目下的小项目名称，如“编号”、“姓名”、“性别”、考核项目名称和统计分析的方式等，最后将员工信息依次录入，如图15-4所示。

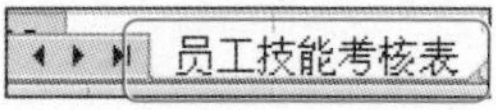

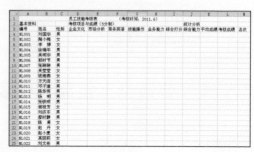

图15-3

	A	B	C	D	E	F	G	H	I	J	K	L	M
1				员工技能考核表		（考核时间：2011.6）							
2	基本资料			考核项目与成绩（5分制）						统计分析			
3	编号	姓名	性别	企业文化	市场分析	商务英语	技能操作	业务能力	综合打分	综合能力	平均成绩	考核成绩	名次
4	NL001	刘国华	男										
5	NL002	陶小梅	女										
6	NL003	李　婷	女										
7	NL004	徐瑞年	男										
8	NL005	吴明华	男										
9	NL006	郭时节	男										
10	NL007	张琳琳	男										
11	NL008	吴莹莹	女										
12	NL009	班海燕	女										
13	NL010	方天浩	女										
14	NL011	邓子建	男										
15	NL012	陈华伟	男										
16	NL013	杨　明	男										
17	NL014	张铁明	男										
18	NL015	谢桂芳	女										
19	NL016	刘济东	男										
20	NL017	廖时静	男										
21	NL018	陈　果	女										
22	NL019	赵　丹	女										
23	NL020	赵小麦	女										
24	NL021	高丽莉	女										
25	NL022	刘文彬	男										

图15-4

5 对表格进行字体设置、单元格合并、修改对齐方式等单元格美化设置，如图15-5所示。

	A	B	C	D	E	F	G	H	I	J	K	L	M
1	员工技能考核表									（考核时间：2011.6）			
2	基本资料			考核项目与成绩（5分制）						统计分析			
3	编号	姓名	性别	企业文化	市场分析	商务英语	技能操作	业务能力	综合打分	综合能力	平均成绩	考核成绩	名次
4	NL001	刘国华	男										
5	NL002	陶小梅	女										
6	NL003	李　婷	女										
7	NL004	徐瑞年	男										
8	NL005	吴明华	男										
9	NL006	郭时节	男										
10	NL007	张琳琳	男										
11	NL008	吴莹莹	女										
12	NL009	班海燕	女										
13	NL010	方天浩	女										
14	NL011	邓子建	男										
15	NL012	陈华伟	男										
16	NL013	杨　明	男										
17	NL014	张铁明	男										
18	NL015	谢桂芳	女										
19	NL016	刘济东	男										
20	NL017	廖时静	男										
21	NL018	陈　果	女										
22	NL019	赵　丹	女										
23	NL020	赵小麦	女										
24	NL021	高丽莉	女										
25	NL022	刘文彬	男										

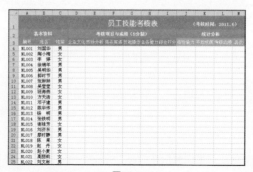

图15-5

6 继续在“考核项目与成绩”下面的每个考核项目下输入员工的考核成绩，如图15-6所示。

	A	B	C	D	E	F	G	H	I	J
1	员工技能考核表									
2	基本资料			考核项目与成绩（5分制）						
3	编号	姓名	性别	企业文化	市场分析	商务英语	技能操作	业务能力	综合打分	综合能力
4	NL001	刘国华	男	4	5	4	3	4	3	
5	NL002	陶小梅	女	5	3	5	4	2	3	
6	NL003	李　婷	女	3	4	4	5	5	4	
7	NL004	徐瑞年	男	4	5	3	4	4	3	
8	NL005	吴明华	男	5	4	3	3	4	5	
9	NL006	郭时节	男	4	3	4	3	5	2	
10	NL007	张琳琳	男	3	3	2	4	4	3	
11	NL008	吴莹莹	女	3	4	5	2	3	4	
12	NL009	班海燕	女	4	2	3	5	3	4	
13	NL010	方天浩	女	2	5	3	2	4	3	
14	NL011	邓子建	男	5	3	4	4	2	1	
15	NL012	陈华伟	男	2	3	2	5	5	5	
16	NL013	杨　明	男	4	4	5	5	3	5	
17	NL014	张铁明	男	5	3	2	3	3	3	

图15-6

15.1.2　根据员工的考核成绩进行综合分析

员工的各项考核成绩录入完毕后，要对这些成绩数据进行一些综合计算和分析，例如根据综合打分情况判定员工的综合能力，计算员工的平均成绩、总成绩，对员工进行排名等。

1 根据对员工的"综合打分"来判定员工的"综合能力"，在J4单元格中输入公式"=IF(I4=5,"优秀",IF(I4>=3,"一般","较差"))"，如图15-7所示。

图15-7

2 按Enter键，即可根据员工的"综合打分"返回员工"综合能力"。将光标移到J4单元格的右下角，当光标变成黑色十字形后，按住鼠标左键向下拖动进行公式填充，即可根据其他员工的"综合打分"返回对应员工的"综合能力"，如图15-8所示。

图15-8

3 根据员工每个考核项目的成绩来计算员工的"平均成绩"，在K4单元格中输入公式"=AVERAGE(D4:I4)"，如图15-9所示。

DATE			fx	=AVERAGE(D4:I4)	
	D	E	F	G	H	I	J	K
2		考核项目与成绩（5分制）						统计分
3	企业文化	市场分析	商务英语	技能操作	业务能力	综合打分	综合能力	平均成绩
4	4	5	4	3	4	3	一般	D4:I4)
5	5	3	5	4	2	3	一般	
7	3	4	4	5	5	4	一般	
8	5	4	3	3	4	5	优秀	
9	4	3	3	3	5	2	较差	
10	3	3	2	4	4	3	一般	
11	3	4	5	2	3	4	一般	

图15-9

④ 按Enter键，即可根据员工每个考核项目的成绩得到员工的"平均成绩"为"3.8"。将光标移到K4单元格的右下角，当光标变成黑色十字形后，按住鼠标左键向下拖动进行公式填充，即可根据其他员工每个考核项目的成绩计算该员工的"平均成绩"，如图15-10所示。

	D	E	F	G	H	I	J	K
2		考核项目与成绩（5分制）						统计分析
3	企业文化	市场分析	商务英语	技能操作	业务能力	综合打分	综合能力	平均成绩	考核
4	4	5	4	3	4	3	一般	3.8
5	5	3	5	4	2	3	一般	3.7
6	3	4	4	5	5	4	一般	4.2
7	3	4	3	4	4	3	一般	3.8
8	5	4	3	3	4	5	优秀	4.0
9	4	3	3	3	5	2	较差	3.5
10	3	3	2	4	4	3	一般	3.2
11	3	4	5	2	3	4	一般	3.5
12	3	4	3	3	4	4	一般	3.5
13	2	5	3	2	4	3	一般	3.2
14	3	4	3	4	2	1	较差	3.2
15	2	3	2	5	5	5	优秀	3.7
16	4	4	5	5	3	5	优秀	4.3
17	3	3	3	4	3	3	一般	3.2
18	3	5	4	4	4	2	较差	3.7
19	3	4	4	3	5	5	优秀	3.8
20	4	4	3	4	5	5	优秀	4.2
21	3	4	3	3	2	3	一般	3.0
22	5	4	3	3	4	5	一般	4.0
23	3	3	3	4	4	4	一般	3.5
24	4	4	5	5	3	5	优秀	4.3
25	4	5	3	5	3	4	一般	4.0
26								

图15-10

⑤ 定义员工的"考核成绩"为普通考核项目的成绩总和乘以员工的综合打分情况，在L4单元格中输入公式"=SUM(D4:H4)*I4"，如图15-11所示。

DATE			fx	=SUM(D4:H4)*I4			
	D	E	F	G	H	I	J	K	L
2		考核项目与成绩（5分制）						统计分析	
3	企业文化	市场分析	商务英语	技能操作	业务能力	综合打分	综合能力	平均成绩	考核成绩
4	4	5	4	3	4	3	一般	3.8	I4)*I4
5	5	3	5	4	2	3	一般	3.7	
6	3	4	4	5	5	4	一般	4.2	
7	4	5	3	4	4	3	一般	3.8	
8	5	4	3	3	4	5	优秀	4.0	
9	4	3	4	3	5	2	较差	3.5	
10	3	3	2	4	4	3	一般	3.2	
11	3	4	5	2	3	4	一般	3.5	
12	4	2	3	5	3	4	一般	3.5	

图15-11

⑥ 按Enter键，即可得到该名员工的“考核成绩”为60，将光标移到L4单元格的右下角，当光标变成黑色十字形后，按住鼠标左键向下拖动进行公式填充，即可求出其他员工的“考核成绩”，如图15-12所示。

	F	G	H	I	J	K	L
2	项目与成绩（5分制）				统计分析		
3	商务英语	技能操作	业务能力	综合打分	综合能力	平均成绩	考核成绩
4	4	3	4	3	一般	3.8	60
5	5	4	2	3	一般	3.7	57
6	4	5	5	4	一般	4.2	84
7	3	4	4	3	一般	3.8	60
8	3	3	4	5	优秀	4.0	95
9	4	3	5	2	较差	3.5	38
10	2	4	4	3	一般	3.2	48
11	5	2	3	4	一般	3.5	68
12	3	5	3	4	一般	3.5	68
13	3	2	4	3	一般	3.2	48
14	4	4	2	1	较差	3.2	18
15	2	5	5	5	优秀	3.7	85
16	5	5	3	5	优秀	4.3	105
17	2	3	3	3	一般	3.2	48
18	4	4	4	2	较差	3.7	40
19	5	5	2	5	优秀	3.8	90
20	3	4	5	5	优秀	4.2	100
21	3	3	2	3	一般	3.0	45
22	4	3	4	3	一般	4.0	63
23	3	4	4	4	一般	3.5	68
24	5	5	3	5	优秀	4.3	105
25	3	5	3	4	一般	4.0	80
26							

图15-12

⑦ 根据员工的“考核成绩”来计算员工的“名次”，在M4单元格中输入公式“=RANK(L4,$L$4:$L$25)”，如图15-13所示。

DATE　=RANK(L4,$L$4:$L$25)

	H	I	J	K	L	M	N
2	制）		统计分析				
3	业务能力	综合打分	综合能力	平均成绩	考核成绩	名次	
4	4	3	一般	3.8	60	L$25)	
5	2	3	一般	3.7	57		
6	5	4	一般	4.2	84		
7	4	3	一般	3.8	60		
8	4	5	优秀	4.0	95		

图15-13

⑧ 按Enter键，即可得到该名员工的“名次”为13，将光标移动到M4单元格的右下角，当光标变成黑色十字形后，按住鼠标左键向下拖动进行公式填充，即可求出其他员工的“名次”，如图15-14所示。

专家提示

通过函数计算员工的名次时，如果有成绩相同的员工，则他们拥有相同的名次，下一个员工的名次则按照人数往下顺延。

	F	G	H	I	J	K	L	M
2	项目与成绩（5分制）				统计分析			
3	商务英语	技能操作	业务能力	综合打分	综合能力	平均成绩	考核成绩	名次
4	4	3	4	3	一般	3.8	60	13
5	5	4	2	3	一般	3.7	57	15
6	4	5	5	4	一般	4.2	84	7
7	3	4	4	3	一般	3.8	60	13
8	3	3	4	5	优秀	4.0	95	4
9	4	3	5	2	较差	3.5	38	21
10	2	4	4	3	一般	3.2	48	16
11	5	2	3	4	一般	3.5	68	9
12	3	5	3	4	一般	3.5	68	9
13	3	2	4	3	一般	3.2	48	16
14	4	4	2	1	较差	3.2	18	22
15	2	5	5	5	优秀	3.7	85	6
16	5	5	3	5	优秀	4.3	105	1
17	2	3	3	3	一般	3.2	48	16
18	4	4	4	2	较差	3.7	40	20
19	5	5	2	5	优秀	3.8	90	5
20	3	4	5	5	优秀	4.2	100	3
21	3	3	2	3	一般	3.0	45	19
22	4	3	4	3	一般	4.0	63	12
23	3	4	4	4	一般	3.5	68	9
24	5	5	3	5	优秀	4.3	105	1
25	3	5	3	4	一般	4.0	80	8
26								

图15-14

15.2 公司员工岗位等级评定

15.2.1 建立员工岗位等级评定

在对员工的考核成绩进行分析整理后，还要将这些数据应用到实际工作中，即对员工进行等级评定和岗位的调配，根据员工的综合表现来分配合适的岗位并给予一定的奖惩手段，以此达到激励员工、提高工作效率的目的。

❶ 在“公司员工技能考核与岗位等级评定”工作簿中双击“Sheet2”工作表标签，将其重命名为“员工岗位等级评定表”，如图15-15所示。

❷ 在工作表中输入表头、项目名称和员工信息，如图15-16所示。

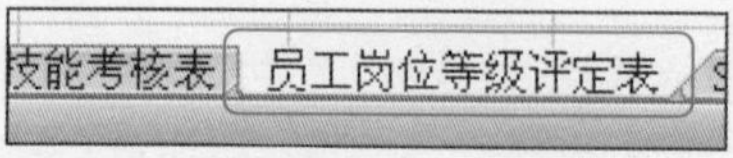

图15-15

	A	B	C	D	E	F
1		员工岗位等级评定		（2011.6）		
2	员工编号	员工姓名	考核成绩	等级评定	岗位调配	考核奖金
3	NL001	刘国华				
4	NL002	陶小梅				
5	NL003	李　婷				
6	NL004	徐瑞年				
7	NL005	吴明华				
8	NL006	郭时节				
9	NL007	张琳琳				
10	NL008	吴莹莹				
11	NL009	班海燕				
12	NL010	方天浩				
13	NL011	邓子建				
14	NL012	陈华伟				
15	NL013	杨　明				
16	NL014	张铁明				
17	NL015	谢桂芳				
18	NL016	刘济东				
19	NL017	廖时静				
20	NL018	陈　果				
21	NL019	赵　丹				
22	NL020	赵小麦				
23	NL021	高丽莉				
24	NL022	刘文彬				

图15-16

③ 对工作表进行字体设置、合并单元格、增加表格边框等单元格美化设置，如图15-17所示。

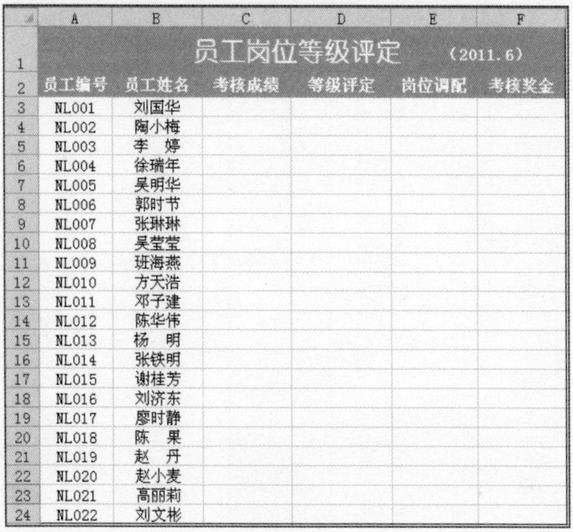

	A	B	C	D	E	F
1	员工岗位等级评定　（2011.6）					
2	员工编号	员工姓名	考核成绩	等级评定	岗位调配	考核奖金
3	NL001	刘国华				
4	NL002	陶小梅				
5	NL003	李　婷				
6	NL004	徐瑞年				
7	NL005	吴明华				
8	NL006	郭时节				
9	NL007	张琳琳				
10	NL008	吴莹莹				
11	NL009	班海燕				
12	NL010	方天浩				
13	NL011	邓子建				
14	NL012	陈华伟				
15	NL013	杨　明				
16	NL014	张铁明				
17	NL015	谢桂芳				
18	NL016	刘济东				
19	NL017	廖时静				
20	NL018	陈　果				
21	NL019	赵　丹				
22	NL020	赵小麦				
23	NL021	高丽莉				
24	NL022	刘文彬				

图15-17

④ 根据员工编号在“员工技能考核表”中查询员工的“考核成绩”，在C3单元格中输入公式“=VLOOKUP(A3,员工技能考核表!A4:M25,12,FALSE)”，如图15-18所示。

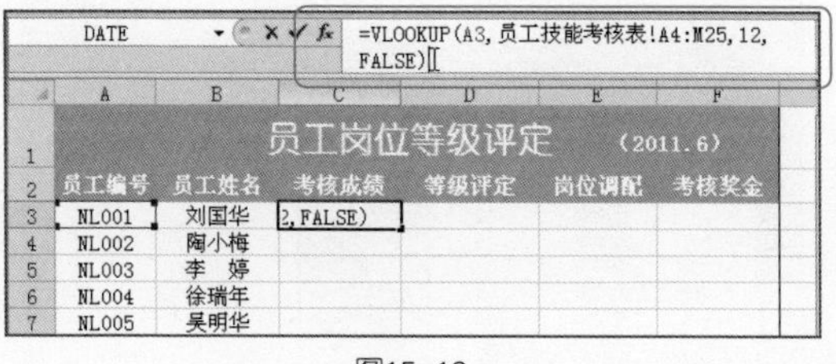

DATE　=VLOOKUP(A3,员工技能考核表!A4:M25,12,FALSE)

	A	B	C	D	E	F
1	员工岗位等级评定　（2011.6）					
2	员工编号	员工姓名	考核成绩	等级评定	岗位调配	考核奖金
3	NL001	刘国华	2,FALSE)			
4	NL002	陶小梅				
5	NL003	李　婷				
6	NL004	徐瑞年				
7	NL005	吴明华				

图15-18

⑤ 按Enter键，即可得到该员工的“考核成绩”为60，将光标移动到C3单元格的右下角，当光标变成黑色十字形后，按住鼠标左键向下拖动进行公式填充，即可根据其他员工的编号返回员工的“考核成绩”，效果如图15-19所示。

⑥ 根据员工的“考核成绩”为员工进行“等级评定”，将100分以上的评为5星，80分以上评为4星，60分以上评为3星，40分以上评为2星，其他为1星。在D3单元格中输入公式“=IF(C3>100,"☆☆☆☆☆",IF(C3>80,"☆☆☆☆",IF(C3>60,"☆☆☆",IF(C3>40,"☆☆","☆"))))”，按Enter键，即可得到该员工的“等级评定”为2星，将光标移动到D3单元格的右下角，当光标变成黑色十字形后，按住鼠标左键向下拖动进行公式填充，即可根据其他员工的“考核成绩”返回员工的

"等级评定"，如图15-20所示。

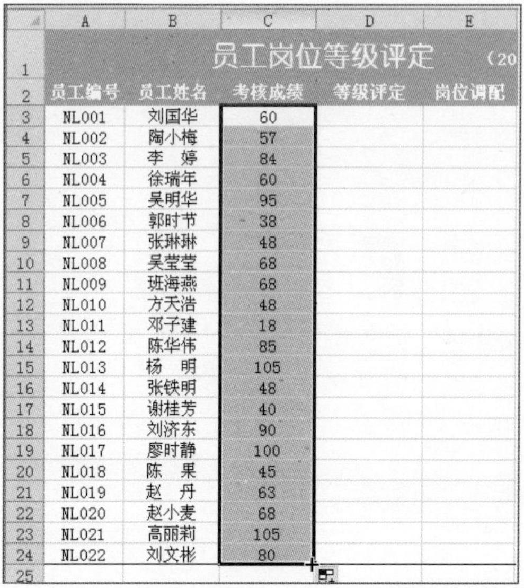

图15-19

图15-20

⑦ 根据员工的等级来为员工进行"岗位调配"，将5星的员工安排岗位为"经理助理"，4星的员工安排岗位为"小组组长"，3星的员工安排岗位为"普通职员"，2星的员工安排岗位为"实习员工"，其他1星的员工安排为"继续培养"的对象。

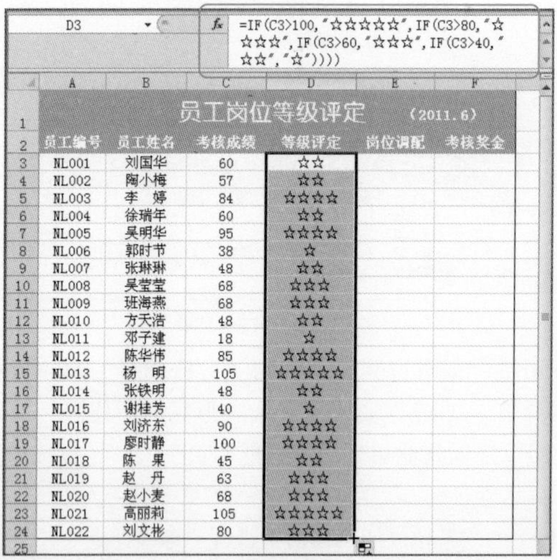

8 在E3单元格中输入公式"=IF(D3="☆☆☆☆☆","经理助理",IF(D3="☆☆☆☆","小组组长",IF(D3="☆☆☆","普通职员",IF(D3="☆☆","实习员工","继续培养"))))",按Enter键,即可得到该员工的调配岗位为"实习员工",将光标移到E3单元格的右下角,当光标变成黑色十字形后,按住鼠标左键向下拖动进行公式填充,即可根据其他员工的等级返回员工的调配岗位,如图15-21所示。

图15-21

15.2.2 根据对员工的考核结果来计算考核奖金

对考核结果较好的员工给予工资增长的奖励,而对考核结果较差的员工给予工资降低的惩罚,奖励和惩罚的规则为以原工资为标准增加或减少一定的百分比。

1 在"员工岗位等级评定表"中下方的A26:F27单元格中输入员工的"考核等级"与"工资增长"的对应标准,并对单元格进行美化,如图15-22所示。

	员工编号	员工姓名	考核成绩	等级评定	岗位调配
18	NL016	刘济东	90	☆☆☆☆	小组组长
19	NL017	廖时静	100	☆☆☆☆	小组组长
20	NL018	陈 果	45	☆☆	实习员工
21	NL019	赵 丹	63	☆☆☆	普通职员
22	NL020	赵小麦	68	☆☆☆	普通职员
23	NL021	高丽莉	105	☆☆☆☆☆	经理助理
24	NL022	刘文彬	80	☆☆☆	普通职员
25					
26	考核等级	☆☆☆☆☆	☆☆☆☆	☆☆☆	☆☆
27	工资增长	5%	3%	0%	-5%

图15-22

2 在"考核等级"与"工资增长"的对应标准中查找对应员工等级

的工资增长标准，在F3单元格中输入公式"=HLOOKUP(D3,$B$26:$F$27,2,FALSE)"，如图15-23所示。

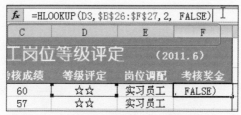

图15-23

③ 按Enter键，即可根据该员工的等级返回考核奖金为"-5%"，即工资降低5%。将光标移到F3单元格的右下角，当光标变成黑色十字形后，按住鼠标左键向下拖动进行公式填充，即可根据其他员工的"等级评定"返回对应员工的"考核奖金"，如图15-24所示。

	A	B	C	D	E	F	G
			员工岗位等级评定		(2011.6)		
2	员工编号	员工姓名	考核成绩	等级评定	岗位调配	考核奖金	
3	NL001	刘国华	60	☆☆	实习员工	-5%	
4	NL002	陶小梅	57	☆☆	实习员工	-5%	
5	NL003	李婷	84	☆☆☆☆	小组组长	3%	
6	NL004	徐瑞年	60	☆☆	实习员工	-5%	
7	NL005	吴明华	95	☆☆☆☆	小组组长	3%	
8	NL006	郭时节	38	☆	继续培养	-10%	
9	NL007	张琳琳	48	☆☆	实习员工	-5%	
10	NL008	吴莹莹	68	☆☆☆	普通职员	0%	
11	NL009	班海燕	68	☆☆☆	普通职员	0%	
12	NL010	方天浩	48	☆☆	实习员工	-5%	
13	NL011	邓子建	18	☆	继续培养	-10%	
14	NL012	陈华倩	85	☆☆☆☆	小组组长	3%	
15	NL013	杨明	105	☆☆☆☆☆	经理助理	5%	
16	NL014	张铁明	48	☆☆	实习员工	-5%	
17	NL015	谢桂芳	40	☆	继续培养	-10%	
18	NL016	刘济东	90	☆☆☆☆	小组组长	3%	
19	NL017	廖时静	100	☆☆☆☆	小组组长	3%	
20	NL018	陈果	45	☆☆	实习员工	-5%	
21	NL019	赵丹	63	☆☆☆	普通职员	0%	
22	NL020	赵小麦	68	☆☆☆	普通职员	0%	
23	NL021	高丽莉	105	☆☆☆☆☆	经理助理	5%	
24	NL022	刘文彬	80	☆☆☆	普通职员	0%	
25							
26	考核等级	☆☆☆☆☆	☆☆☆☆	☆☆☆	☆☆	☆	
27	工资增长	5%	3%	0%	-5%	-10%	

图15-24

④ 选择F3:F24单元格，在"开始"选项卡的"样式"选项组中单击"条件格式"按钮，在弹出的菜单中选择"突出显示单元格规则"|"小于"命令，如图15-25所示。

⑤ 打开"小于"对话框，"为小于以下值的单元格设置格式"文本框中输入"0"，单击"确定"按钮，如图15-26所示。

图15-25

图15-26

⑥ 此时即可将"考核奖金"为负数的单元格突出显示出来，便于公司人事部门进行查看与管理督促，如图15-27所示。

	A	B	C	D	E	F
1			员工岗位等级评定			（2011.6）
2	员工编号	员工姓名	考核成绩	等级评定	岗位调配	考核奖金
3	NL001	刘国华	60	☆☆	实习员工	-5%
4	NL002	陶小梅	57	☆☆	实习员工	-5%
5	NL003	李 婷	84	☆☆☆☆	小组组长	3%
6	NL004	徐瑞年	60	☆☆	实习员工	-5%
7	NL005	吴明华	95	☆☆☆☆	小组组长	3%
8	NL006	郭时节	38	☆	继续培养	-10%
9	NL007	张琳琳	48	☆☆	实习员工	-5%
10	NL008	吴莹莹	68	☆☆☆	普通职员	0%
11	NL009	班海燕	68	☆☆☆	普通职员	0%
12	NL010	方天浩	48	☆☆	实习员工	-5%
13	NL011	邓子建	18	☆	继续培养	-10%
14	NL012	陈华伟	85	☆☆☆☆	小组组长	3%
15	NL013	杨 明	105	☆☆☆☆☆	经理助理	5%
16	NL014	张铁明	48	☆☆	实习员工	-5%
17	NL015	谢桂芳	40	☆	继续培养	-10%
18	NL016	刘济东	90	☆☆☆☆	小组组长	3%
19	NL017	廖时静	100	☆☆☆☆	小组组长	3%
20	NL018	陈 果	45	☆☆	实习员工	-5%
21	NL019	赵 丹	63	☆☆☆	普通职员	0%
22	NL020	赵小麦	68	☆☆☆	普通职员	0%
23	NL021	高丽莉	105	☆☆☆☆☆	经理助理	5%
24	NL022	刘文彬	80	☆☆☆	普通职员	0%

图15-27

第 *16* 章

公司员工档案
管理表

实例概述与设计效果展示

　　人事管理是企业管理中的一个重要部分，因此人事管理过程中涉及到多项数据的处理。本实例中将介绍如何运用Excel 2010软件来设计一份完整的"员工档案管理"工作簿，学习了本工作簿的设计后，用户可以完成类似"企业培训统计"等工作表的设计。

　　如下图是设计完成的工作簿的各个主要部分，用户可以清楚地了解该工作簿包含的设计重点。

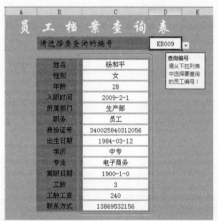

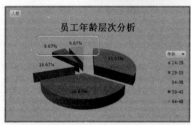
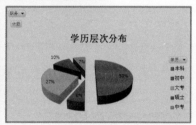

实例设计过程

　　为了方便讲解，这里将整个"员工档案管理表"工作簿的制作过程分为几大步骤：建立员工档案管理表→依据管理表建立员工档案查询→创建数据透视表→分析员工学历层次→分析员工年龄层次，建议初学者按步骤进行操作，稍微熟练的读者也可以根据需要查看其中的某几个部分。

16.1　员工档案管理表

员工档案信息通常包括员工编号、姓名、性别、年龄、所在部门、所属职位、技术职务、户口所在地、出生日期、身份证号、学历、入职时间、离职时间、工龄等，因此在建立档案管理表前需要将该张表格需要包含的要素拟订出来，以完成表格框架的规划。

16.1.1　新建工作簿并设置框架

在Excel 2010中，先要创建"员工档案管理表"工作簿，这里来看具体的操作方法。

❶ 启动Excel 2010程序，默认建立了名为Book1的工作簿，单击"保存"按钮，打开"另存为"对话框，设置工作簿的保存位置，并设置保存名称为"员工档案管理表"，单击"保存"按钮，如图16-1所示。

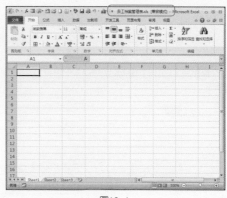

图16-1

② 在"Sheet1"工作表标签上双击鼠标左键，如图16-2所示。

③ 重新输入新的工作表名称为"员工档案管理表"，如图16-3所示。

图16-2   图16-3

专家提示

将新建的Excel工作表保存，一是设定工作簿的名称，二是为了保护工作表，在编辑的过程中再次单击"保存"按钮，可以防止由于外在原因导致的数据丢失。

16.1.2 设计表头

完成了"员工档案管理表"工作簿的创建后，就可以在工作表中输入表头和列标识，并对文字进行格式设置。

① 在A1和A2单元格中，分别输入表格标题事先规划好的各项列标识，如图16-4所示。

图16-4

② 选中第1行中从A1单元格开始直至列标识结束的单元格区域，在"对齐方式"选项组中单击"合并后居中"按钮，以将表格标题合并居中，如图16-5所示。

图16-5

③ 保持对合并后单元格的选中状态，在"字体"选项组中单击"字体"下拉按钮，选择字体；单击"字号"下拉按钮，选择字号，如图16-6所示。

图16-6

④ 按照与上面相同的方法，分别在"开始"选项卡的"字体"选项组中设置列标识的文字格式，设置后如图16-7所示。

图16-7

⑤ 选中要调整的列，将光标定位在右侧边线上，当出现双向箭头时，按住鼠标左键向右拖动增大列宽，向左拖动减小列宽，如图16-8所示。

⑥ 选中要调整的行，将光标定位在下侧边线上，当出现双向箭头时，按住鼠标左键向下拖动增大行高，向上拖动减小行高，如图16-9所示。

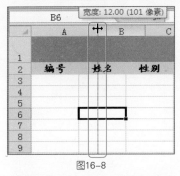

图16-8

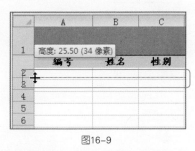

图16-9

⑦ 按照相同的方法根据实际需要依次调整列标识各列的列宽，调整完成，完成的表头信息如图16-10所示。

图16-10

　　设置好列标识的行高和列宽后，用户可以选中工作表编辑区域，切换到"开始"选项卡，在"单元格"选项组中单击"格式"按钮，在其下拉菜单中选择"行高"命令，一次性设置编辑区域的行高。

16.1.3 表格区域单元格格式设置

　　创建好员工档案管理表的框架后，用户可以对单元格设置数据有效性来指定输入某一类型的数据。

　　❶ 在A列中输入前两个编号，选中A3:A4单元格区域，将光标定位到右下角，出现黑色十字形时，按住鼠标左键向下拖动（如图16-11所示），释放鼠标即可实现快速填充员工编号，如图16-12所示。

图16-11

图16-12

　　❷ 选中"所属部门"列的单元格区域，在"数据"选项卡的"数据工具"选项组中单击"数据有效性"按钮（如图16-13所示），打开"数据有效性"对话框。

图16-13

③ 在"允许"下拉列表中选择"序列"选项，设置来源为"生产部,销售部,人事部,行政部,财务部,后勤部"，如图16-14所示。

④ 切换到"输入信息"选项卡下，在"输入信息"文本框中输入提示信息（该提示信息用于当选中单元格时显示的提示文字），如图16-15所示。

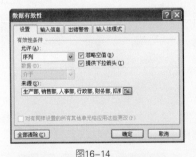

图16-14

图16-15

⑤ 设置完成后，关闭"数据有效性"对话框，在工作表中选中设置了数据有效性的单元格时会显示提示信息并出现下拉按钮（如图16-16所示）；单击下拉按钮可显示出可供选择的部门，如图16-17所示。

图16-16

图16-17

⑥ 选中"身份证号"列单元格区域，在"开始"选项卡的"数字"下拉菜单中选择"文本"，即设置该列单元格的格式为"文本"格式，如图16-18所示。

⑦ 保持"身份证号"列单元格区域的选中状态，在"数据"选项卡的"数据工具"选项组中单击"数据有效性"按钮，打开"数据有效性"对话框，在"允许"下拉列表中选择"自定义"选项，在"公式"文本框中输入"=OR(LEN(C4)=15,LEN(C4)=18)"，如图16-19所示。

图16-18

图16-19

⑧ 切换到"输入信息"选项卡，设置选中该单元格显示的提示文字（如图16-20所示），接着切换到"出错警告"选项卡，设置当输入了不满足条件的身份证号码时弹出的错误提示，如图16-21所示。

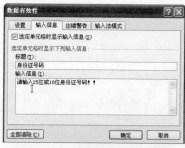
图16-20

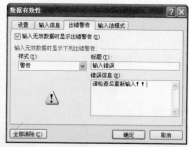
图16-21

⑨ 设置完成后，单击"确定"按钮回到工作表中，选中"身份证号"列中设置了数据有效性的任意单元格，都会显示提示文字，如图16-22所示。

⑩ 当在"身份证号"列设置了数据有效性的任意单元格中输入的位数不为15位或18位时，则会弹出错误提示，如图16-23所示。

图16-22 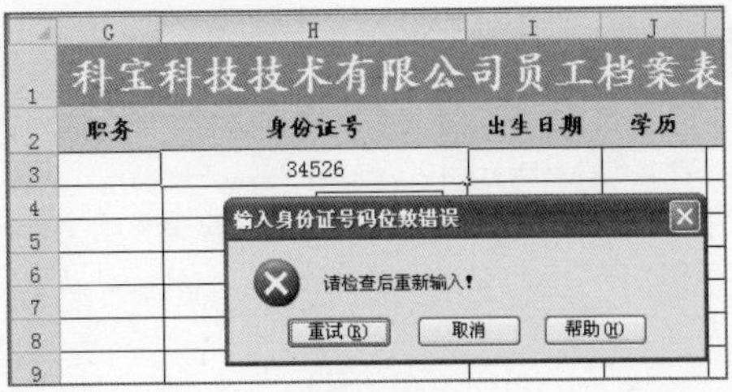　　　　　　　　　　　图16-23

专家提示

　　完成表格的相关设置之后，接着则需要手工输入一些基本数据，包括员工姓名、所属部门、职务、身份证号码、学历、入职时间、联系方式等数据。

16.1.4　利用公式获取相关信息

　　为了体现出表格的自动化功能，上面建立的员工档案表中的信息可以返回性别、出生日期信息，通过入职日期可以计算工龄等。

1. 设置返回性别、年龄、出生日期的公式

① 选中C3单元格，在公式编辑栏输入公式：

=IF(LEN(H3)=15,IF(MOD(MID(H3,15,1),2)=1,"男","女"),IF(MOD(MID(H3,17,1),2)=1,"男","女"))

　　按Enter键，即可从第一位员工的身份证号码中判断出该员工的性别。

② 将鼠标移至单元格右下角，光标变成黑色十字形时，按住鼠标左键向下拖动进行公式填充，从而快速得出每位员工的性别，如图16-24所示。

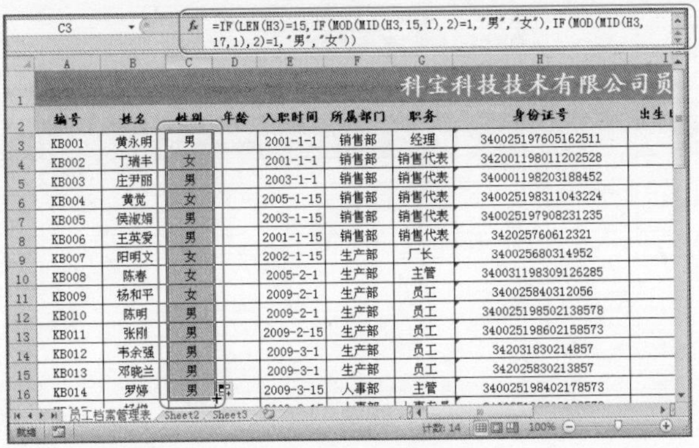

图16-24

公式分析

=IF(LEN(H3)=15,IF(MOD(MID(H3,15,1),2)=1,"男","女"),
IF(MOD(MID(H3,17,1),2)=1,"男","女"))

　　①"LEN(H3)=15"，判断身份证号码是否为15位。如果是，执行"IF(MOD(MID(H3,15,1),2)=1,"男","女")"；反之，执行"IF(MOD(MID(H3,17,1),2)=1,"男","女")"。

　　②"IF(MOD(MID(H3,15,1),2)=1,"男","女")"，判断15位身份证号码的最后一位是否能被2整除，即判断其是奇数还是偶数。如果不能整除返回"男"，否则返回"女"。

　　③"IF(MOD(MID(H3,17,1),2)=1,"男","女")"，判断18位身份证号码的倒数第二位是否能被2整除，即判断其是奇数还是偶数。如果不能整除返回"男"，否则返回"女"。

❸ 选中I3单元格，输入公式：

=IF(LEN(H3)=15,CONCATENATE("19",MID(H3,7,2),"-",MID(H3,9,2),"-",MID(H3,11,2)),CONCATENATE(MID(H3,7,4),"-",MID(H3,11,2),"-",MID(H3,13,2)))

　　按Enter键，即可从第一位员工的身份证号码中判断出该员工的出生日期。

❹ 选中I3单元格，将鼠标移至单元格右下角，光标变成黑色十字形时，按住鼠标左键向下拖动进行公式填充，从而快速得出每位员工的出生日期，如图16-25所示。

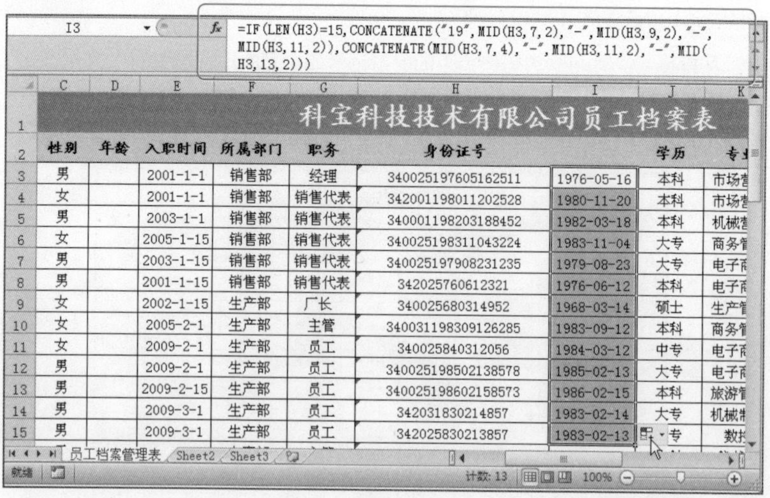

图16-25

公式分析

=IF(LEN(H3)=15,CONCATENATE("19",MID(H3,7,2),"-",MID(H3,9,2),"-",MID(H3,11,2)),CONCATENATE(MID(H3,7,4),"-",MID(H3,11,2),"-",MID(H3,13,2)))

①“(LEN(H3)=15”，判断身份证是否为15位。如果是，执行“CONCATENATE("19",MID(H3,7,2),"-",MID(H3,9,2),"-",MID(H3,11,2))”；反之，执行“CONCATENATE(MID(JH3,7,4),"-",MID(H3,11,2),"-",MID(H3,13,2))”。

②“CONCATENATE("19",MID(H3,7,2),"-",MID(H3,9,2),"-",MID(H3,11,2))”，对“19”和从15位身份证中提取的“年”、“月”、“日”进行合并。因为15位身份证号码中出生年份不包含“19”，所以使用CONCATENATE函数“19”与函数求得的值合并。

③“CONCATENATE(MID(H3,7,4),"-",MID(H3,11,2),"-",MID(H3,13,2))”，对从18位身份证中提取的“年”、“月”、“日”进行合并。

5 选中D3单元格，输入公式：

```
=YEAR(TODAY())-YEAR(I3)
```

按Enter键，即可计算出第一位员工的年龄。

6 选中D3单元格，向下复制公式即可得到所有员工的年龄，如图16-26所示。

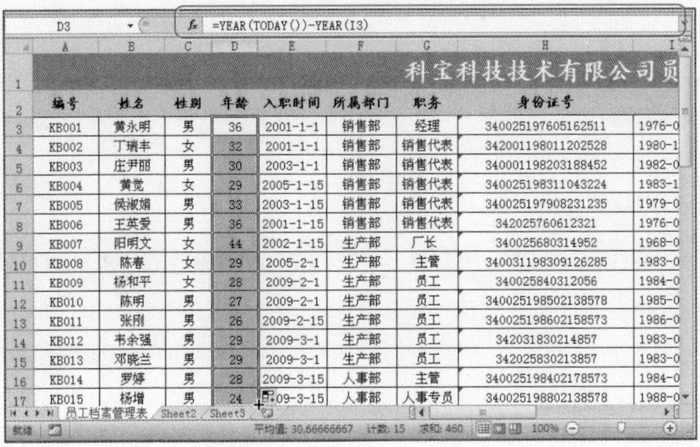

编号	姓名	性别	年龄	入职时间	所属部门	职务	身份证号	
KB001	黄永明	男	36	2001-1-1	销售部	经理	340025197605162511	1976-0
KB002	丁瑞丰	女	32	2001-1-1	销售部	销售代表	342001198011202528	1980-1
KB003	庄尹丽	男	30	2003-1-1	销售部	销售代表	340001198203188452	1982-0
KB004	黄觉	女	29	2005-1-15	销售部	销售代表	340025198311043224	1983-1
KB005	侯淑娟	男	33	2003-1-15	销售部	销售代表	340025197908231235	1979-0
KB006	王英爱	男	36	2001-1-15	销售部	销售代表	342025760612321	1976-0
KB007	阳明文	女	44	2002-1-15	生产部	厂长	340025680314952	1968-0
KB008	陈春	女	29	2005-2-1	生产部	主管	340031198309126285	1983-0
KB009	杨和平	女	28	2009-2-1	生产部	员工	340025840312056	1984-0
KB010	陈明	男	27	2009-2-1	生产部	员工	340025198502138578	1985-0
KB011	张刚	男	26	2009-2-15	生产部	员工	340025198602158573	1986-0
KB012	韦余强	男	29	2009-3-1	生产部	员工	342031830214857	1983-0
KB013	邓晓兰	男	29	2009-3-1	生产部	员工	342025830213857	1983-0
KB014	罗婷	男	28	2009-3-15	人事部	主管	340025198402178573	1984-0
KB015	杨增	男	24	09-3-15	人事部	人事专员	340025198802138578	1988-0

图16-26

2. 设置计算工龄及工龄工资的公式

根据入职时间、离职时间计算工龄。其计算要求是，如果该员工离职，其工龄为离职时间减去入职时间；如果该员工未离职，其工龄为当前时间减去入职时间；根据入职时间、离职时间自动追加工龄工资。其计算要求是，每达到一整年即追加80元工龄工资。

① 选中M3单元格，输入公式：

> =IF(L3<>"",YEAR(L3)-YEAR(E3),(YEAR(TODAY())-YEAR(E3)))

按Enter键，即可计算出第一位员工的工龄。

② 选中M3单元格，向下复制公式即可得到所有员工的工龄，如图16-27所示。

图16-27

公式分析

=IF(L3<>"",YEAR(L3)-YEAR(E3),(YEAR(TODAY())-YEAR(E3)))

如果L3单元格中填入了离职时间，那么其工龄为"离职时间-入职时间"；如果未填入离职时间，表示当前在职，其工龄为"当前时间-入职时间"

③ 选中N3单元格，输入公式：

> =IF(L3<>"",(DATEDIF(E3,L3,"y")*100),(DATEDIF(E3,TODAY(),"y")*80))

按Enter键，即可计算出第一位员工的工龄工资。

④ 选中N3单元格，向下复制公式，即可得到所有员工的工龄工资，如图16-28所示。

公式分析

=IF(L4<>"",(DATEDIF(E4,L4,"y")*100),(DATEDIF(E4,TODAY(),"y")*100))

如果L4单元格中填入了离职时间，其工龄工资为"(离职时间-入职时间)*100"；如果未填入离职时间，表示当前在职，其工龄工资为"(当前时间-入职时间)*80"。

图16-28

16.2　查询员工档案

　　建立了员工档案表之后，通常需要查询某位员工的档案信息，如果企业员工较多，利用Excel中的函数功能可以建立一个查询表，当需要查询某位员工的档案时，只需要输入其编号即可快速查询。

16.2.1　建立员工档案查询表框架

　　员工档案查询表中包含"员工档案管理表"表格中的信息，在制作的时候可以直接引用"员工档案管理表"。

　①　在"Sheet2"工作表标签上双击鼠标，重新输入工作表名称为"员工档案查询"。

　②　在工作表中表格的标题用员工档案记录表中的各项列标识，如图16-29所示。

　③　设置表格中的文字格式，并设置特定区域的边框底纹效果，设置完成后，表格如图16-30所示。

　④　选中D2单元格，在"数据"选项卡下单击"数据有效性"按钮，打开"数据有效性"对话框，设置序列的来源为"=员工档案管理表!A3:A500"（需要手工输入），如图16-31所示。

　⑤　切换到"输入信息"标签下，设置选中该单元格时所显示的提示信息，如图16-32所示。

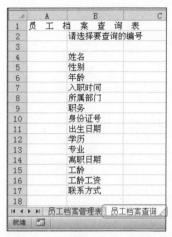

图16-29

图16-30

图16-31   图16-32

⑥ 设置完成后，选中的单元格会显示提示，如图16-33所示；单击下拉按钮即可实现在下拉列表中选择员工的编号，如图16-34所示。

图16-33

图16-34

16.2.2 设置单元格的公式

通过员工编号可以设置公式返回员工的信息，以查询"员工档案管理表"工作表中任意员工的信息。

1 选中C4单元格，输入公式：

`=VLOOKUP($D$2,员工档案管理表!$A$3:$T$500,ROW(A2))`

按Enter键，即可根据选择的员工编号返回员工姓名，如图16-35所示。

2 选中C4单元格，将光标定位到单元格右下角，当出现黑色十字形时向下拖动至C17单元格中，释放鼠标即可返回各项对应的信息，如图16-36所示。

公式返回结果

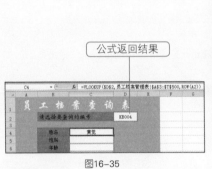

图16-35

图16-36

公式分析

`=VLOOKUP($D$2,员工档案管理表!$A$3:$T$500,ROW(A2))`

① "ROW(A2)"，返回A2单元格所在的行号，因此返回结果为2。

② "VLOOKUP($D$2,员工档案管理表!$A$3:$T$500,ROW(A2))"，在员工档案管理的$A$3:$T$500单元格区域的首列寻找与C2单元格中相同的编号，找到后返回对应在第2列中的值，即对应的姓名。

此公式中的查找范围与查找条件都使用了绝对引用方式，即在向下复制公式时都是不改变的，唯一要改变的是用于指定返回档案记录表中$A$3:$T$500单元格区域那一列值的参数。本例中使用了"ROW(A2)"来表示，当公式复制到C5单元格时，"ROW(A2)"变为"ROW(A3)"，返回值为3；当公式复制到C6单元格时，"ROW(A2)"变为"ROW(A4)"，返回值为4，依次类推。

3 选中显示日期的单元格区域，在"开始"选项卡的"数字"选项组中单击下拉按钮，选择"短日期"格式，如图16-37所示。

图16-37

④ 选择编号为"KB009",按Enter键查询出该编号员工的详细信息,如图16-38所示。

⑤ 选择编号为"KB016",按Enter键查询出该编号员工的详细信息,如图16-39所示。

图16-38

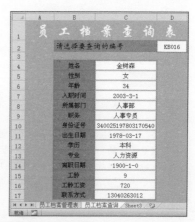

图16-39

16.3 分析员工的学历层次

在建立了员工档案记录表后,还可以进行相关的分析操作,例如本节中介绍使用数据透视表与数据透视图分析企业员工的学历层次分布情况。

16.3.1 建立数据透视表统计各学历人数

使用数据透视表可以通过设置字段来显示各学历的人数，具体操作方法如下。

1 在"员工档案管理表"中选中任意的单元格，切换到"插入"选项卡，在"表格"选项组中单击"数据透视表"按钮，在其下拉菜单中选择"数据透视表"命令，如图16-40所示。

2 打开"创建数据透视表"对话框，将光标定位到"选择一个表或区域"文本框中，在工作表中拖动鼠标选取行标识字段下所有的数据区域，如图16-41所示。

图16-40

图16-41

3 单击"确定"按钮，即可新建工作表显示数据透视表，在工作表标签上双击鼠标，然后输入新名称为"员工学历层次分布"，如图16-42所示。

图16-42

④ 设置"学历"为行标签字段，设置"学历"为数值字段（默认汇总方式为求和），如图16-43所示。

⑤ 在"数值"标签框中单击字段，在打开的菜单中选择"值字段设置"命令，如图16-44所示。

图16-43　　　　　　　　　　　　　图16-44

⑥ 打开"值字段设置"对话框，在"自定义名称"文本框中重新输入名称为"计数"，如图16-45所示。

⑦ 单击"确定"按钮回到数据透视表中，将"行标签"文字更改为"学历"，显示效果如图16-46所示。

图16-45　　　　　　　　　　　　　图16-46

16.3.2　建立图表直观显示各学历人数分布

利用图表可以直观地显示出数据，用户可以选择饼形图直观地显示出各学历人数的分布。

① 选中数据透视表中任意的单元格，切换到"选项"选下卡，在"工具"选项组中单击"数据透视图"按钮，打开"插入图表"对话框，选择"分离型三维饼图"类型，如图16-47所示。

② 单击"确定"按钮即可新建数据透视图，插入饼形图后可以设置饼形图的格式，设置后效果如图16-48所示。

图16-47   图16-48

③ 在图表标题框中重新输入图表标题，选中图表并右击，在快捷菜单中选择"添加数据标签"命令（如图16-49所示），即可为图表添加数据标签，效果如图16-50所示。

图16-49   图16-50

④ 选中图表，在快捷菜单中选择"设置数据标签格式"命令，如图16-51所示。

⑤ 打开"设置数据标签格式"对话框，取消勾选"值"复选框，接着勾选"百分比"复选框，如图16-52所示。

图16-51   图16-52

⑥ 单击"关闭"按钮，即可将数据标签更改为百分比形式，直观地显示出各个学历人数所占的百分比，如图16-53所示。

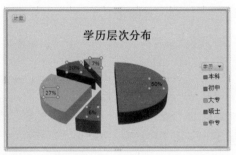

图16-53

16.4 分析员工年龄层次

每一个企业中都含有各个年龄段的员工，用户可以创建数据透视表和数据透视图对员工的年龄层次进行分析，对员工年龄层次的分析与学历层次的分析方法类似，下面具体介绍。

16.4.1 建立数据透视表统计各学历人数

用户利用数据透视表可以分析企业员工的年龄层次分布情况。

① 在"员工档案"中选中"年龄"列单元格区域，在"插入"选项卡下选择"数据透视表"→"数据透视表"命令，如图16-54所示。

② 打开"创建数据透视表"对话框，在"选择一个表或区域"文本框中显示了选中的单元格区域，如图16-55所示。

图16-54

图16-55

③ 单击"确定"按钮，即可新建工作表显示数据透视表，在工作表标签上双击鼠标，然后输入新名称为"年龄层次分析"，如图16-56所示。

图16-56

④ 设置"年龄"为行标签字段，设置"年龄"为数值字段，打开"值字段设置"对话框，重新设置计算类型为"计数"，在"自定义名称"文本框中重新输入名称为"人数"，如图16-57所示。

⑤ 单击"确定"按钮回到数据透视表中，将"行标签"文字更改为"年龄分段"，显示效果如图16-58所示。

图16-57

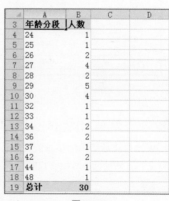

图16-58

专家提示

设置年龄字段的方式与设置学历字段的方式是一致的，用户可以参照上一节所述内容进行操作，这里不再重复叙述。

⑥ 选中"年龄分段"字段下的任意单元格，切换到"选项"选项卡，在"分组"选项组中单击"将字段分组"按钮，如图16-59所示。

图16-59

⑦ 打开"组合"对话框，根据需要设置步长（本例中设置为"5"），如图16-60所示。

⑧ 设置完成后，单击"确定"按钮即可按指定步长分段显示年龄，如图16-61所示。

图16-60

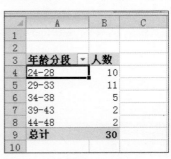

图16-61

16.4.2 建立图表直观显示年龄层次

设置好年龄字段的步长值之后，可以设置值字段的显示方式为"占总和的百分比"，然后创建数据透视图直观显示员工年龄层次。

① 在"数值"标签框中单击字段，在打开的菜单中选择"值字段设置"命令，打开"值字段设置"对话框，选择"值显示方式"标签，选择"全部汇总百分比"显示方式，如图16-62所示。

② 单击"确定"按钮回到数据透视表中，可以看到各个年龄段人数占总人数的百分比，如图16-63所示。

③ 选中数据透视表中的任意单元格，切换到"选项"选项卡，在"工具"选项组中单击"数据透视图"按钮，打开"插入图表"对话框，选择"分离型三维饼图"类型，如图16-64所示。

④ 单击"确定"按钮即可新建数据透视图，如图16-65所示。

图16-62

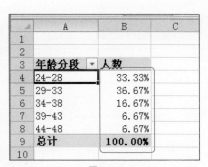

图16-63

图16-64

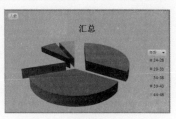

图16-65

⑤ 在图表标题框中重新输入图表标题,并添加"值"数据标签,如图16-66所示。从图表中可以直观地看到企业员工年龄主要分布在29～33岁这一区域。

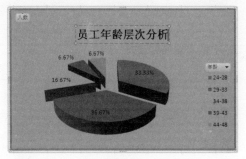

图16-66

动手练一练

　　除了分析员工的学历层次和年龄层次之外,用户还可以创建数据透视表来分析其他值字段的信息,并创建数据透视图将其信息直观地显示出来。

第 *17* 章

公司员工考勤与
工资发放管理表

实例概述与设计效果展示

对员工进行考勤管理，是每个企业和单位都必须做的一件重要工作。本章建立工资管理表格可方便数据的相互引用，从而为工资的最终核算提供了很大的便利，适合各企事业单位财务人员学习。

利用Excel 2010强大的数据处理功能，可以轻松地对工资数据进行管理。

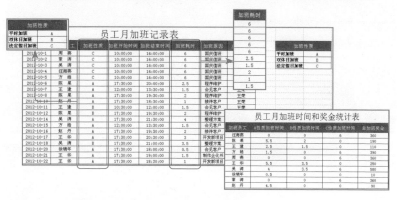

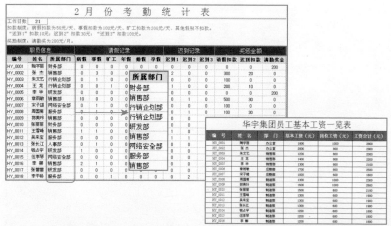

实例设计过程

本章通过制作相关的考勤管理表，有效地对员工加班、考勤与工资情况进行管理、分析，可依照如下流程来开展。

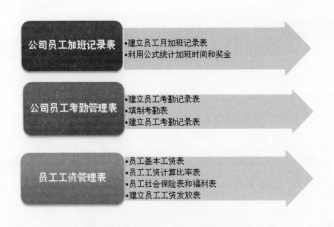

17.1 公司员工加班记录表

员工加班记录表是指记录员工每个月的加班时间，并通过加班时间计算出每个月员工的加班费用。作为行政人员要做好企业员工加班管理，那么就需要建立员工月加班记录表和月加班时间统计表。

17.1.1 建立员工月加班记录表

建立员工加班安排表的第一步操作，就是设计好安排表的整体框架结构，接下来可以对安排表进行格式美化操作。

1 新建"企业员工加班管理表"工作簿，并将"Sheet1"工作表重命名为"月加班记录表"，在工作表中输入表头、标识项和加班记录数据，并对表头和表格进行美化设置，设置完成后的效果如图17-1所示。

图17-1

　　如果月加班记录比较多，可以使用"视图"选项卡下的"窗口"选项组中的"冻结窗格"功能来冻结表头行和标识项行。

　　2 在"员工月加班记录表"工作表中，在J2:K2单元格区域中建立"加班性质"条件表格，如图17-2所示。

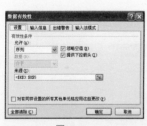

图17-2

　　3 在"员工月加班记录表"工作表中，选中C3:C25单元格区域，在"数据"选项卡下的"数据工具"选项组中单击"数据有效性"按钮，打开"数据有效性"对话框。

　　4 在该对话框中，将"允许"项设置为"序列"，在"来源"右侧单击"拾取器"按钮，选取加班性质级别数据源，即"$K$3:$K$5"，如图17-3所示。

　　5 设置完成后，单击"确定"按钮，即可在C3:C25单元格区域中生成"加班性质"下拉列表，接下来逐一完成所有加班员工的加班性质的选择，完成后的效果如图17-4所示。

图17-3　　　　　　　　图17-4

　　6 在"员工月加班记录表"工作表中，选中F3单元格，在公式编辑栏中输入公式：

=(E3-D3)*24

　　按Enter键，即可计算员工"周蕊"加班耗时为6小时，将光标移到F3单元格右下角，当光标变成黑色十字形后，按住鼠标左键向下拖动公式到F25单元格中，松开鼠标即可计算出所有加班员的加班耗时，如图17-5所示。

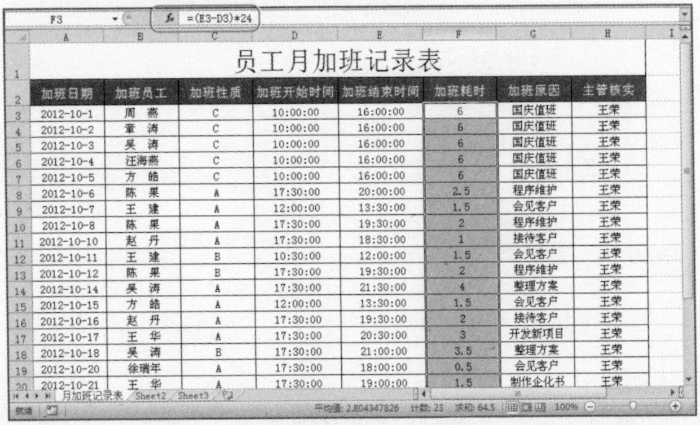

F3 =(E3-D3)*24

员工月加班记录表

加班日期	加班员工	加班性质	加班开始时间	加班结束时间	加班耗时	加班原因	主管核实
2012-10-1	周　燕	C	10:00:00	16:00:00	6	国庆值班	王荣
2012-10-2	章　涛	C	10:00:00	16:00:00	6	国庆值班	王荣
2012-10-3	吴　涛	C	10:00:00	16:00:00	6	国庆值班	王荣
2012-10-4	汪海燕	C	10:00:00	16:00:00	6	国庆值班	王荣
2012-10-5	方　皓	C	10:00:00	16:00:00	6	国庆值班	王荣
2012-10-6	陈　果	A	17:30:00	20:00:00	2.5	程序维护	王荣
2012-10-7	王　建	A	12:00:00	13:30:00	1.5	会见客户	王荣
2012-10-8	陈　果	A	17:30:00	19:30:00	2	程序维护	王荣
2012-10-10	赵　丹	A	17:30:00	18:30:00	1	接待客户	王荣
2012-10-11	王　建	B	10:30:00	12:00:00	1.5	会见客户	王荣
2012-10-12	陈　果	B	17:30:00	19:30:00	2	程序维护	王荣
2012-10-14	吴　涛	A	17:30:00	21:30:00	4	整理方案	王荣
2012-10-15	方　皓	A	12:00:00	13:30:00	1.5	会见客户	王荣
2012-10-16	赵　丹	A	17:30:00	19:30:00	2	接待客户	王荣
2012-10-17	王　华	A	17:30:00	20:30:00	3	开发新项目	王荣
2012-10-18	吴　涛	B	17:30:00	21:00:00	3.5	整理方案	王荣
2012-10-20	徐瑞年	A	17:30:00	18:00:00	0.5	会见客户	王荣
2012-10-21	王　华	A	17:30:00	19:00:00	1.5	制作企化书	王荣

图17–5

17.1.2 利用公式统计加班时间和奖金

下面建立“月加班时间和奖金统计表”，通过统计“月加班记录表”中的加班时间最终计算出加班奖金。

❶ 在“企业员工月加班管理表”工作簿中，并将“Sheet2”工作表标签重命名为“月加班时间和奖金统计表”，在工作表中输入表头、标识项和加班员工姓名，并对表头和表格进行美化设置，设置完成后的效果如图17-6所示。

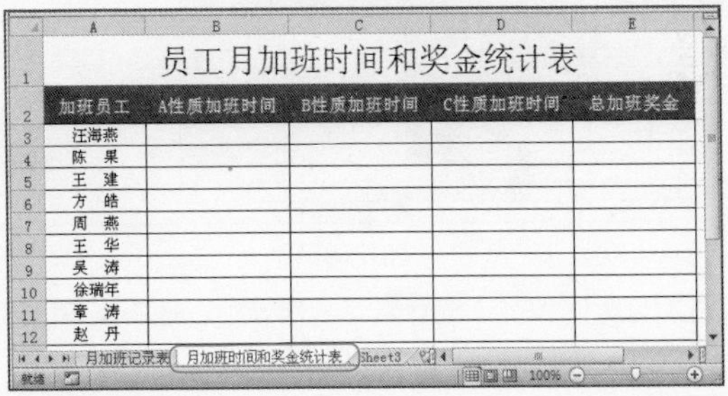

员工月加班时间和奖金统计表

加班员工	A性质加班时间	B性质加班时间	C性质加班时间	总加班奖金
汪海燕				
陈　果				
王　建				
方　皓				
周　燕				
王　华				
吴　涛				
徐瑞年				
章　涛				
赵　丹				

图17–6

❷ 在“月加班时间和奖金统计表”工作表中，选中B3单元格，在公式编辑栏中输入公式：

=SUMIFS(月加班记录表!$F$3:$F$25,月加班记录表!$B$3:$B$25,A3,月加班记录表!$C$3:$C$25,"A")

按Enter键，即可从“月加班记录表”中统计出员工“汪海燕”普通加班时间为0小时，将光标移到B3单元格右下角，当光标变成黑色十字形后，按住鼠标向下拖动公式到B12单元格中，即可从“月加班记录表”中统计出其他员工的普通加班时间，如图17-7所示。

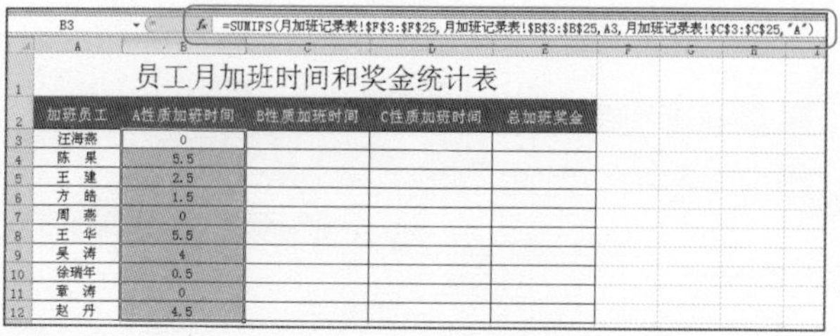

B3 =SUMIFS(月加班记录表!$F$3:$F$25,月加班记录表!$B$3:$B$25,A3,月加班记录表!$C$3:$C$25,"A")

员工月加班时间和奖金统计表

加班员工	A性质加班时间	B性质加班时间	C性质加班时间	总加班奖金
汪海燕	0			
陈　果	5.5			
王　建	2.5			
方　皓	1.5			
周　燕	0			
王　华	5.5			
吴　涛	4			
徐瑞年	0.5			
章　涛	0			
赵　丹	4.5			

图17-7

❸ 在“月加班时间和奖金统计表”工作表中，选中C3单元格，在公式编辑栏中输入公式：

=SUMIFS(月加班记录表!$F$3:$F$25,月加班记录表!$B$3:$B$25,A3,月加班记录表!$C$3:$C$25,"B")

按Enter键，即可从“月加班记录表”中统计出员工“汪海燕”双休日加班时间为0小时，将光标移到C3单元格右下角，当光标变成黑色十字形后，按住鼠标左键向下拖动公式到C12单元格中，即可从“月加班记录表”中统计出其他员工的双休日加班时间，如图17-8所示。

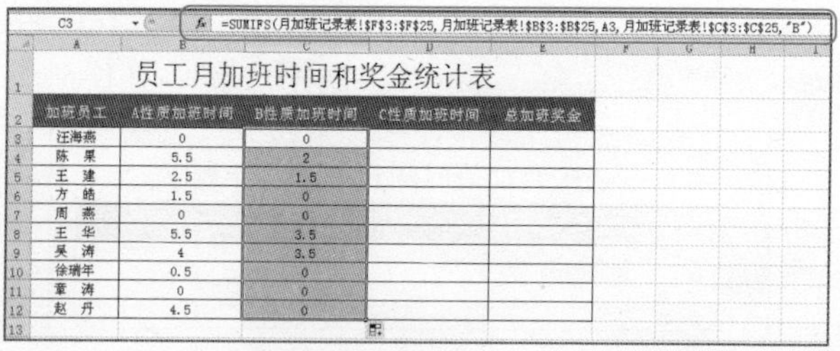

C3 =SUMIFS(月加班记录表!$F$3:$F$25,月加班记录表!$B$3:$B$25,A3,月加班记录表!$C$3:$C$25,"B")

员工月加班时间和奖金统计表

加班员工	A性质加班时间	B性质加班时间	C性质加班时间	总加班奖金
汪海燕	0	0		
陈　果	5.5	2		
王　建	2.5	1.5		
方　皓	1.5	0		
周　燕	0	0		
王　华	5.5	3.5		
吴　涛	4	3.5		
徐瑞年	0.5	0		
章　涛	0	0		
赵　丹	4.5	0		

图17-8

❹ 在“月加班时间和奖金统计表”工作表中，选中D3单元格，在公式编辑栏中输入公式：

=SUMIFS(月加班记录表!$F$3:$F$25,月加班记录表!$B$3:$B$25,A3,月加班记录表!$C$3:$C$25,"C")

按Enter键，即可从“月加班记录表”中统计出员工“汪海燕”法定假日加班时间为6小时，将光标移到D3单元格右下角，当光标变成黑色十字形后，按住鼠标左键向下拖动公式到D12单元格中，即可从“月加班记录表”中统计出其他员工的法定假日加班时间，如图17-9所示。

D3　=SUMIFS(月加班记录表!$F$3:$F$25,月加班记录表!$B$3:$B$25,A3,月加班记录表!$C$3:$C$25,"C")

员工月加班时间和奖金统计表

加班员工	A性质加班时间	B性质加班时间	C性质加班时间	总加班奖金
汪海燕	0	0	6	
陈　果	5.5	2	0	
王　建	2.5	1.5	0	
方　皓	1.5	0	6	
周　燕	0	0	6	
王　华	5.5	3.5	0	
吴　涛	4	3.5	6	
徐璐年	0.5	0	0	
章　涛	0	0	6	
赵　丹	4.5	0	0	

图17-9

❺ 根据不同的加班性质，应发的加班费用也不相同。这里假设企业规定加班费用如下。

普通加班（A）为:20元/小时。

双休日加班（B）为:40元/小时。

法定假日加班（C）为:60元/小时。

❻ 选中E3单元格，在公式编辑栏中输入公式：

```
=B3*20+C3*40+D3*60
```

按Enter键，即可计算出员工“汪海燕”的总加班奖金为360元，将光标移到E3单元格右下角，当光标变成黑色十字形后，按住鼠标左键向下拖动公式到E12单元格中，即可计算出其他员工的总加班奖金，如图17-10所示。

E3　=B3*20+C3*40+D3*60

员工月加班时间和奖金统计表

加班员工	A性质加班时间	B性质加班时间	C性质加班时间	总加班奖金
汪海燕	0	0	6	360
陈　果	5.5	2	0	190
王　建	2.5	1.5	0	110
方　皓	1.5	0	6	390
周　燕	0	0	6	360
王　华	5.5	3.5	0	250
吴　涛	4	3.5	6	580
徐璐年	0.5	0	0	10
章　涛	0	0	6	360
赵　丹	4.5	0	0	90

图17-10

17.2　公司员工考勤管理表

考勤表是员工每天上班的凭证，用于记录员工上班以及迟到、旷工、请假、早退等的天数，也是计算员工工资的重要凭证。

17.2.1　建立员工考勤记录表

建立“员工考勤记录表”，最关键的操作就是设置根据当前年份与月份自动返回日期数与对应的星期数。

① 新建"企业员工考勤管理表"工作簿，双击"Sheet1"工作表标签将其重命名为"考勤表"，在工作表中选中A1单元格，在公式编辑栏中输入公式：

=MONTH(TODAY())&"月份考勤表"

按Enter键，即可自动返回表格标题，如图17-11所示。

图17-11

专家提示

此处采用公式来设置考勤表标题是为了实现当进入下一月时，标题自动更改。如：当前为"11月份考勤表"，当进入下月时，则自动更改为"12月份考勤表"。

② 在表格的第2行中输入表头文字，如此处利用说明文字对考勤的迟到制度进行了界定，从档案表中复制编号、姓名、所属部门等基本信息到考勤表中，并对表格进行美化设置。美化设置后，选中D3单元格，并输入"2012-2-1"，如图17-12所示。

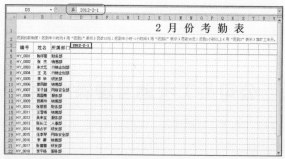

图17-12

③ 再次选中D3单元格，在"开始"选项卡下的"数字"选项组中单击 按钮，打开"设置单元格格式"对话框，在"数字"选项卡下的"分类"列表框

中选中"日期"选项，设置类别为"d'日'"，如图17-13所示。

图17-13

④ 设置完成后，单击"确定"按钮，可以看到显示的日期为"1日"。而在编辑栏中仍然可以看到其完整的显示形式，将光标移到D3单元格的右下角，当光标变成黑色十字形后，按住鼠标左键向右拖动进行公式填充，即可返回当月所有日期序号（当前月份为2月，所以其最大天数为29天），如图17-14所示。

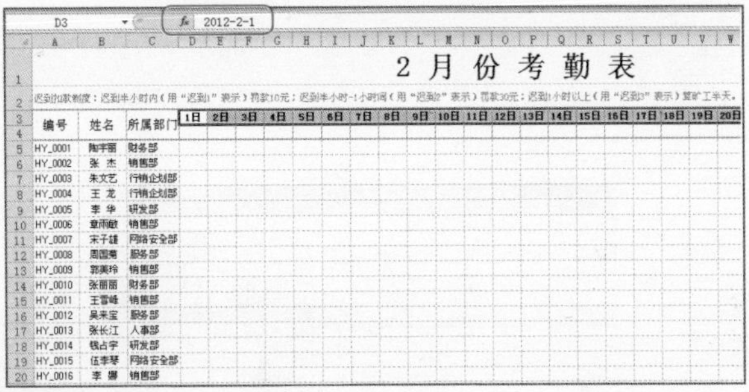

图17-14

专家提示

根据当前月份的不同，其天数有29天、30天和31天之分，因此在进行填充时，可以通过显示的提示决定在哪个单元格中释放鼠标。

⑤ 在"考勤表"工作表中选中D4单元格，在公式编辑栏中输入公式：

=CHOOSE(WEEKDAY(D3,2),"一","二","三","四","五","六","日")

按Enter键，返回当月第1天对应的星期数，将光标移到D4单元格的右下角，当光标变成黑色十字形后，按住鼠标左键向右拖动进行公式填充，即可返回所有日期对应的星期数，效果如图17-15所示。

⑥ 在"考勤表"工作表中，选中显示星期数的单元格区域，如D4:AF4单元格区域，在"开始"选项卡下的"样式"选项组中，单击"条件格式"按钮展

开下拉菜单，选择"突出显示单元格规则"｜"等于"命令，如图17-16所示。

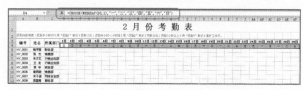

图17-15

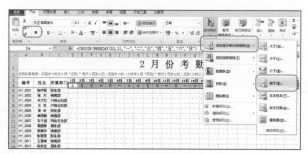

图17-16

⑦ 打开"等于"对话框，在"为等于以下值的单元格设置格式"文本框中输入"六"，并在"设置为"下拉列表中选择"绿填充色深绿色文本"选项，如图17-17所示。

图17-17

⑧ 设置完成后，单击"确定"按钮，可以看到星期数为"六"的单元格显示为绿填充色深绿色文本，如图17-18所示。

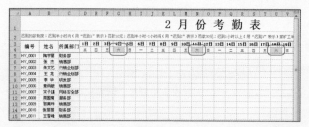

图17-18

⑨ 再选中D4:AF4单元格区域，在"为等于以下值的单元格设置格式"文本框中输入"日"，并在"设置为"下拉列表中选中"浅红填充色深红色文本"

选项，如图17-19所示。

图17-19

10 设置完成后，单击"确定"按钮，可以看到星期数为"日"的单元格显示绿填充色深绿色文本，如图17-20所示。

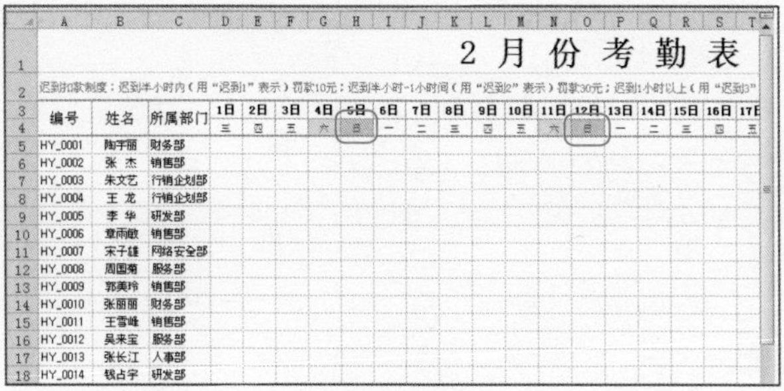

图17-20

17.2.2　填制考勤表

完成了上面考勤表的建立之后，接着可以根据本月的实际情况填制考勤表。该考勤表应该为月初建立，然后根据各日员工的出勤情况依次考勤。为了方便输入请假类别，可以使用数据有效性功能将请假类别设置为选择列表。

1 在"考勤表"中选中员工考勤区域，如D5:AF27单元格区域，在"数据"选项卡下的"数据工具"选项组中单击"数据有效性"按钮，打开"数据有效性"对话框。

2 在该对话框中的"允许"下拉列表中选择"序列"选项，在"来源"文本框中输入"病假事假旷工,年假,婚假,孕假,加班,迟到1,迟到2,迟到3"，如图17-21所示。

3 设置完成后，单击"确定"按钮，返回到工作表中，选中考勤区域任意的单元格，即可从下拉菜单中选择请假或迟到类别，如图17-22所示。

专家提示

关于迟到类别的表示方法。

在工作表的表头部分约定了迟到扣款制度（用"迟到1"表示迟到半小时内、用"迟到2"表示迟到1小时内、用"迟到3"表示迟到1小时以上），这样做的目的是为了方便统计，如果直接输入员工的迟到分钟数，具有不确定性，不便于统计。

图17-21　　　　　　　　　　　　　　图17-22

④ 根据每天员工的实际出勤情况进行考勤。本月考勤完成后，考勤表如图17-23所示。

图17-23

17.2.3　建立员工考勤记录表

对员工的本月出勤情况进行统计后，接着需要建立工作表，以统计出每位员工本月请假天数、迟到次数以及应扣除的款项，这些数据是建立本期工资表时需要引用的。

1. 建立基本表格

① 在"企业员工考勤管理表"工作簿中，双击"Sheet2"工作表标签并将其重命名为"考勤统计表"，输入表格标题以及表头文字（主要是针对于扣款及奖励制度的约定），完成后的效果如图17-24所示。

② 选中B2单元格，在公式编辑栏中输入公式：

　　=NETWORKDAYS(考勤表!D3,考勤表!AF3)

按Enter键，即可返回当月工作日数，如图17-25所示。

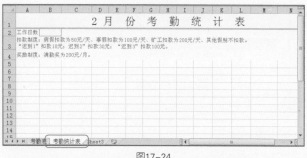

图17-24

图17-25

3 在"考勤统计表"工作表中，规划好表格的列标识，将编号、姓名、所属部门等基本信息复制到工作表中，接着对表格进行美化设置，美化设置后的效果如图17-26所示。

图17-26

2. 统计各请假类别的天数和应扣罚款

1 选中D7单元格，在公式编辑栏中输入公式：

`=COUNTIF(考勤表!D5:AG5,"病假")`

按Enter键，即可统计出员工"陶宇丽"本月的病假天数，如图17-27所示。

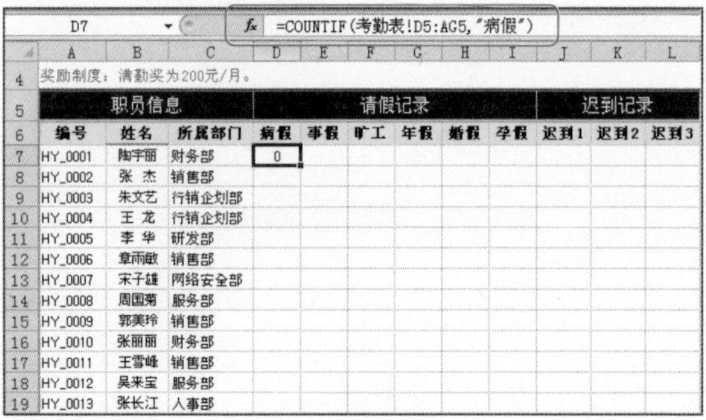

图17-27

② 选中E7单元格，在公式编辑栏中输入公式：

=COUNTIF(考勤表!D5:AG5,"事假")

按Enter键，即可统计出员工"陶宇丽"本月事假天数，如图17-28所示。

图17-28

公式分析

=COUNTIF(考勤表!D5:AG5,"病假")

在考勤表!D5:AG5单元格区域中统计员工的"病假"的数量。

③ 选中F7单元格，在公式编辑栏中输入公式：

=COUNTIF(考勤表!D5:AG5,"旷工")

按Enter键，即可统计出员工"陶宇丽"本月的旷工天数，如图17-29所示。

④ 按照相同的方法统计出员工"陶宇丽"的"年假"、"婚假"、"孕假"天数，即分别在F7、G7、J7单元格中输入以下公式：

在G7单元格中输入公式：=COUNTIF(考勤表!D5:AG5,"年假")

在H7单元格中输入公式：=COUNTIF(考勤表!D5:AG5,"婚假")

在I7单元格中输入公式：=COUNTIF(考勤表!D5:AG5,"孕假")

输入完成后按Enter键，即可计算出员工"陶宇丽"的"年假"、"婚假”、“孕假”天数，如图17-30所示。

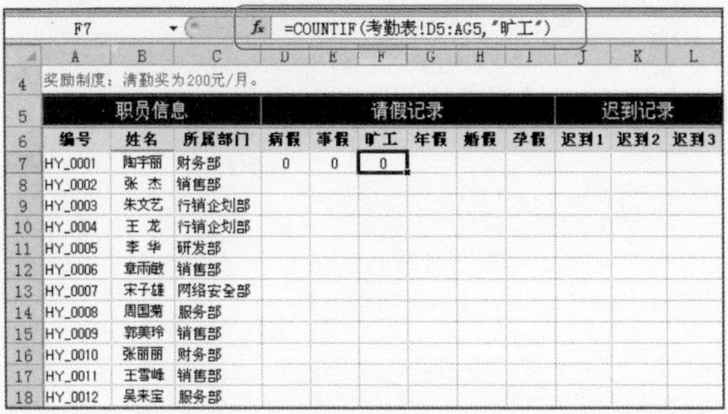

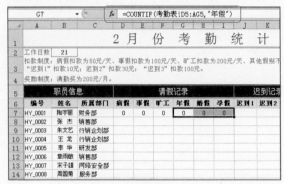

F7　=COUNTIF(考勤表!D5:AG5,"旷工")

	A	B	C	D	E	F	G	H	I	J	K	L
4	奖励制度：满勤奖为200元/月。											
5	职员信息			请假记录						迟到记录		
6	编号	姓名	所属部门	病假	事假	旷工	年假	婚假	孕假	迟到1	迟到2	迟到3
7	HY_0001	陶宇丽	财务部	0	0	0						
8	HY_0002	张 杰	销售部									
9	HY_0003	朱文艺	行销企划部									
10	HY_0004	王 龙	行销企划部									
11	HY_0005	李 华	研发部									
12	HY_0006	章雨敏	销售部									
13	HY_0007	宋子雄	网络安全部									
14	HY_0008	周国菊	服务部									
15	HY_0009	郭美玲	销售部									
16	HY_0010	张丽丽	财务部									
17	HY_0011	王雪峰	销售部									
18	HY_0012	吴来宝	服务部									

图17-29

G7　=COUNTIF(考勤表!D5:AG5,"年假")

	A	B	C	D	E	F	G	H	I	J	K
1	2月份考勤统计										
2	工作日数	21									
3	扣款制度：病假扣款为50元/天、事假扣款为100元/天、旷工扣款为200元/天、其他假别不 “迟到1”扣款10元；迟到2”扣款30元；“迟到3”扣款100元。										
4	奖励制度：满勤奖为200元/月。										
5	职员信息			请假记录						迟到记录	
6	编号	姓名	所属部门	病假	事假	旷工	年假	婚假	孕假	迟到1	迟到2
7	HY_0001	陶宇丽	财务部	0	0	0	0	0	0		
8	HY_0002	张 杰	销售部								
9	HY_0003	朱文艺	行销企划部								
10	HY_0004	王 龙	行销企划部								
11	HY_0005	李 华	研发部								
12	HY_0006	章雨敏	销售部								
13	HY_0007	宋子雄	网络安全部								
14	HY_0008	周国菊	服务部								

图17-30

❺ 选中J7单元格，在公式编辑栏中输入公式：

=COUNTIF(考勤表!D5:AG5,"迟到1")

按Enter键，即可统计出员工“陶宇丽”本月中迟到半小时内的次数，如图17-31所示。

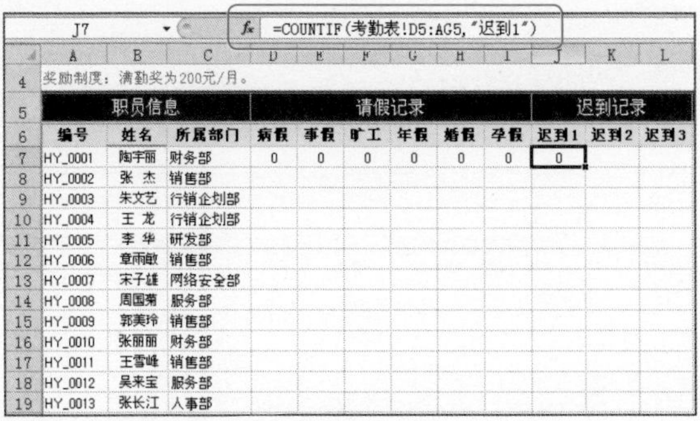

J7　=COUNTIF(考勤表!D5:AG5,"迟到1")

	A	B	C	D	E	F	G	H	I	J	K	L
4	奖励制度：满勤奖为200元/月。											
5	职员信息			请假记录						迟到记录		
6	编号	姓名	所属部门	病假	事假	旷工	年假	婚假	孕假	迟到1	迟到2	迟到3
7	HY_0001	陶宇丽	财务部	0	0	0	0	0	0	0		
8	HY_0002	张 杰	销售部									
9	HY_0003	朱文艺	行销企划部									
10	HY_0004	王 龙	行销企划部									
11	HY_0005	李 华	研发部									
12	HY_0006	章雨敏	销售部									
13	HY_0007	宋子雄	网络安全部									
14	HY_0008	周国菊	服务部									
15	HY_0009	郭美玲	销售部									
16	HY_0010	张丽丽	财务部									
17	HY_0011	王雪峰	销售部									
18	HY_0012	吴来宝	服务部									
19	HY_0013	张长江	人事部									

图17-31

⑥ 按照相同的方法统计出员工"陶宇丽"迟到半小时至1小时之间与1小时以上的次数，即分别在K7、M7单元格中设置公式为：

在K7单元格中输入公式：=COUNTIF(考勤表!D5:AG5,"迟到2")

在L7单元格中输入公式：=COUNTIF(考勤表!D5:AG5,"迟到3")

输入完成后按Enter键，即可计算出员工"陶宇丽"迟到半小时至1小时之间与1小时以上的次数，如图17-32所示。

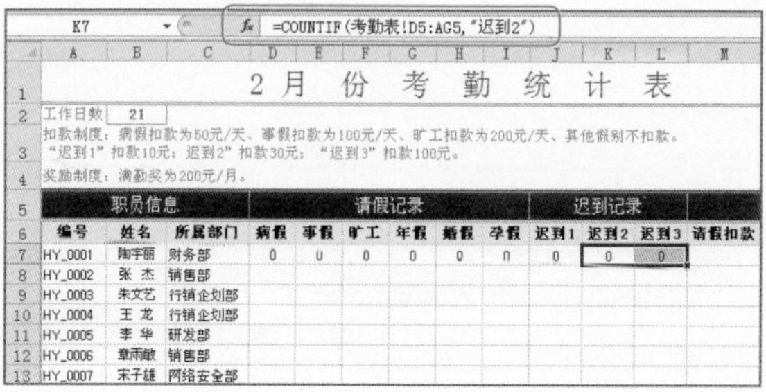

图17-32

⑦ 在"考勤统计表"工作表中，选中M7单元格，在公式编辑栏中输入公式：

=D7*50+E7*100+F7*200

按Enter键，即可统计出员工"陶宇丽"本月请假应扣工资，如图17-33所示。

图17-33

⑧ 选中N7单元格，在公式编辑栏中输入公式：

=J7*10+K7*30+L7*100

按Enter键，即可统计出员工"陶宇丽"本月迟到应扣工资，如图17-34所示。

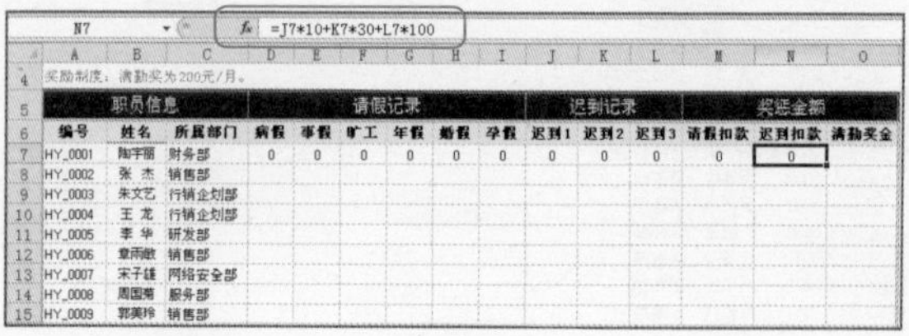

图17-34

⑨ 在“考勤统计表”工作表中，选中O7单元格，在公式编辑栏中输入公式：

=IF(AND(D7=0,E7=0,F7=0,G7=0,H7=0,I7=0,J7=0,K7=0,L7=0),200,0)

按Enter键，即可统计出员工“陶宇丽”本月是否可获得满勤奖，如图17-35所示。

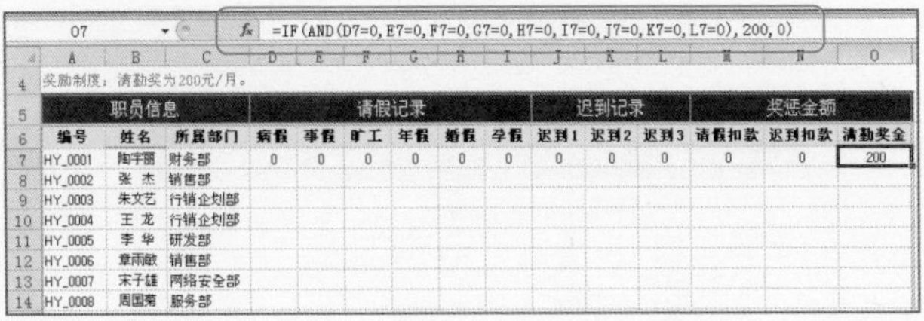
O7　=IF(AND(D7=0,E7=0,F7=0,G7=0,H7=0,I7=0,J7=0,K7=0,L7=0),200,0)

奖励制度：满勤奖为200元/月。

职员信息			请假记录						迟到记录			奖惩金额		
编号	姓名	所属部门	病假	事假	旷工	年假	婚假	孕假	迟到1	迟到2	迟到3	请假扣款	迟到扣款	满勤奖金
HY_0001	陶宇丽	财务部	0	0	0	0	0	0	0	0	0	0	0	200
HY_0002	张　杰	销售部												
HY_0003	朱文艺	行销企划部												
HY_0004	王　龙	行销企划部												
HY_0005	李　华	研发部												
HY_0006	章雨敏	销售部												
HY_0007	宋子雄	网络安全部												
HY_0008	周国菊	服务部												

图17-35

⑩ 完成以上操作后，在“考勤统计表”工作表中选中D7:O7单元格区域，将光标定位到O7单元格右下角，出现黑色十字形时按住鼠标左键向下拖动公式进行填充，向下拖动到最后一位员工后释放鼠标，即可一次性得出每位员工的请假扣款、迟到扣款及满勤奖，如图17-36所示。

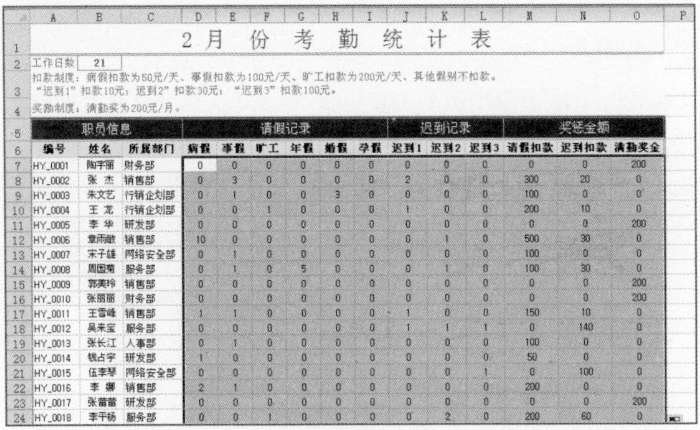
2月份考勤统计表

工作日数　21

扣款制度：病假扣款为50元/天、事假扣款为100元/天、旷工扣款为200元/天、其他假别不扣款。
“迟到1”扣款10元；迟到2”扣款30元；“迟到3”扣款100元。

奖励制度：满勤奖为200元/月。

职员信息			请假记录						迟到记录			奖惩金额		
编号	姓名	所属部门	病假	事假	旷工	年假	婚假	孕假	迟到1	迟到2	迟到3	请假扣款	迟到扣款	满勤奖金
HY_0001	陶宇丽	财务部	0	0	0	0	0	0	0	0	0	0	0	200
HY_0002	张　杰	销售部	0	3	0	0	0	0	2	0	0	300	20	0
HY_0003	朱文艺	行销企划部	0	1	0	0	3	0	0	0	0	100	0	0
HY_0004	王　龙	行销企划部	0	0	1	0	0	0	1	0	0	200	10	0
HY_0005	李　华	研发部	0	0	0	0	0	0	0	0	0	0	0	200
HY_0006	章雨敏	销售部	10	0	0	0	0	0	0	1	0	500	30	0
HY_0007	宋子雄	网络安全部	0	1	0	0	0	0	0	0	0	100	0	0
HY_0008	周国菊	服务部	0	1	0	5	0	0	0	1	0	100	30	0
HY_0009	郭美玲	销售部	0	0	0	0	0	0	0	0	0	0	0	200
HY_0010	张丽丽	财务部	0	0	0	0	0	0	0	0	0	0	0	200
HY_0011	王雪峰	销售部	1	1	0	0	0	0	1	0	0	150	10	0
HY_0012	吴来宝	服务部	0	0	0	0	0	0	1	1	1	0	140	0
HY_0013	张长江	人事部	0	1	0	0	0	0	0	0	0	100	0	0
HY_0014	钱占宇	研发部	1	0	0	0	0	0	0	0	0	50	0	0
HY_0015	伍李琴	网络安全部	0	0	0	0	0	0	0	0	1	0	100	0
HY_0016	李　娜	销售部	2	1	0	0	0	0	0	0	0	200	0	0
HY_0017	张蕾蕾	研发部	0	0	0	0	0	0	0	0	0	0	0	200
HY_0018	李平杨	服务部	0	0	1	0	0	0	0	2	0	200	60	0

图17-36

17.3　员工工资管理表

企业员工工资管理是企业人力资源管理中的重要工作之一，它是吸引人才、稳定员工、激励员工的重要条件。要合理对员工工资进行管理，作为企业人力资源管理部门要制作多张工资管理表格，来分别管理员工基本工资、员工福利金额、员工社会保险金额、考勤与罚款金额、个人所得税的扣除金额等。

17.3.1 员工基本工资表

在员工基本工资表中，主要包含员工的基本工资、岗位工资、工龄工资、计划奖金等信息，可清晰地反映每位员工的基本工资金额。

❶ 新建“企业员工工资管理表”工作簿，并将“Sheet1”工作表标签重命名为“基本工资表”，在工作表中输入表头、标识项、编号、姓名、部门、基本工资等信息，输入完成后对表格进行美化设置。美化设置后的效果如图17-37所示。

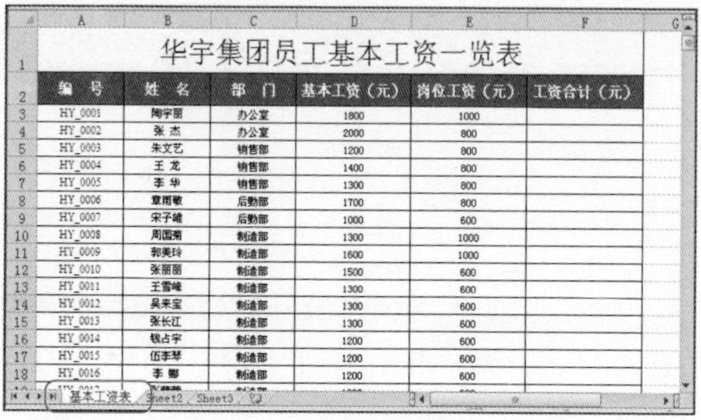

华宇集团员工基本工资一览表

编　号	姓　名	部　门	基本工资（元）	岗位工资（元）	工资合计（元）
HY_0001	陶宇丽	办公室	1800	1000	
HY_0002	张 杰	办公室	2000	800	
HY_0003	朱文艺	销售部	1200	800	
HY_0004	王 龙	销售部	1400	800	
HY_0005	李 华	销售部	1300	800	
HY_0006	章雨敏	后勤部	1700	800	
HY_0007	宋子雄	后勤部	1000	600	
HY_0008	周国菊	制造部	1300	1000	
HY_0009	郭美玲	制造部	1600	1000	
HY_0010	张丽丽	制造部	1500	600	
HY_0011	王雪峰	制造部	1300	600	
HY_0012	吴来宝	制造部	1300	600	
HY_0013	张长江	制造部	1300	600	
HY_0014	钱占宇	制造部	1200	600	
HY_0015	伍李琴	制造部	1200	600	
HY_0016	李 娜	制造部	1200	600	

图17-37

❷ 在“基本工资表”中选中F3单元格，在公式编辑栏中输入公式：

```
=SUM(D3:E3)
```

按Enter键，即可计算出员工“陶宇丽”的基本工资合计额为2800元，将光标移到F3单元格的右下角，当光标变成黑色十字形后，按住鼠标左键向下拖动进行公式填充，即可计算出其他所有员工的基本工资合计额，如图17-38所示。

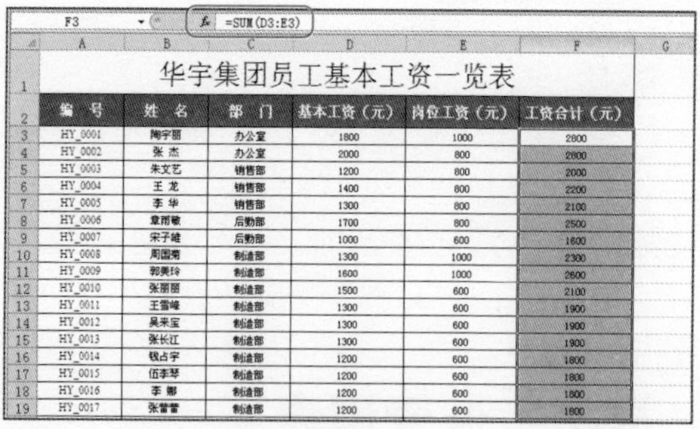

华宇集团员工基本工资一览表

编　号	姓　名	部　门	基本工资（元）	岗位工资（元）	工资合计（元）
HY_0001	陶宇丽	办公室	1800	1000	2800
HY_0002	张 杰	办公室	2000	800	2800
HY_0003	朱文艺	销售部	1200	800	2000
HY_0004	王 龙	销售部	1400	800	2200
HY_0005	李 华	销售部	1300	800	2100
HY_0006	章雨敏	后勤部	1700	800	2500
HY_0007	宋子雄	后勤部	1000	600	1600
HY_0008	周国菊	制造部	1300	1000	2300
HY_0009	郭美玲	制造部	1600	1000	2600
HY_0010	张丽丽	制造部	1500	600	2100
HY_0011	王雪峰	制造部	1300	600	1900
HY_0012	吴来宝	制造部	1300	600	1900
HY_0013	张长江	制造部	1300	600	1900
HY_0014	钱占宇	制造部	1200	600	1800
HY_0015	伍李琴	制造部	1200	600	1800
HY_0016	李 娜	制造部	1200	600	1800
HY_0017	张蕾蕾	制造部	1200	600	1800

图17-38

17.3.2 员工工资计算比率表

建立员工工资计算比率表，是为了方便在工资管理表中计算员工的社会保险表、住房公积金、考勤罚款、个人所得税和工资费用分配等费用。

❶ 在“企业员工工资管理表”工作簿中，将“Sheet2”工作表重命名为“计算比率表”。

❷ 在工作表中分别建立社会保险表、住房公积金、考勤罚款、个人所得税和工资费用分配表格，并分别输入对应的计算比率级别。

❸ 相关数据输入完成后，可以为各表格进行美化设置，设置后的最终效果如图17-39所示。

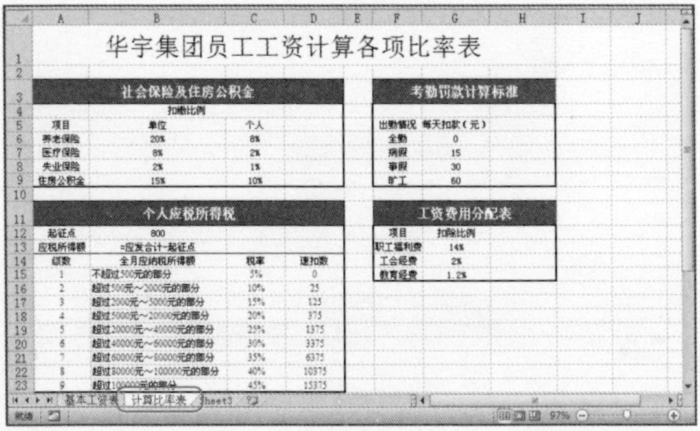

华宇集团员工工资计算各项比率表

社会保险及住房公积金		
	扣缴比例	
项目	单位	个人
养老保险	20%	8%
医疗保险	8%	2%
失业保险	2%	1%
住房公积金	15%	10%

考勤罚款计算标准	
出勤情况	每天扣款（元）
全勤	0
病假	15
事假	30
旷工	60

个人应税所得税			
起征点	800		
应税所得额	=应发合计-起征点		
级数	全月应纳税所得额	税率	速扣数
1	不超过500元的部分	5%	0
2	超过500元～2000元的部分	10%	25
3	超过2000元～5000元的部分	15%	125
4	超过5000元～20000元的部分	20%	375
5	超过20000元～40000元的部分	25%	1375
6	超过40000元～60000元的部分	30%	3375
7	超过60000元～80000元的部分	35%	6375
8	超过80000元～100000元的部分	40%	10375
9	超过100000元的部分	45%	15375

工资费用分配表	
项目	扣除比例
职工福利费	14%
工会经费	2%
教育经费	1.2%

图17-39

专家提示

这里的社会保险、住房公积金和个人所得税是根据国家发布的计算标准建立的，其他计算标准可以根据企业内部制度来建立。

17.3.3　员工社会保险表和福利表

社会保险是指当社会成员因为年老、疾病、失业、生育、死亡、灾害等原因致使生活困难时，能够从国家、社会获得基本生活需求的保障。目前我国初步建立了城镇企业职工基本养老保险制度、基本医疗保险制度、失业保险制度和城市居民最低生活保障制度。但是对于企业而言，主要为员工提供养老保险、医疗保险和失业保险。

❶ 在“企业员工工资管理表”工作簿中，将“Sheet3”工作表重命名为“社会保险表”。

❷ 在工作表中输入表头、标识项、编号、姓名和性别等信息，输入完成后对表格进行美化设置，美化设置后的效果如图17-40所示。

❸ 选中D3单元格，在公式编辑栏中输入公式：

```
=ROUND(SUM(基本工资表!F3)*有关计算比率表!$C$6,2)
```

按Enter键，即可根据员工“陶宇丽”应发基本工资的总和，计算出应扣的养老保险金额为224元，将光标移到D3单元格的右下角，当光标变成黑色十字形后，按住鼠标左键向下拖动进行公式填充，即可根据其他员工应发基本工资的总和，计算出应扣的养老保险金额，如图17-41所示。

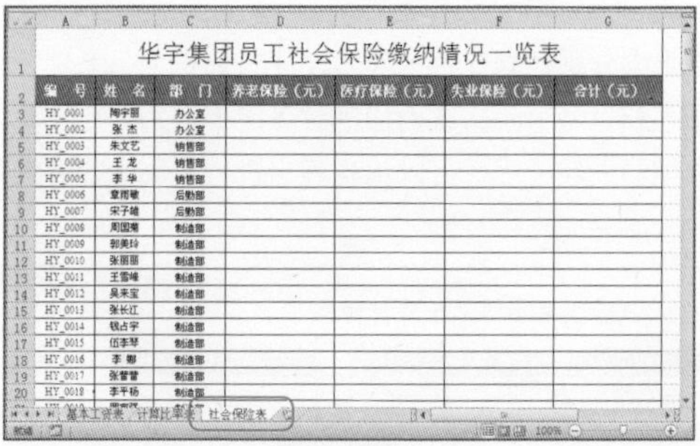

华宇集团员工社会保险缴纳情况一览表						
编 号	姓 名	部 门	养老保险（元）	医疗保险（元）	失业保险（元）	合计（元）
HY_0001	陶宇丽	办公室				
HY_0002	张 杰	办公室				
HY_0003	朱文艺	销售部				
HY_0004	王 龙	销售部				
HY_0005	李 华	销售部				
HY_0006	章雨敏	后勤部				
HY_0007	宋子雄	后勤部				
HY_0008	周国菊	制造部				
HY_0009	郭美玲	制造部				
HY_0010	张丽丽	制造部				
HY_0011	王雪峰	制造部				
HY_0012	吴来宝	制造部				
HY_0013	张长江	制造部				
HY_0014	钱占宇	制造部				
HY_0015	伍李琴	制造部				
HY_0016	李 卿	制造部				
HY_0017	张蕾蕾	制造部				
HY_0018	李平杨	制造部				

图17-40

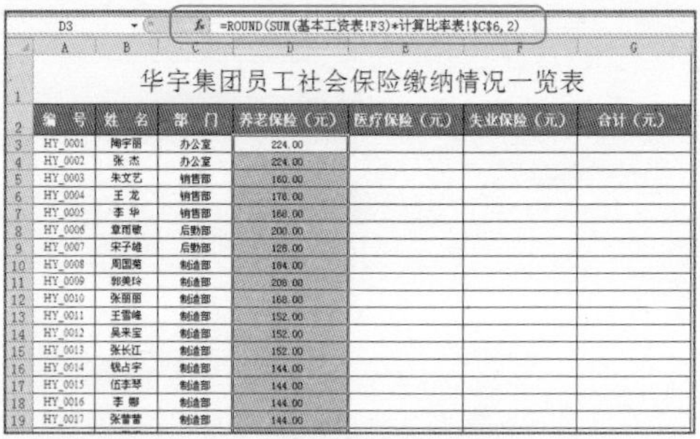

华宇集团员工社会保险缴纳情况一览表						
编 号	姓 名	部 门	养老保险（元）	医疗保险（元）	失业保险（元）	合计（元）
HY_0001	陶宇丽	办公室	224.00			
HY_0002	张 杰	办公室	224.00			
HY_0003	朱文艺	销售部	160.00			
HY_0004	王 龙	销售部	176.00			
HY_0005	李 华	销售部	168.00			
HY_0006	章雨敏	后勤部	200.00			
HY_0007	宋子雄	后勤部	128.00			
HY_0008	周国菊	制造部	184.00			
HY_0009	郭美玲	制造部	208.00			
HY_0010	张丽丽	制造部	168.00			
HY_0011	王雪峰	制造部	152.00			
HY_0012	吴来宝	制造部	152.00			
HY_0013	张长江	制造部	152.00			
HY_0014	钱占宇	制造部	144.00			
HY_0015	伍李琴	制造部	144.00			
HY_0016	李 卿	制造部	144.00			
HY_0017	张蕾蕾	制造部	144.00			

图17-41

4 选中E3单元格，在公式编辑栏中输入公式：

=ROUND(SUM(基本工资表!F3)*计算比率表!$C$7,2)

按Enter键，即可根据员工“陶宇丽”应发基本工资的总和，计算出应扣的医疗保险金额为56元，将光标移到E3单元格的右下角，当光标变成黑色十字形后，按住鼠标左键向下拖动进行公式填充，即可根据其他员工应发基本工资的总和，计算出应扣的医疗保险金额，如图17-42所示。

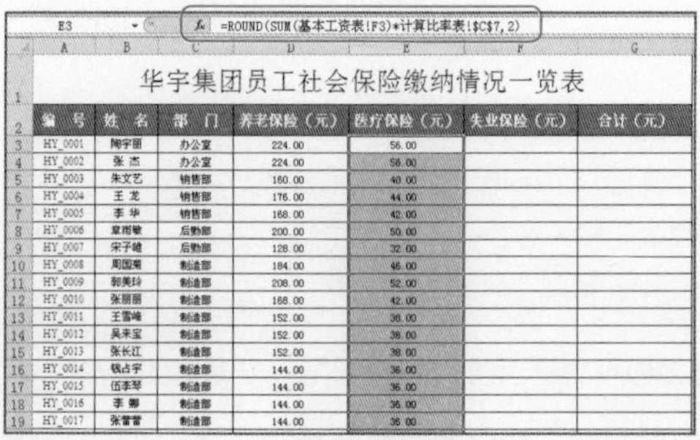

华宇集团员工社会保险缴纳情况一览表						
编 号	姓 名	部 门	养老保险（元）	医疗保险（元）	失业保险（元）	合计（元）
HY_0001	陶宇丽	办公室	224.00	56.00		
HY_0002	张 杰	办公室	224.00	56.00		
HY_0003	朱文艺	销售部	160.00	40.00		
HY_0004	王 龙	销售部	176.00	44.00		
HY_0005	李 华	销售部	168.00	42.00		
HY_0006	章雨敏	后勤部	200.00	50.00		
HY_0007	宋子雄	后勤部	128.00	32.00		
HY_0008	周国菊	制造部	184.00	46.00		
HY_0009	郭美玲	制造部	208.00	52.00		
HY_0010	张丽丽	制造部	168.00	42.00		
HY_0011	王雪峰	制造部	152.00	38.00		
HY_0012	吴来宝	制造部	152.00	38.00		
HY_0013	张长江	制造部	152.00	38.00		
HY_0014	钱占宇	制造部	144.00	36.00		
HY_0015	伍李琴	制造部	144.00	36.00		
HY_0016	李 卿	制造部	144.00	36.00		
HY_0017	张蕾蕾	制造部	144.00	36.00		

图17-42

5 选中F3单元格，在公式编辑栏中输入公式：

=ROUND(SUM(基本工资表!F3)*计算比率表!$C$8,2)

按Enter键，即可根据员工“陶宇丽”应发基本工资的总和，计算出应扣的失业保险金额为28元，将光标移到F3单元格的右下角，当光标变成黑色十字形后，按住鼠标左键向下拖动进行公式填充，即可根据其他员工应发基本工资的总和，计算出应扣的失业保险金额，如图17-43所示。

F3　=ROUND(SUM(基本工资表!F3)*计算比率表!$C$8,2)

华宇集团员工社会保险缴纳情况一览表

编　号	姓　名	部　门	养老保险（元）	医疗保险（元）	失业保险（元）	合计（元）
HY_0001	陶宇丽	办公室	224.00	56.00	28.00	
HY_0002	张 杰	办公室	224.00	56.00	28.00	
HY_0003	朱文艺	销售部	160.00	40.00	20.00	
HY_0004	王 龙	销售部	176.00	44.00	22.00	
HY_0005	李 华	销售部	168.00	42.00	21.00	
HY_0006	章雨敏	后勤部	200.00	50.00	25.00	
HY_0007	宋子雄	后勤部	128.00	32.00	16.00	
HY_0008	周国菊	制造部	184.00	46.00	23.00	
HY_0009	郭美玲	制造部	208.00	52.00	26.00	
HY_0010	张丽丽	制造部	168.00	42.00	21.00	
HY_0011	王雪峰	制造部	152.00	38.00	19.00	
HY_0012	吴来宝	制造部	152.00	38.00	19.00	
HY_0013	张长江	制造部	152.00	38.00	19.00	
HY_0014	钱占宇	制造部	144.00	36.00	18.00	
HY_0015	伍李琴	制造部	144.00	36.00	18.00	
HY_0016	李 娜	制造部	144.00	36.00	18.00	
HY_0017	张蕾蕾	制造部	144.00	36.00	18.00	

图17-43

6 选中G3单元格，在公式编辑栏中输入公式：

=SUM(D3:F3)

按Enter键，即可计算出员工“陶宇丽”应扣的社会保险总金额为308元，将光标移到G3单元格的右下角，当光标变成黑色十字形后，按住鼠标左键向下拖动进行公式填充，即可计算出所有员工应扣的社会保险总金额，如图17-44所示。

G3　=SUM(D3:F3)

华宇集团员工社会保险缴纳情况一览表

编　号	姓　名	部　门	养老保险（元）	医疗保险（元）	失业保险（元）	合计（元）
HY_0001	陶宇丽	办公室	224.00	56.00	28.00	308.00
HY_0002	张 杰	办公室	224.00	56.00	28.00	308.00
HY_0003	朱文艺	销售部	160.00	40.00	20.00	220.00
HY_0004	王 龙	销售部	176.00	44.00	22.00	242.00
HY_0005	李 华	销售部	168.00	42.00	21.00	231.00
HY_0006	章雨敏	后勤部	200.00	50.00	25.00	275.00
HY_0007	宋子雄	后勤部	128.00	32.00	16.00	176.00
HY_0008	周国菊	制造部	184.00	46.00	23.00	253.00
HY_0009	郭美玲	制造部	208.00	52.00	26.00	286.00
HY_0010	张丽丽	制造部	168.00	42.00	21.00	231.00
HY_0011	王雪峰	制造部	152.00	38.00	19.00	209.00
HY_0012	吴来宝	制造部	152.00	38.00	19.00	209.00
HY_0013	张长江	制造部	152.00	38.00	19.00	209.00
HY_0014	钱占宇	制造部	144.00	36.00	18.00	198.00
HY_0015	伍李琴	制造部	144.00	36.00	18.00	198.00
HY_0016	李 娜	制造部	144.00	36.00	18.00	198.00
HY_0017	张蕾蕾	制造部	144.00	36.00	18.00	198.00

图17-44

7 参考3.3节介绍“员工福利管理表”的制作方法，在“企业员工工资管理表”工作簿中，将“Sheet4”工作表重命名为“福利表”，并设计出相同的福利表，设计完成后的效果如图17-45所示。

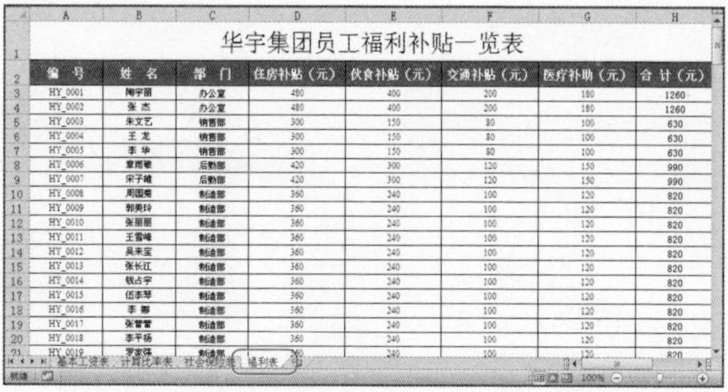

华宇集团员工福利补贴一览表

编　号	姓　名	部　门	住房补贴（元）	伙食补贴（元）	交通补贴（元）	医疗补助（元）	合 计（元）
HY_0001	陶宇丽	办公室	480	400	200	180	1260
HY_0002	张　杰	办公室	480	400	200	180	1260
HY_0003	朱文艺	销售部	300	150	80	100	630
HY_0004	王　龙	销售部	300	150	80	100	630
HY_0005	李　华	销售部	300	150	80	100	630
HY_0006	章雨敏	后勤部	420	300	120	150	990
HY_0007	宋子雄	后勤部	420	300	120	150	990
HY_0008	周国菊	制造部	360	240	100	120	820
HY_0009	郭美玲	制造部	360	240	100	120	820
HY_0010	张丽丽	制造部	360	240	100	120	820
HY_0011	王雪峰	制造部	360	240	100	120	820
HY_0012	吴来宝	制造部	360	240	100	120	820
HY_0013	张长江	制造部	360	240	100	120	820
HY_0014	钱占宇	制造部	360	240	100	120	820
HY_0015	伍李琴	制造部	360	240	100	120	820
HY_0016	李　娜	制造部	360	240	100	120	820
HY_0017	张蕾蕾	制造部	360	240	100	120	820
HY_0018	李平杨	制造部	360	240	100	120	820
HY_0019	罗家强	制造部	360	240	100	120	820

图17-45

17.3.4　建立员工工资发放表

员工工资发放表是将员工应发工资–员工应扣工资所得的金额。员工应发工资一般包含基本工资、岗位工资、业绩奖金、满勤奖金、福利补贴等；员工应扣工资一般包含住房公积金、社会保险、个人所得税、考勤罚款等。

❶ 在“企业员工工资管理表”工作簿中，新建工作表，并将“Sheet4”工作表重命名为“工资发放表”，在工作表中输入表头以及各项标识项，输入完成后对表格进行美化设置，美化设置后的效果如图17-46所示。

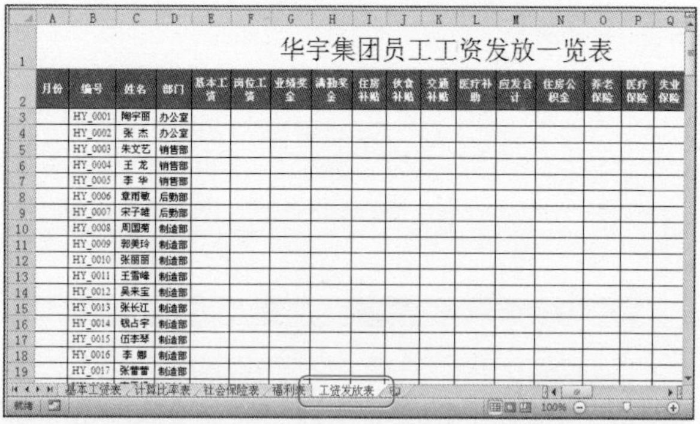

华宇集团员工工资发放一览表

月份	编号	姓名	部门	基本工资	岗位工资	业绩奖金	满勤奖金	住房补贴	伙食补贴	交通补贴	医疗补助	应发合计	住房公积金	养老保险	医疗保险	失业保险
	HY_0001	陶宇丽	办公室													
	HY_0002	张　杰	办公室													
	HY_0003	朱文艺	销售部													
	HY_0004	王　龙	销售部													
	HY_0005	李　华	销售部													
	HY_0006	章雨敏	后勤部													
	HY_0007	宋子雄	后勤部													
	HY_0008	周国菊	制造部													
	HY_0009	郭美玲	制造部													
	HY_0010	张丽丽	制造部													
	HY_0011	王雪峰	制造部													
	HY_0012	吴来宝	制造部													
	HY_0013	张长江	制造部													
	HY_0014	钱占宇	制造部													
	HY_0015	伍李琴	制造部													
	HY_0016	李　娜	制造部													
	HY_0017	张蕾蕾	制造部													

图17-46

❷ 在“工资发放表”工作表中，分别在E3和F3单元格中输入以下公式：

在E3单元格中输入公式：=IF(B3="","",基本工资表!D3)

在F3单元格中输入公式：=IF(B3="","",基本工资表!E3)

输入以上公式后，接着选中E3:F3单元格区域，将光标移到F3单元格的右下角，当光标变成黑色十字形后，按住鼠标左键向下拖动进行公式填充，即可得到如图17-47所示的效果。

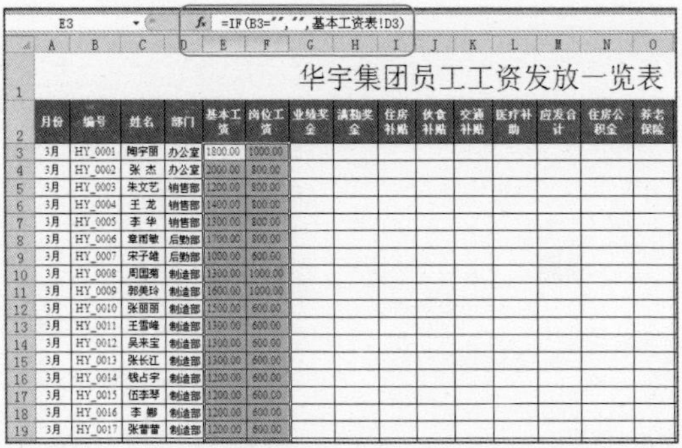

E3　=IF(B3="","",基本工资表!D3)

华宇集团员工工资发放一览表

月份	编号	姓名	部门	基本工资	岗位工资	业绩奖金	满勤奖金	住房补贴	伙食补贴	交通补贴	医疗补助	应发合计	住房公积金	养老保险
3月	HY_0001	陶宇丽	办公室	1800.00	1000.00									
3月	HY_0002	张 杰	办公室	2000.00	800.00									
3月	HY_0003	朱文艺	销售部	1200.00	800.00									
3月	HY_0004	王 龙	销售部	1400.00	800.00									
3月	HY_0005	李 华	销售部	1300.00	800.00									
3月	HY_0006	章雨敏	后勤部	1700.00	800.00									
3月	HY_0007	宋子雄	后勤部	1000.00	600.00									
3月	HY_0008	周国菊	制造部	1300.00	1000.00									
3月	HY_0009	郭美玲	制造部	1600.00	1000.00									
3月	HY_0010	张丽丽	制造部	1500.00	600.00									
3月	HY_0011	王雪峰	制造部	1300.00	600.00									
3月	HY_0012	吴来宝	制造部	1300.00	600.00									
3月	HY_0013	张长江	制造部	1300.00	600.00									
3月	HY_0014	钱占宇	制造部	1200.00	600.00									
3月	HY_0015	伍李琴	制造部	1200.00	600.00									
3月	HY_0016	李 娜	制造部	1200.00	600.00									
3月	HY_0017	张蕾蕾	制造部	1200.00	600.00									

图17-47

❸ 在“工资发放表”工作表中，分别在I3、J3、K3和L3单元格，输入以下：

在I3单元格中输入公式：=IF(B3="","",福利表!D3)

在J3单元格中输入公式：=IF(B3="","",福利表!E3)

在K3单元格中输入公式：=IF(B3="","",福利表!F3)

在L3单元格中输入公式：=IF(B3="","",福利表!G3)

输入以上公式后，接着选中I3:L3单元格区域，将光标移到L3单元格的右下角，当光标变成黑色十字形后，按住鼠标左键向下拖动进行公式填充即可得到如图17-48所示的效果。

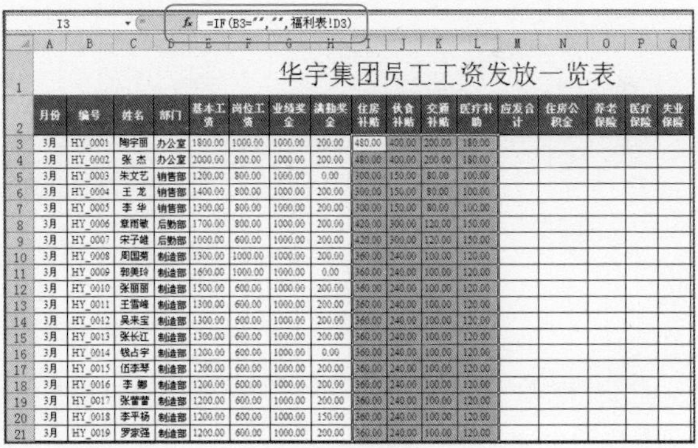

I3　=IF(B3="","",福利表!D3)

华宇集团员工工资发放一览表

月份	编号	姓名	部门	基本工资	岗位工资	业绩奖金	满勤奖金	住房补贴	伙食补贴	交通补贴	医疗补助	应发合计	住房公积金	养老保险	医疗保险	失业保险
3月	HY_0001	陶宇丽	办公室	1800.00	1000.00	1000.00	200.00	480.00	400.00	200.00	180.00					
3月	HY_0002	张 杰	办公室	2000.00	800.00	1000.00	200.00	480.00	400.00	200.00	180.00					
3月	HY_0003	朱文艺	销售部	1200.00	800.00	1000.00	0.00	300.00	150.00	80.00	100.00					
3月	HY_0004	王 龙	销售部	1400.00	800.00	1000.00	200.00	300.00	150.00	80.00	100.00					
3月	HY_0005	李 华	销售部	1300.00	800.00	1000.00	200.00	300.00	150.00	80.00	100.00					
3月	HY_0006	章雨敏	后勤部	1700.00	800.00	1000.00	200.00	420.00	300.00	120.00	150.00					
3月	HY_0007	宋子雄	后勤部	1000.00	600.00	1000.00	200.00	420.00	300.00	120.00	150.00					
3月	HY_0008	周国菊	制造部	1300.00	1000.00	1000.00	200.00	360.00	240.00	100.00	120.00					
3月	HY_0009	郭美玲	制造部	1600.00	1000.00	1000.00	0.00	360.00	240.00	100.00	120.00					
3月	HY_0010	张丽丽	制造部	1500.00	600.00	1000.00	200.00	360.00	240.00	100.00	120.00					
3月	HY_0011	王雪峰	制造部	1300.00	600.00	1000.00	200.00	360.00	240.00	100.00	120.00					
3月	HY_0012	吴来宝	制造部	1300.00	600.00	1000.00	200.00	360.00	240.00	100.00	120.00					
3月	HY_0013	张长江	制造部	1300.00	600.00	1000.00	200.00	360.00	240.00	100.00	120.00					
3月	HY_0014	钱占宇	制造部	1200.00	600.00	1000.00	0.00	360.00	240.00	100.00	120.00					
3月	HY_0015	伍李琴	制造部	1200.00	600.00	1000.00	200.00	360.00	240.00	100.00	120.00					
3月	HY_0016	李 娜	制造部	1200.00	600.00	1000.00	200.00	360.00	240.00	100.00	120.00					
3月	HY_0017	张蕾蕾	制造部	1200.00	600.00	1000.00	200.00	360.00	240.00	100.00	120.00					
3月	HY_0018	李平杨	制造部	1200.00	600.00	1000.00	150.00	360.00	240.00	100.00	120.00					
3月	HY_0019	罗家强	制造部	1200.00	600.00	1000.00	200.00	360.00	240.00	100.00	120.00					

图17-48

❹ 选中M3单元格，在公式编辑栏中输入公式：

```
=IF(B3="","",SUM(E3:L3))
```

按Enter键，即可计算出员工“陶宇丽”应发合计金额，将光标移动到M3单元格的右下角，当光标变成黑色十字形后，按住鼠标左键向下拖动进行公式填充，即可计算出其他员工的应发合计金额，如图17-49所示。

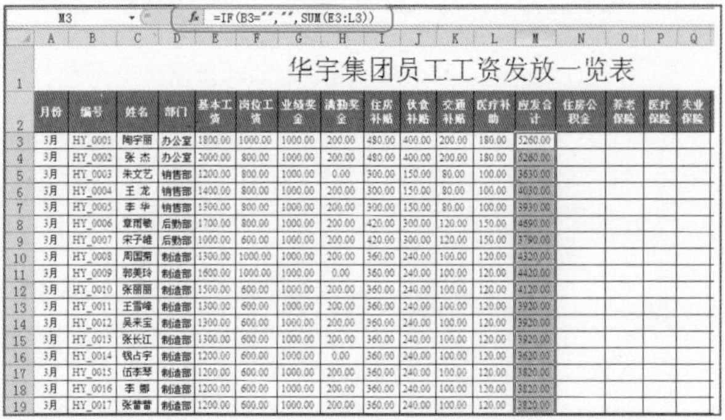

图17-49

⑤ 选中N3单元格，在公式编辑栏中输入公式：

=IF(B3="","",M3*计算比率表!$C$9)

按Enter键，即可计算出员工"陶宇丽"应扣住房公积金金额，将光标移到
N3单元格的右下角，当光标变成黑色十字形后，按住鼠标左键向下拖动进行公
式填充，即可计算出其他员工应扣住房公积金金额，如图17-50所示。

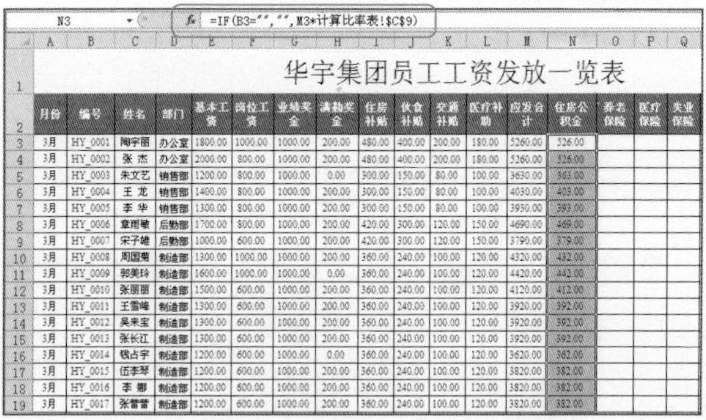

图17-50

⑥ 分别在O3、P3和Q3单元格，输入以下：

在O3单元格中输入公式：=IF(B3="","",社会保险表!D3)

在P3单元格中输入公式：=IF(B3="","",社会保险表!F3)

在Q3单元格中输入公式：=IF(B3="","",社会保险表!F3)

输入以上公式后，接着选中O3:Q3单元格区域，将光标移到Q3单元格的右
下角，当光标变成黑色十字形后，按住鼠标左键向下拖动进行公式填充，即可得
到如图17-51所示的效果。

⑦ 选中W3单元格，在公式编辑栏中输入公式：

=IF(B3="","",MAX(M3-计算比率表!$B$12,0))

按Enter键，即可计算出员工"陶宇丽"个人所得税应扣辅助计算税额。选将光标移到N3单元格的右下角，当光标变成黑色十字形后，按住鼠标左键向下拖动进行公式填充，即可计算出其他员工个人所得税应扣辅助计算税额，如图17-52所示。

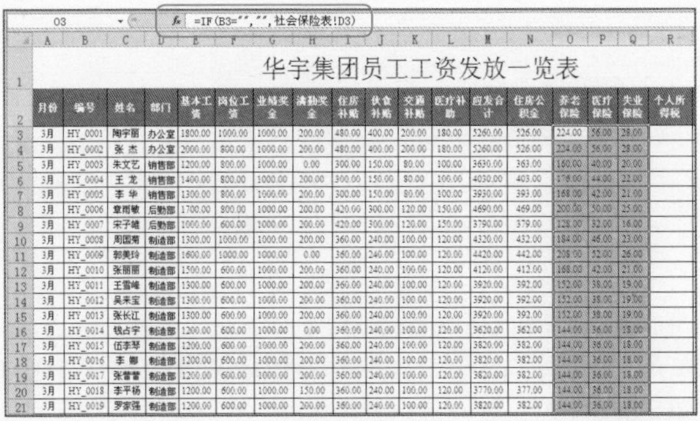

图17-51

图17-52

⑧ 选中R3单元格，在公式编辑栏中输入公式：

=IF((M3-3500)<=1500,ROUND((M3-3500)*0.03,2),IF((M3-3500)<=4500,ROUND(((M3-3500)*0.1-105),2),IF((M3-3500)<=9000,ROUND((M3-3500)*0.2-555,2),IF((M3-3500)<=35000,ROUND((M3-3500)*0.25-1005,2),IF((M3-3500)<=55000,ROUND((M3-3500)*0.3-2755,2),IF((M3-3500)<=80000,ROUND((M3-3500)*0.35-5505,2),ROUND((M3-3500)*0.45-13505,2)))))))

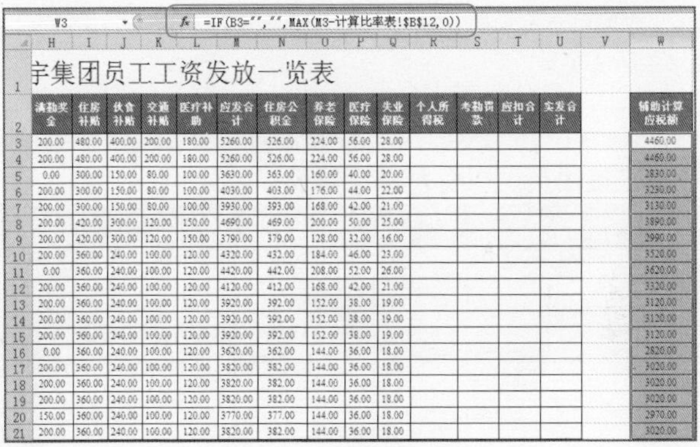

按Enter键，即可计算出员工"陶宇丽"应扣的个人所得税金额，将光标移到R3单元格的右下角，当光标变成黑色十字形后，按住鼠标左键向下拖动进行公式填充，即可计算出其他员工应扣的个人所得税金额，如图17-53所示。

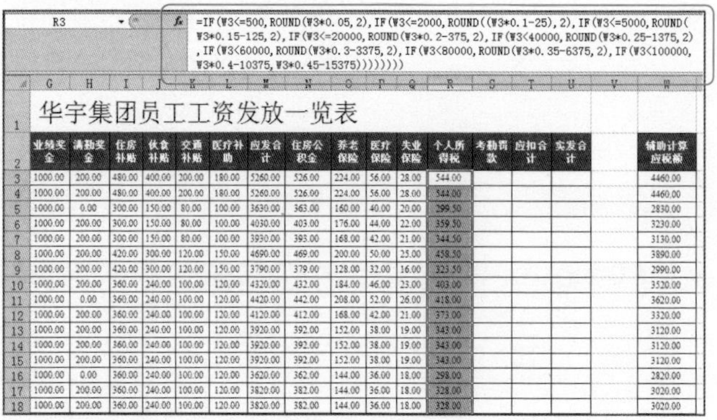

R3 `=IF(W3<=500, ROUND(W3*0.05, 2), IF(W3<=2000, ROUND((W3*0.1-25), 2), IF(W3<=5000, ROUND(W3*0.15-125, 2), IF(W3<=20000, ROUND(W3*0.2-375, 2), IF(W3<=40000, ROUND(W3*0.25-1375, 2), IF(W3<=60000, ROUND(W3*0.3-3375, 2), IF(W3<=80000, ROUND(W3*0.35-6375, 2), IF(W3<100000, ROUND(W3*0.4-10375, 2), W3*0.45-15375)))))))))`

华宇集团员工工资发放一览表

	业绩奖金	满勤奖金	住房补贴	伙食补贴	交通补贴	医疗补助	应发合计	住房公积金	养老保险	医疗保险	失业保险	个人所得税款	考勤罚款	应扣合计	实发合计				辅助计算应税额
3	1000.00	200.00	480.00	400.00	200.00	180.00	5260.00	526.00	224.00	56.00	28.00	544.00							4460.00
4	1000.00	200.00	480.00	400.00	200.00	180.00	5260.00	526.00	224.00	56.00	28.00	544.00							4460.00
5	1000.00	0.00	300.00	150.00	80.00	100.00	3630.00	363.00	160.00	40.00	20.00	299.50							2830.00
6	1000.00	200.00	300.00	150.00	80.00	100.00	4030.00	403.00	176.00	44.00	22.00	359.50							3230.00
7	1000.00	200.00	300.00	150.00	80.00	100.00	3930.00	393.00	168.00	42.00	21.00	344.50							3130.00
8	1000.00	200.00	420.00	300.00	120.00	150.00	4690.00	469.00	200.00	50.00	25.00	458.50							3890.00
9	1000.00	200.00	420.00	300.00	120.00	150.00	3790.00	379.00	128.00	32.00	16.00	323.50							2990.00
10	1000.00	200.00	360.00	240.00	100.00	120.00	4320.00	432.00	184.00	46.00	23.00	403.00							3520.00
11	1000.00	0.00	360.00	240.00	100.00	120.00	4420.00	442.00	208.00	52.00	26.00	418.00							3620.00
12	1000.00	200.00	360.00	240.00	100.00	120.00	4120.00	412.00	168.00	42.00	21.00	373.00							3320.00
13	1000.00	200.00	360.00	240.00	100.00	120.00	3920.00	392.00	152.00	38.00	19.00	343.00							3120.00
14	1000.00	200.00	360.00	240.00	100.00	120.00	3920.00	392.00	152.00	38.00	19.00	343.00							3120.00
15	1000.00	200.00	360.00	240.00	100.00	120.00	3920.00	392.00	152.00	38.00	19.00	343.00							3120.00
16	1000.00	0.00	360.00	240.00	100.00	120.00	3620.00	362.00	144.00	36.00	18.00	298.00							2820.00
17	1000.00	200.00	360.00	240.00	100.00	120.00	3820.00	382.00	144.00	36.00	18.00	328.00							3020.00
18	1000.00	200.00	360.00	240.00	100.00	120.00	3820.00	382.00	144.00	36.00	18.00	328.00							3020.00

图17-53

9 分别在T3和U3单元格中输入以下内容：

在T3单元格中输入公式：=IF(R3<=0,(O3+P3+Q3+S3),(O3+P3+Q3+R3+S3))

在U3单元格中输入公式：=M3-T3

输入以上公式后，接着选中T3:U3单元格区域，将光标移到U3单元格的右下角，当光标变成黑色十字形后，按住鼠标左键向下拖动进行公式填充，即可得到如图17-54所示的效果。

T3 `=IF(R3<=0,(O3+P3+Q3+S3),(O3+P3+Q3+R3+S3))`

华宇集团员工工资发放一览表

	业绩奖金	满勤奖金	住房补贴	伙食补贴	交通补贴	医疗补助	应发合计	住房公积金	养老保险	医疗保险	失业保险	个人所得税	考勤罚款	应扣合计	实发合计
3	1000.00	200.00	480.00	400.00	200.00	180.00	5260.00	526.00	224.00	56.00	28.00	71.00		379.00	4881.00
4	1000.00	200.00	480.00	400.00	200.00	180.00	5260.00	526.00	224.00	56.00	28.00	71.00	50.00	429.00	4831.00
5	1000.00	0.00	300.00	150.00	80.00	100.00	3630.00	363.00	160.00	40.00	20.00	3.90	0.00	223.90	3406.10
6	1000.00	200.00	300.00	150.00	80.00	100.00	4030.00	403.00	176.00	44.00	22.00	15.90	0.00	257.90	3772.10
7	1000.00	200.00	300.00	150.00	80.00	100.00	3930.00	393.00	168.00	42.00	21.00	12.90	0.00	243.90	3686.10
8	1000.00	200.00	420.00	300.00	120.00	150.00	4690.00	469.00	200.00	50.00	25.00	35.70	35.00	345.70	4344.30
9	1000.00	200.00	420.00	300.00	120.00	150.00	3790.00	379.00	128.00	32.00	16.00	8.70	0.00	184.70	3605.30
10	1000.00	200.00	360.00	240.00	100.00	120.00	4320.00	432.00	184.00	46.00	23.00	24.60	50.00	327.60	3992.40
11	1000.00	0.00	360.00	240.00	100.00	120.00	4420.00	442.00	208.00	52.00	26.00	27.60	0.00	313.60	4106.40
12	1000.00	200.00	360.00	240.00	100.00	120.00	4120.00	412.00	168.00	42.00	21.00	18.60	0.00	249.60	3870.40
13	1000.00	200.00	360.00	240.00	100.00	120.00	3920.00	392.00	152.00	38.00	19.00	12.60	0.00	221.60	3698.40
14	1000.00	200.00	360.00	240.00	100.00	120.00	3920.00	392.00	152.00	38.00	19.00	12.60	0.00	221.60	3698.40
15	1000.00	200.00	360.00	240.00	100.00	120.00	3920.00	392.00	152.00	38.00	19.00	12.60	0.00	221.60	3698.40
16	1000.00	0.00	360.00	240.00	100.00	120.00	3620.00	362.00	144.00	36.00	18.00	3.60	0.00	221.60	3418.40
17	1000.00	200.00	360.00	240.00	100.00	120.00	3820.00	382.00	144.00	36.00	18.00	9.60	80.00	287.60	3532.40
18	1000.00	200.00	360.00	240.00	100.00	120.00	3820.00	382.00	144.00	36.00	18.00	9.60	0.00	207.60	3612.40

图17-54

第*18*章

文本编辑与文字审阅技巧

18.1 文本快速输入技巧

技巧1 快速输入中文省略号、破折号

省略号与破折号是文字编辑中经常需要使用到的符号之一，要实现这两种符号的快速输入，可以按下面的方法操作。

- 中文省略号。按快捷键Shift+6，可输入"…"，重复按快捷键Shift+6，即可输入"……"。
- 中文破折号。方法1：按快捷键Shift+7，可输入"—"，重复按快捷键Shift+7，即可输入"——"。方法2：按快捷键Alt+0151（在数字小键盘上输入），按Enter键即可输入"—"。

技巧2 快速输入商标符、注册商标符、版权符、欧元符号

要想快速输入商标符号、版权符、欧元符号，可以通过下面的两种方法来实现。

（1）使用快捷输入
- "版权符"：按下快捷键Ctrl+Alt+C，即可得到"©"。
- "商标符"：按下快捷键Ctrl+Alt+T，即可得到"™"。
- "注册商标符"：按下快捷键Ctrl+Alt+R，即可得到"®"。
- "欧元符号"：按下快捷键Alt+Ctrl+E，即可得到"€"。

（2）特定输入法
- "版权符"：输入"(c)"，即可得到"©"。
- "商标符"：输入"(tm)"，即可得到"™"。
- "注册商标符"：输入"(r)"，即可得到"®"。

技巧3 快速输入常用长短语

在编辑一篇文档时，如果多处需要用到一个词语或短语，如"永利薄板技术有限公司"，可以使用自动更正功能来输入。

❶ 打开Word文档，单击"文件"标签，切换到Backstage视窗，在左侧窗格中单击"选项"选项，打开"Word选项"对话框。

❷ 在"Word选项"对话框左侧窗格中单击"校对"选项，在右侧窗格中单击"自动更正选项"按钮，如图18-1所示。

❸ 打开"自动更正"对话框，在"替换"文本框中输入"永利"，在"替换为"文本框中输入"永利薄板技术有限公司"，如图18-2所示。

❹ 单击"添加"选项，即可添加一项自动更正项目，设置完成后，当需要

输入"永利薄板技术有限公司"短语时，只需要输入"永利"两个字，然后单击一次Enter键，即可快速输入。

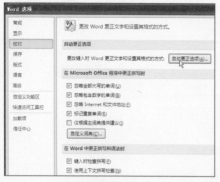

图18-1

图18-2

技巧4 使用快捷键Alt+Enter快速重输入内容

在编辑文档时如果接连需要输入相同的内容，可以利用快捷键Alt+Enter实现。

在文档中输入文本后，接着按快捷键Alt+Enter，即可快速地输入相同的文本。

18.2 文本选取与复制技巧

技巧1 快速选定文档全部内容

要选中整篇文档内容，可以使用以下快捷方法来实现。

- 方法1：按快捷键Ctrl+A，即可选中整篇文档。
- 方法2：在Word文档中，单击"开始"菜单，在"编辑"选项组中单击"选择"按钮，单击"全选"命令，即可选中整篇文档。
- 方法3：按快捷键Ctrl+Home，将光标移至文档开头处，再按快捷键Ctrl+Shift+End，即可选中整篇文档。
- 方法4：按快捷键Ctrl+End，将光标移至文档结尾处，再按快捷键Ctrl+Shift+Home，即可选中整篇文档。

技巧2 快速选定不连续区域的内容

当需要提取文档中重要的文字信息时，如果文字是不连续显示时，需要利用Ctrl键配合鼠标才能实现。

使用拖动鼠标的方法将不连续的第一个文字区域选中，接着按下Ctrl键不放，继续用拖动鼠标的方法选取余下的文字区域，直到最后一个区域选取完成后，松开Ctrl键即可，如图18-3所示。

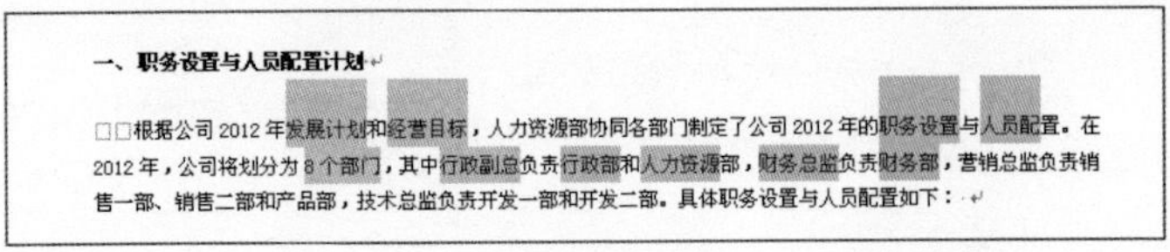
一、职务设置与人员配置计划

□□根据公司 2012 年发展计划和经营目标，人力资源部协同各部门制定了公司 2012 年的职务设置与人员配置。在 2012 年，公司将划分为 8 个部门，其中行政副总负责行政部和人力资源部，财务总监负责财务部，营销总监负责销售一部、销售二部和产品部，技术总监负责开发一部和开发二部。具体职务设置与人员配置如下：

图18-3

技巧3　快速选定区域块内容

在文档中要选取某个块区域内容，需要利用Alt键配合鼠标来实现。

将光标定位到想要选取区域的开始位置，按住Alt键不放拖动至结束位置，即可实现块区域内容的选取，如图18-4所示。

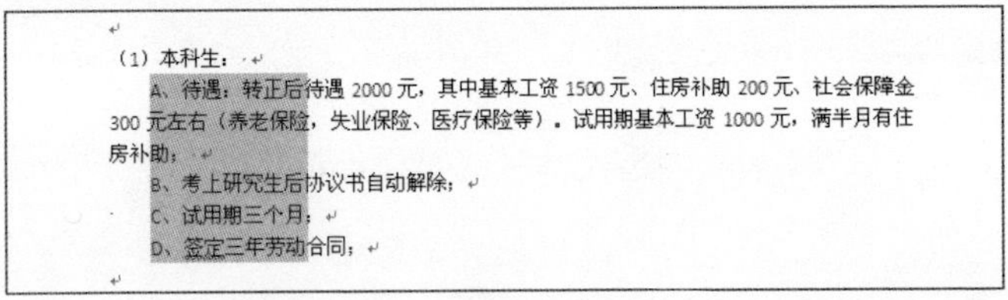
（1）本科生：

A、待遇：转正后待遇 2000 元，其中基本工资 1500 元、住房补助 200 元、社会保障金 300 元左右（养老保险，失业保险、医疗保险等）．试用期基本工资 1000 元，满半月有住房补助；

B、考上研究生后协议书自动解除；

C、试用期三个月；

D、签定三年劳动合同；

图18-4

技巧4　快速选定当前光标以上（以下）的所有内容

在Word文档中可以利用快捷键来快速选定当前光标以上（以下）的所有内容。

- 选定当前光标至首部的所有内容：先定好光标的位置，按快捷键Ctrl+Shift+Home，即可将当前光标以上的所有内容全部选中。
- 选定当前光标至文档尾部的所有内容：先定好光标的位置，按快捷键Ctrl+Shift+End，即可将当前光标以下的所有内容全部选中。

技巧5　妙用F8键逐步扩大选取范围

F8键可以激活扩展编辑状态，利用此功能可以逐步扩大选取范围。

- 按1次F8键将激活扩展编辑状态。
- 按2次F8键将选中光标所在位置的字或词组。
- 按3次F8键将选中光标所在位置的整句。
- 按4次F8键将选中光标所在位置的整个段落。

● 按5次F8键将选中整个文档。

技巧6 选定较长文本（如多页）内容

如果要选定较长文本内容，使用拖动鼠标的方法选取可能会造成选取不便或选取不准确，此时可以使用如下方法来实现选择。

方法1：利用Shift键。

将光标定位到想要选取内容的开始位置，接着拖动鼠标到要选择内容的结束位置，按住Shift键，在想要选取内容的结束位置单击鼠标左键，即可将两端内的全部内容选中。

方法2：利用扩展功能。

将光标置于要选取内容的起始位置，按F8键进入扩展状态，滚动文档到需要选取内容的结尾处，用光标在选取内容的结束处单击，即可快速选中它们之间的所有文本内容。如果结束位置确定错误，可以重新在新的位置单击一下鼠标进行更正。选取结束后，按Esc键退出扩展状态。

技巧7 以无格式方式复制网上资料

当复制了网页上的文本，如果直接粘贴会包含原格式，因此可以通过选择性粘贴功能来实现以无格式方式复制到文档中。

❶ 在网页中选中需要复制的文字，并按下快捷键Ctrl+C进行复制。

❷ 切换到Word 2010程序中，定位光标的位置，在"开始"选项卡中单击"粘贴"按钮，选择"选择性粘贴"命令，打开"选择性粘贴"对话框，在"形式"列表框中选中"无格式文本"选项，如图18-5所示。

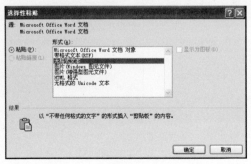

图18-5

❸ 单击"确定"按钮即可。

技巧8 快速将文本内容复制为图片

利用Word 2010中的选择性粘贴功能，可以将文本内容转换为图片，具体操作如下。

① 选中要转换为图片的文本内容（可以包含图片），按快捷键Ctrl+C执行复制操作，将光标定位到要粘贴的位置。

② 在"开始"选项卡中单击"粘贴"按钮，选择"选择性粘贴"命令，打开"选择性粘贴"对话框，在"形式"列表框中选中"图片（Windows图元文件）"选项，如图18-6所示。

③ 单击"确定"按钮，即可将选中的文本内容转换为图片，如图18-7所示。

图18-6

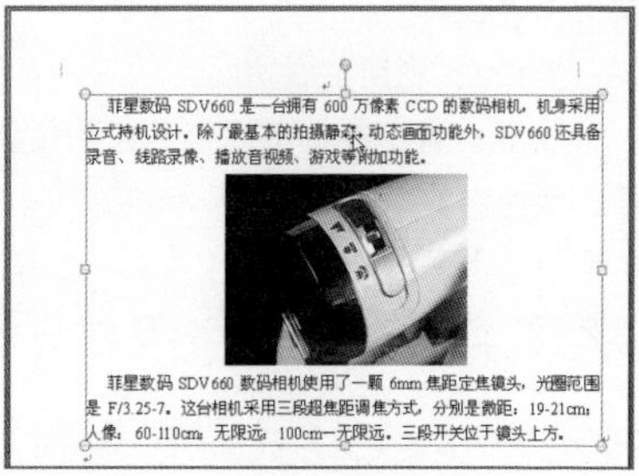

图18-7

技巧9　以超链接方式复制文本

以超链接方式复制文本，可以确保当原始文本发生改变时，复制的文本也进行相同的改变，其操作方法如下。

① 选中要复制的文本，按快捷键Ctrl+C执行复制操作，将光标定位到要粘贴的位置。

② 在"开始"选项卡中单击"粘贴"按钮，选择"选择性粘贴"命令，打开"选择性粘贴"对话框，在"形式"列表框中选中默认的"HTML格式"选项，如图18-8所示。

图18-8

③ 单击"确定"按钮退出。以此方式粘贴后，当原始文本发生改变时，复制的文本也做相同的改变。

技巧10　使用Ctrl键快速复制文本

在文档编辑过程中，复制操作无处不在，利用Ctrl键可以实现快速复制。

选中要复制的文本，按住Ctrl键不放，按住鼠标左键，将选中文本拖动到新位置，释放Ctrl键和鼠标左键，即可将选中的文本快速复制到新的位置。

18.3　文字与段落优化设置技巧

技巧1　利用快捷键缓慢增大或减小文字字号

在"字体"工具栏的"字号"下拉菜单中选择字号或是通过单击"字体"选项组中的按钮增大或减小，会以程序默认的字号增大或减小。如果想按较小的幅度来增大或缩小字体，其方法如下。

❶ 切换到英文输入法状态下，选中需要设置的文字，按快捷键Ctrl+]（或快捷键Ctrl+[），即可对选中的文字进行缓慢增大（缩小）。

❷ 接着再每按一次快捷键Ctrl+]（或快捷键Ctrl+[），选中的文字就增大（或缩小）1磅。

技巧2　提升或降低文字的间距

编辑文档后，根据实际需要可以设置文字的提升或降低显示，设置方法如下。

❶ 选中需要加宽（或紧缩）的文字内容，在"开始"选项卡的"字体"选项组中单击▫按钮，打开"字体"对话框，选择"字符间距"选项卡，在"间距"下拉列表中选中"加宽"（或"紧缩"），在后面的"磅值"文本框中根据实际需要设置加宽（或紧缩）值，这里设置为"6"，如图18-9所示。

❷ 单击"确定"按钮，可以看到选中的文字加宽（或紧缩）的效果如图18-10所示。

图18-9　　　　　　　　　　　图18-10

技巧3　利用通配符快速设置文字格式

巧用通配符还可以快速设置文字格式，例如要将文档中所有双引号中的文字以倾斜红色字体显示，其操作方法如下。

①文档编辑完成后，切换到"开始"选项卡，在"编辑"选项组中单击"替换"按钮，打开"查找和替换"对话框。

②单击"更多"按钮，展开设置选项。勾选"使用通配符"复选框，在"查找内容"文本框中输入"*"；将光标定位到"替换为"文本框中，如图18-11所示。

③单击下面的"格式"按钮，在弹出的下拉菜单中选择"字体"选项，打开"替换字体"对话框。选择"字体"选项卡，设置字体颜色为"红色"、字形为"倾斜"并显示下划线，如图18-12所示。

图18-11

图18-12

④单击"确定"按钮回到"查找和替换"对话框中，可以看到"替换为"框下面显示所有设置的格式，如图18-13所示。

⑤单击"全部替换"按钮，即可让文档中所有引号中的文字以红色、倾斜并添加下划线显示，如图18-14所示。

图18-13

图18-14

技巧4　快速取消文档中多余的空格

从网络中引用文字时，文本常常含有大量的多余空行，巧用查找替换的方法可以快速删除Word文档中的多余空行。

1️⃣ 将光标定位到文档开始位置，切换到"开始"选项卡，在"编辑"选项组中单击"替换"按钮，打开"查找和替换"对话框，将光标定位在"查找内容"文本框中，单击"特殊格式"按钮，在弹出的下拉菜单中选择"段落标记"选项（如图18-15所示），然后再选择一次"段落标记"，即可在"查找内容"文本框中显示为"＾p＾p"。

2️⃣ 将光标定位在"替换为"文本框中，用上面的方法插入一个"段落标记"，即"＾p"，如图18-16所示。

图18-15

图18-16

3️⃣ 单击"全部替换"按钮，即可删除文档中全部的空行。

技巧5　使用快捷键设置单倍行距、双倍行距、1.5倍行距

有些特殊的行距可以使用快捷键来设置，例如双倍行距、1.5倍行距等，具体对应快捷键如下。

- 选中需要调整行间距的文本，切换到英文输入状态下。
- 按快捷键Ctrl+0（主键盘中数字）可以设置段前间距为12磅。
- 按快捷键Ctrl+2（主键盘中数字）可以将其设为2倍行距。
- 按快捷键Ctrl+5（主键盘中数字）可以将其设为1.5倍行距。

技巧6　任意设置段落间距

默认情况下为段落设置间距时，都是以0.5行为单位进行递增或递减，如果要实现非默认的递增或递减，如0.3行、0.8行，可通过如下方法来实现。

1️⃣ 选中要设置特殊段间距的文本内容，单击"开始"选项卡下"段落"选项组中的🔲按钮，打开"段落"对话框，选择"缩进和间距"选项卡。

2️⃣ 在"间距"选项组中，直接在"段前"、"段后"文本框中输入想要设置的数值（如果要单击向上向下箭头则以0.5行为单位），如图18-17所示。

3️⃣ 设置完成后，单击"确定"按钮即可让选中文本显示所设置段落间距。

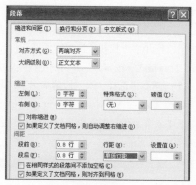

图18-17

18.4　长文档编辑技巧

技巧1　快速返回上一次编辑的位置

在文档的某个位置进行编辑时，有时需要查看上一位置的编辑信息，在长文档中是一件比较费时的事情，在Word 2010中提供的快速恢复编辑位置的功能可以使操作变简单。

① 若要回到上一次编辑位置，只需按快捷键Shift+F5即可，它会使光标在最后编辑过的三个位置之间循环。

② 在关闭文档时，Word会记录此时文档的编辑位置，再次打开文档时，只需按快捷键Shift+F5，即可回到关闭文档时的编辑位置。

技巧2　同时编辑文档的不同部分

在长文档编辑过程中，由于文档包含多页，当下面的文档内容需要参考上面的内容进行编辑时，可以将文档拆分成两个窗口，在两个窗口中分别定位在不同的位置，从而方便编辑、比较、参考等。

① 打开长文档，切换到"视图"选项卡，在"窗口"选项组中单击"拆分"按钮，光标会变成一条水平线，如图18-18所示。

② 在需要拆分的位置上单击一次鼠标，即可将当前窗口拆分为两个窗口，效果如图18-19所示。

专家提示

在文档中单击鼠标拆分窗口后，"窗口"选项组中的"拆分"选项变成"取消拆分"选项，不需要拆分窗口时，单击"取消拆分"选项即可。

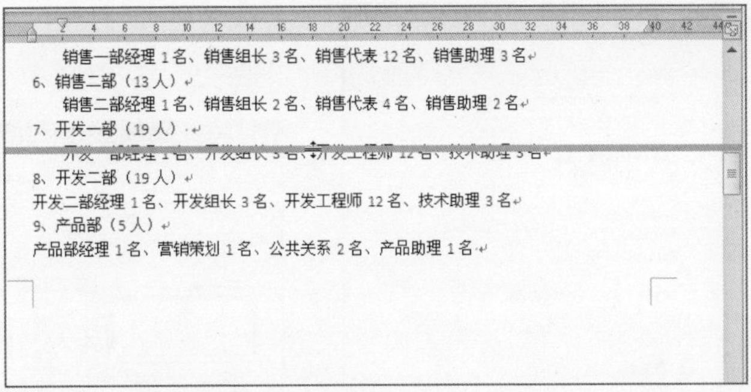

图18-18

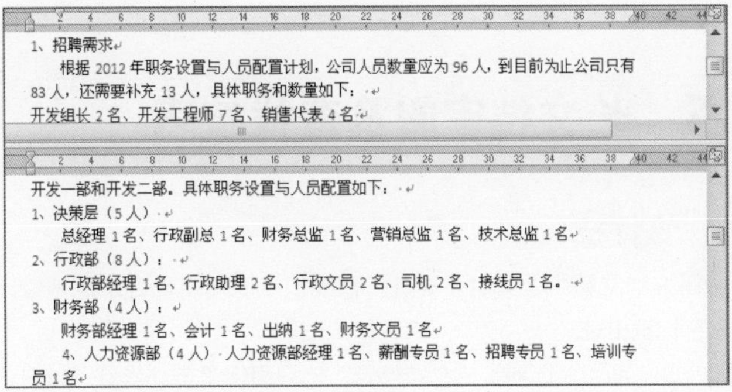

图18-19

技巧3 显示过宽长文档内容

在利用大纲或普通方式打开文档时，如果文档内容过宽，则不能完整地显示在屏幕上，查看时需要不停地拖动滚动水平条，此时用户可以设置让文档随窗口宽度自动换行。

（1）通过选项设置实现

① 单击"文件"标签，在Backstage视窗中单击"选项"选项，打开"Word选项"对话框。

② 在"Word选项"对话框左侧单击"高级"标签，在右侧"显示文档内容"选项组中选中"文档窗口内显示文字自动换行"复选框，如图18-20所示。

（2）通过改变显示比例实现

① 单击"视图"选项卡，在"显示比例"选项组中单击"显示比例"按钮，打开"显示比例"对话框。

② 在"显示比例"列表框中选中"页宽"单选按钮，设置完成后，单击"确定"按钮即可，如图18-21所示。

图18-20

图18-21

18.5 长文档审阅及查找技巧

技巧1 修订技巧

在编辑好的文档中，有时需要进行修改，可以使用修订功能将修订前和修订后的内容标识出来。

1 单击"审阅"选项卡，在"修订"选项组中单击"修订"按钮，在其下拉菜单中选择"修订"命令，如图18-22所示。

2 对文档中的文本进行删除操作时，便会将其用红色删除线显示，增加的内容会用红色下划线显示，效果如图18-23所示。

图18-22

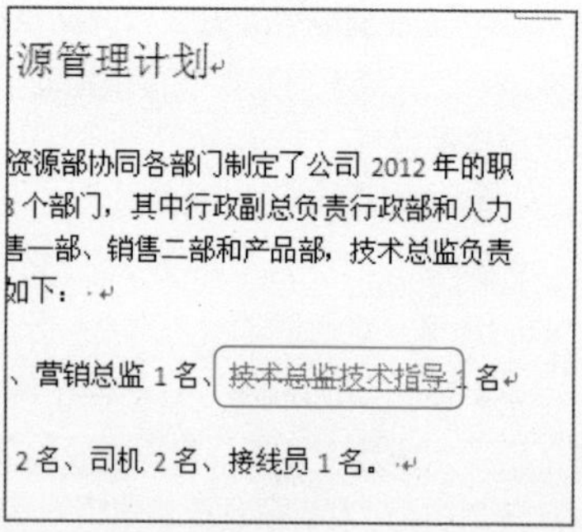

图18-23

专家提示

在"修订"下拉菜单中选择"修订选项"命令，打开"修订选项"对话框，在其中可以设置需要修订文字的显示格式，以及修订后内容的显示格式。

技巧2 错误检查技巧

在对文档编辑完成后，利用"拼写和语法"功能可以快速地查找文档中错误的编写，并进行更正。

1 单击"审阅"选项卡，在"校对"选项组中单击"拼写和语法"按钮，如图18-24所示。

2 打开"拼写和语法"对话框，在"易错词"列表框中会显示错误的文本内容，在"建议"列表框中会显示系统提示的修改内容，单击"更改"按钮，即可对其进行更改，如图18-25所示，单击"下一句"按钮可以显示下一处错误。

图18-24

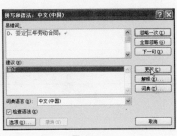

图18-25

技巧3 批注技巧

在Word文档中，可以对文档的文本内容插入批注。

1 选中要插入批注的文字，单击"审阅"选项卡，在"批注"选项组中单击"新建批注"按钮，如图18-26所示。

2 单击"新建批注"按钮后，即可在文档中插入批注文本框，在批注文本框中输入要插入的内容即可，效果如图18-27所示。

图18-26

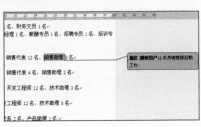

图18-27

读书笔记

第 *19* 章

制作图文并茂的
文档

19.1 表格的插入技巧

技巧1 快速插入多行表格

Word软件不仅在文字的编写上功能强大，也提供了较为完善的表格输入编辑功能，在表格中，用户可根据需要随时增加新的内容，如何在表格中快速插入行呢？下面具体介绍操作方法。

（1）通过选项菜单插入一行（列）

❶ 打开表格，将光标放置在需要插入行或列的位置，单击鼠标右键，打开快捷菜单，将光标移动至“插入”选项，打开右侧更多的选项，如果要插入列，选择“在左侧插入列”或者“在右侧插入列”命令；要插入行，就选择“在下方插入行”或者“在上方插入行”命令，本例选择“在下方插入行”命令，如图19-1所示。

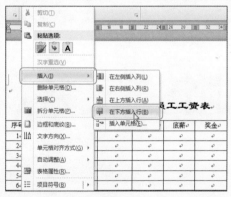

图19-1

❷ 系统自动在光标所在行的下方插入新的一行，如图19-2所示。

××有限公司九月份员工工资表

序号	姓名	职务	应出勤	实出勤	底薪	奖金	总数
1	张三						
2	王强						
3	李梅						
4	王东灵						

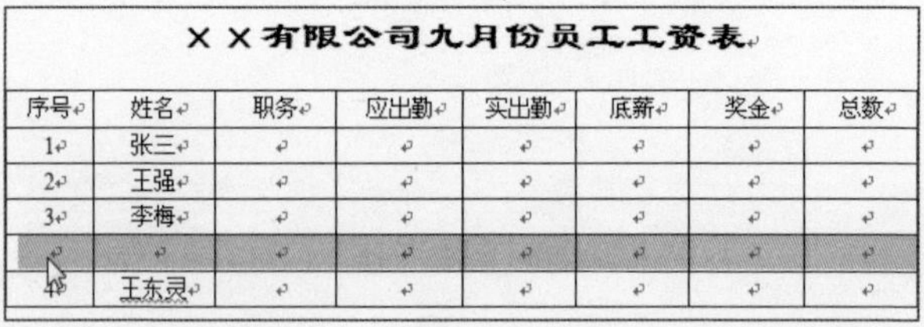

图19-2

（2）通过表格布局插入一行（列）

❶ Word文档在插入表格后，会自动开启“表格工具”选项卡，将光标放置在需要插入行或者列的位置，单击“表格工具”下的“布局”选项卡，在

“行和列”选项组中单击插入行或者列的合适位置，如单击“在上方插入”按钮，如图19-3所示。

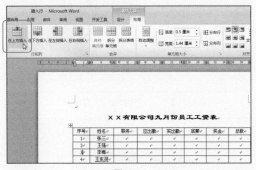

图19–3

❷ 系统自动在光标所在行的上方插入新的一行，如图19-4所示。

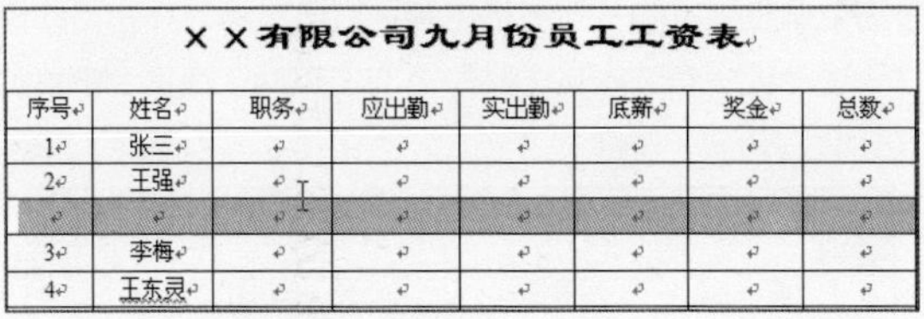

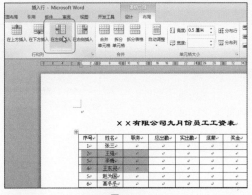

××有限公司九月份员工工资表

序号	姓名	职务	应出勤	实出勤	底薪	奖金	总数
1	张三						
2	王强						
3	李梅						
4	王东灵						

图19–4

（3）快速插入多行（列）

❶ 如果要一次性插入多行或多列，在选择表格行或列确定插入位置时，要选择多行或多列，如本例选择三列，再单击“表格工具”下的“布局”选项卡，在“行和列”选项组中，单击“在左侧插入”按钮，如图19-5所示。

图19–5

❷ 完成选择后，所选择的列左侧自动新增三列表格，如图19-6所示。

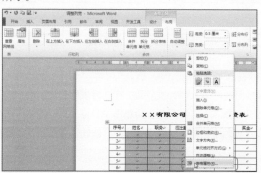

××有限公司九月份员工工资表									
			序号	姓名	职务	应出勤	实出勤	底薪	奖金
			1	张三					
			2	王强					
			3	李梅					
			4	王东灵					
			5	赵为国					
			6	高冬冬					

图19-6

技巧2　一次性调整表格多列宽度

在表格的操作过程中，不仅要根据需要增加新的行和列，还需要调整表格的列宽，使表格达到最佳的效果，如何一次性调整表格多列宽度呢？下面具体介绍实现方法。

❶ 选中需要调整列宽的多列表格内容，右击鼠标，在弹出的快捷菜单中选择“表格属性”命令或者在“表格工具”下的“布局”选项卡中单击“属性”按钮，如图19-7所示。

图19-7

❷ 打开“表格属性”对话框，在“列”选项卡下勾选“指定宽度”复选框，并在后面调整需要的列宽，如输入列宽为“2.7厘米”，单击“确定”按钮，如图19-8所示。

❸ 完成后，即可同时改变选中表格列的列宽，如图19-9所示。

图19-8

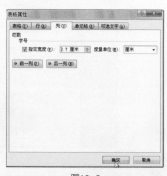

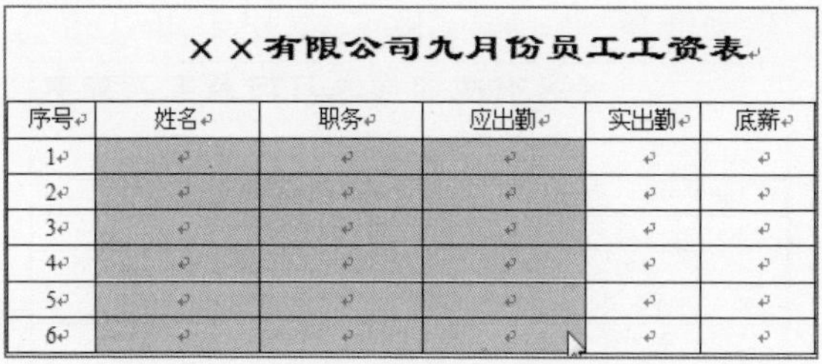

××有限公司九月份员工工资表					
序号	姓名	职务	应出勤	实出勤	底薪
1					
2					
3					
4					
5					
6					

图19-9

技巧3　实现单元格的合并和拆分

在表格编辑过程中经常需要进行合并或拆分单元格操作，单元格的合并与拆分在行政、文秘等日常办公操作中被广泛应用，具体的实现操作如下。

（1）合并单元格

❶ 选中要合并的所有单元格，选择"表格工具"的"布局"选项卡，在"合并"选项组中单击"合并单元格"按钮，如图19-10所示。

❷ 完成选择后，所选择的多个单元格合并成一个表格，如图19-11所示。

图19-10

图19-11

（2）拆分单元格

❶ 将光标放在要拆分的表格中，单击鼠标右键，打开快捷菜单，选择"拆分单元格"命令，如图19-12所示。

❷ 弹出"拆分单元格"对话框，在"列数"和"行数"文本框中分别输入需要拆分的行数和列

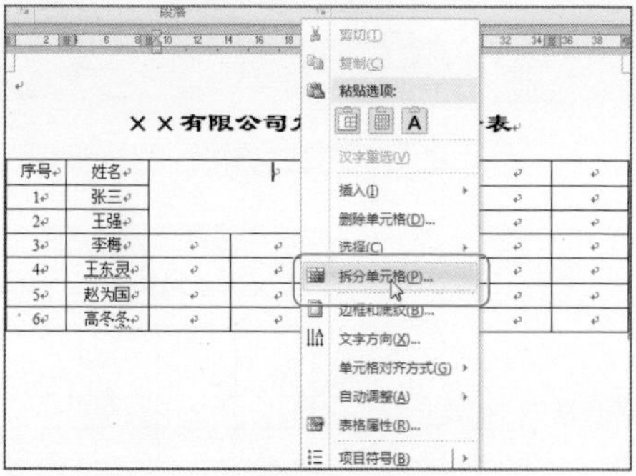

图19-12

数，如输入"3"列和"3"行，单击"确定"按钮，如图19-13所示。

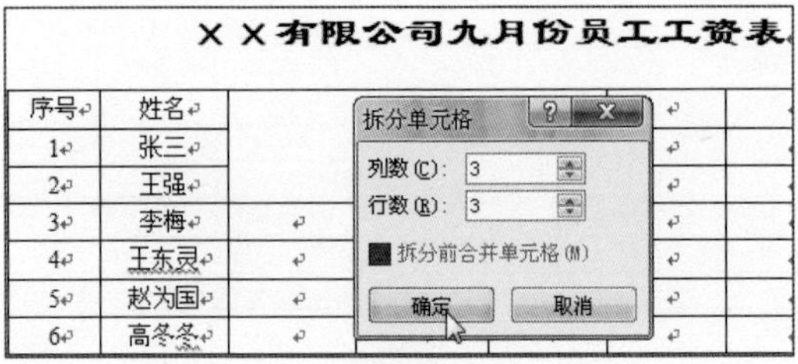

图19-13

3 设置后，光标所在位置的表格被拆分成3行3列9个表格，如图19-14所示。

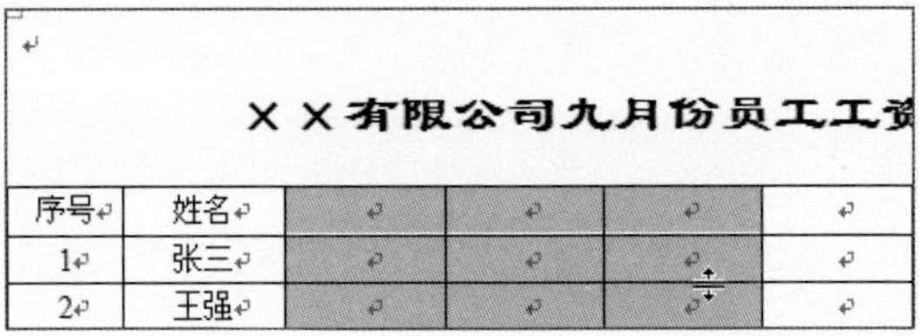

图19-14

技巧4 绘制表格中的斜线表头

当表格中包含较多内容项时，需要制作斜线表头来标注表格中主体内容的各个不同部分，具体的绘制方法如下。

1 调整好制作斜线表头单元格的宽度和高度，在"表格工具"的"设计"选项卡下，单击"绘制边框"选项组中的"绘制表格"按钮，在单元格左上角至右下角之间绘制一条斜线，将单元格分为两部分，完成手绘斜线表头，如图19-15所示。

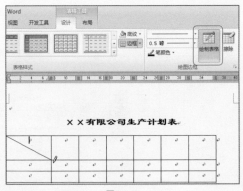

图19-15

2 在"插入"选项卡的"文本"选项组中单击"文本框"按钮,在弹出的下拉菜单中选择"绘制文本框"命令,如图19-16所示。

图19-16

3 按住鼠标左键,在合适的位置拖动鼠标绘制文本框,在"绘图工具格式"选项卡下的"形状样式"选项组中单击"形状填充"按钮,打开下拉菜单,选择"无填充颜色"命令,如图19-17所示。

4 在"绘图工具格式"选项卡下的"形状样式"选项组中,单击"形状轮廓"按钮,打开下拉菜单,选择"无轮廓"命令,清除文本框的外轮廓,如图19-18所示。

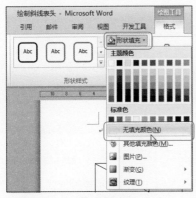

图19-17

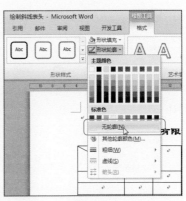

图19-18

5 复制设置完成的文本框,将其放置在不同的分隔区,在文本框中输入表头的文字,完成最终的表头输入,如图19-19所示。

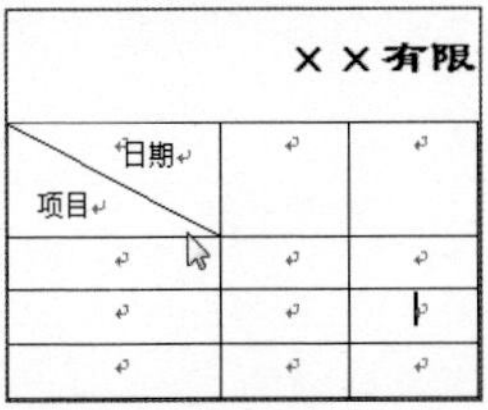

图19-19

技巧5　让表格序列自动编号

当表格中有较多的数据需要处理时，有时需要对其中的数据进行编号以便更好地观察数据，在Word中可以将表格中的数据自动编号，具体的操作方法如下。

❶ 选定需要编号的所有单元格，如果所要编号的单元格不是连续的，可以按下Ctrl键配合鼠标选取，如图19-20所示。

❷ 在“开始”选项卡的“段落”选项组中单击“编号”按钮，自动插入默认的自动编号，如图19-21所示。

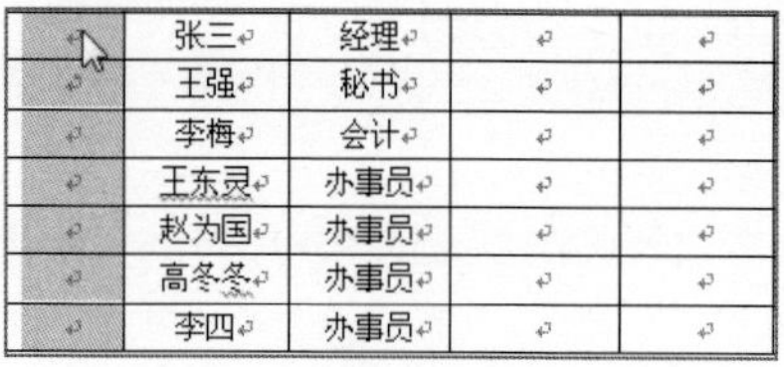

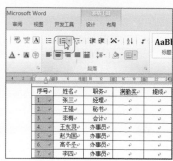

	张三	经理		
	王强	秘书		
	李梅	会计		
	王东灵	办事员		
	赵为国	办事员		
	高冬冬	办事员		
	李四	办事员		

图19-20

图19-21

❸ 用户可以对编号的格式进行调整，单击“编号”按钮，打开下拉菜单，选择“定义新编号格式”命令，如图19-22所示。

❹ 打开“定义新编号格式”对话框，在“编号格式”选项组中设置编号格式，在“对齐方式”下拉列表中选择编号的对齐方式，如“居中”，单击“字体”按钮，设置编号的字体样式，最终单击“确定”按钮，完成设置，如图19-23所示。

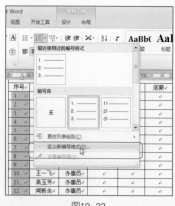

图19-22

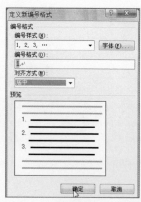

图19-23

❺ 此时表格中选中的单元格即实现自动编号的插入，如图19-24所示。

序号	姓名	职务	满勤奖	提成	底薪
1.	张三	经理			
2.	王强	秘书			
3.	李梅	会计			
4.	王东灵	办事员			
5.	赵为国	办事员			
6.	高冬冬	办事员			
7.	李四	办事员			
8.	章品	办事员			
9.	李阳	办事员			

图19-24

技巧6　设置表格中数据的对齐方向

插入表格后，在表格中输入内容的对齐方向，在默认状态下，所有文字都是以靠上两端对齐方式呈现的，调整表格中数据的对齐方向，可以通过以下方式来实现，具体的操作方法如下。

❶ 选中整个表格，在“表格工具”的“布局”选项卡中，选择“对齐方式”选项组中的“对齐方式”按钮，既可以实现对齐方式的设置，例如选择“水平居中”按钮，如图19-25所示。

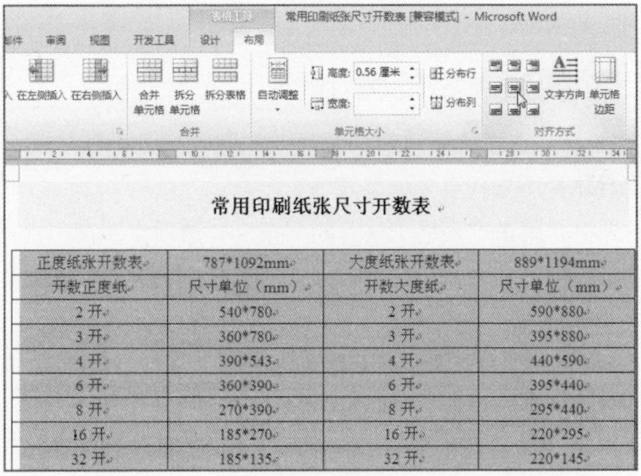

正度纸张开数表	787*1092mm	大度纸张开数表	889*1194mm
开数正度纸	尺寸单位（mm）	开数大度纸	尺寸单位（mm）
2 开	540*780	2 开	590*880
3 开	360*780	3 开	395*880
4 开	390*543	4 开	440*590
6 开	360*390	6 开	395*440
8 开	270*390	8 开	295*440
16 开	185*270	16 开	220*295
32 开	185*135	32 开	220*145

图19-25

❷ 修改表格中文字的方向，可先选中需要修改的文本内容，在“表格工具”的“布局”选项卡中，单击“对齐方式”选项组中的“文字方向”按钮，将默认的横排方式更改为竖排方式，选择的文本内容也完成了横排方向到竖排方向的切换，如图19-26所示。

❸ 再按照步骤1的方法设置文字的对齐方式，如设置为“中部两端对齐”的对齐方式，如图19-27所示。

图19-26

图19-27

技巧7　自动调整表格的大小

表格在插入到文档进行编辑后，有自动调整表格大小的功能，并且调整方式多样，下面具体介绍如何自动调整表格大小。

❶ 选中表格，单击"表格工具"的"布局"选项卡，在"合并"选项组中单击"自动调整"按钮，打开下拉菜单，选择"根据内容自动调整表格"命令，如图19-28所示。

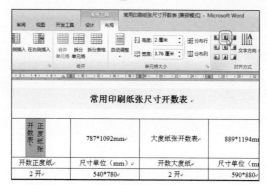

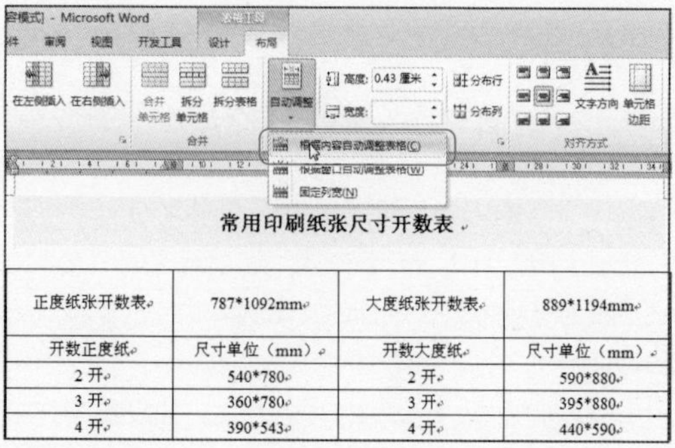

图19-28

2 所选表格自动根据表格中内容的长度进行调整，表格的大小也进行了明显的调整，例如本例，表格的大小比原来缩小了很多，如图19-29所示。

常用印刷纸张尺寸开数表

正度纸张开数表	787*1092mm	大度纸张开数表	889*1194mm
开数正度纸	尺寸单位（mm）	开数大度纸	尺寸单位（mm）
2 开	540*780	2 开	590*880
3 开	360*780	3 开	395*880
4 开	390*543	4 开	440*590
6 开	360*390	6 开	395*440
8 开	270*390	8 开	295*440

图19-29

技巧8 套用表格样式快速美化表格

在Word中表格和文档一样，同样可以通过设置达到美化的效果，并且Word 2010也自带了大量的精美表格样式，用户可以套用样式达到快速美化表格的效果，具体操作方式如下。

1 选中表格，在"表格工具"的"设计"选项卡中，单击"表格样式"选项组中的"样式"按钮，打开Word自带的表格样式，拖动滚动条，可选择更多的表格样式，如单击"列表型7"表格样式，如图19-30所示。

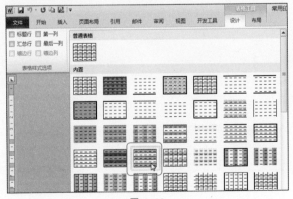

图19-30

2 所选表格自动套用所选的表格样式，完成快速美化表格，如套用"列表型7"表格样式后，最终的显示效果如图19-31所示。

3 选中修改后的表格样式，切换到"表格工具"的"设计"选项卡，选中"表格样式选项"选项组中的复选框，可对表格中特定的某些行设置特殊格式，如勾选"标题行"复选框，将表格的第一行设置为特殊格式，如图19-32所示。

常用印刷纸张尺寸开数表

正度纸张开数表	787*1092mm	大度纸张开数表	889*1194mm
开数正度纸	尺寸单位（mm）	开数大度纸	尺寸单位（mm）
2 开	540*780	2 开	590*880
3 开	360*780	3 开	395*880
4 开	390*543	4 开	440*590
6 开	360*390	6 开	395*440
8 开	270*390	8 开	295*440
16 开	185*270	16 开	220*295
32 开	185*135	32 开	220*145
64 开	135*95	64 开	110*145
注：成品尺寸=纸张尺寸-修边尺寸		注：成品尺寸=纸张尺寸-修边尺寸	

图19-31

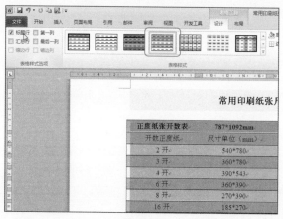

图19-32

④ 完成所有设置后，表格完成了自动套用格式，其中操作步骤3可根据需要执行，不是必须的步骤项，如图19-33所示。

常用印刷纸张尺寸开数表

正度纸张开数表	787*1092mm	大度纸张开数表	889*1194mm
开数正度纸	尺寸单位（mm）	开数大度纸	尺寸单位（mm）
2 开	540*780	2 开	590*880
3 开	360*780	3 开	395*880
4 开	390*543	4 开	440*590
6 开	360*390	6 开	395*440
8 开	270*390	8 开	295*440
16 开	185*270	16 开	220*295

图19-33

技巧9 将一个表格拆分为两个表格

在表格的处理过程中，常常有较多的数据之间逻辑关系不够紧密，放置在一起，影响整张表格数据的整体关系，将一张表格拆分为两张表格，可以较好地处理这类问题，下面详细介绍如何将一个表格水平拆分为两个表格的操作。

1 将光标定位到需要拆分的表格单元处，切换到"表格工具"的"布局"选项卡下，在"合并"选项组中单击"拆分表格"按钮，如图19-34所示。

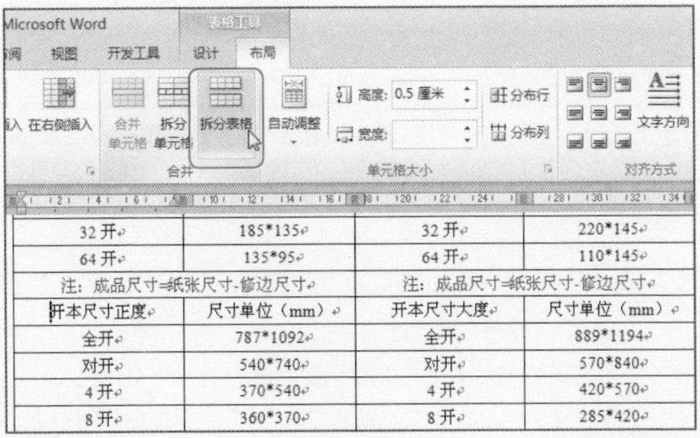

图19-34

2 原本还是一张整的表格以光标所在的单元格为界，被水平分成两张表格，达到拆分表格的最终目的，如图19-35所示。

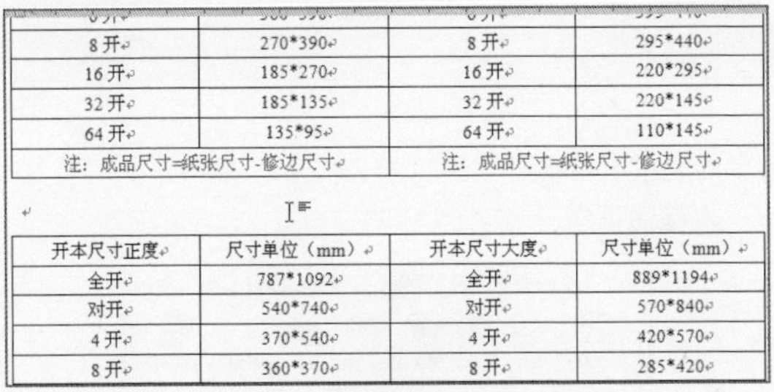

图19-35

19.2 图形的设置插入技巧

技巧1 利用Word 2010中自带的截屏工具来截取图片

Word 2010自带了一个简单的屏幕截图工具，用户可以直接以鼠标拖动的方式截取屏幕的特定区域，截屏工具支持多种截图模式，并且能够自动缓存当前打开窗口的截图，单击一下鼠标即可将截图插入文档，十分方便，具体的操作方式如下。

1 打开"插入"选项卡，在"插图"选项组中单击"屏幕截图"按钮，弹出下拉菜单，"可用视窗"下是当前桌面上除了本文档以外正在运行的程序界面，选中需要的图像，如图19-36所示。

图19-36

② 单击该图像即可将该程序界面作为图片粘贴到当前文档中，如图19-37
所示。

图19-37

③ 当前桌面上没有其他程序运行时，"屏幕截图"下拉菜单中就只有"屏
幕剪辑"命令，选择该命令，如图19-38所示。

图19-38

④ 此时整个屏幕被浅色盖住，光标变成十字形，按住鼠标左键拖动即可选
择需要截取的区域，如图19-39所示。

⑤ 松开鼠标左键，即可将截取到的图片粘贴到当前文档中，如图19-40所示。

图19-39

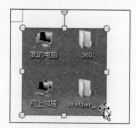

图19-40

技巧2　重新调整图片的色彩比例

在Word中可以对图片进行简单的调整编辑，在文档编辑时可以直接使用，图片的色彩比例也可以进行设置，下面介绍具体的实现方法。

❶ 选中图片，打开"图片工具"的"格式"选项卡，在"调整"选项组中单击"颜色"按钮，在弹出的下拉菜单中选择合适的"颜色饱和度"、"色调"和"重新着色"样式，如选择"重新着色"选项下的"褐色"样式，单击该样式，如图19-41所示。

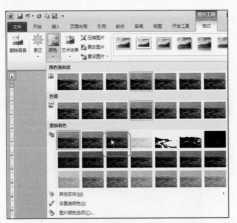

图19-41

❷ 设置完成后的图片效果和原图有较大的差异，通过对比可以较为清晰地看出，如图19-42和图19-43所示。

图19-42

图19-43

技巧3　快速设置图片外观样式

在Word中预置了很多种图片外观样式，用户可以根据实际需求直接进行套用，更能够达到快速美化图片的效果，具体操作方法如下。

❶ 选中图片，打开"图片工具"的"格式"选项卡，在"图片样式"选项

组中单击下拉按钮，在弹出的下拉菜单中选择一种合适的样式，如选择"圆形对角，白色"样式，如图19-44所示。

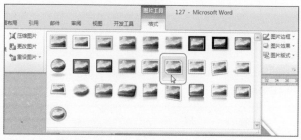

图19-44

❷ 单击该样式即可将效果应用于图片中，完成外观样式的快速套用，如图19-45所示。

图19-45

技巧4　让图片迅速转化为自选图形形状

在Word中插入图片可以将其迅速转化为自选图形的形状，即将图片按照自选图形形状进行裁切并且填充图片为色彩效果，具体操作如下。

❶ 新建文档，单击"插入"选项卡下"插图"选项组中的"形状"按钮，打开其下拉菜单，选择需要设置的图形形状，如单击"基本形状"下的"心形"图形，如图19-46所示。

❷ 按住鼠标左键，在文档中拖动绘制图形，调整图形至合适的大小并填充颜色，在"绘图工具"的"格式"选项卡下的"形状样式"选项组中，单击"形状填充"按钮，打开下拉菜单，选择"图片"命令，如图19-47所示。

❸ 打开"插入图片"对话框，找到需要插入图片的位置，选择图片，单击"插入"按钮，如图19-48所示。

❹ 插入的图片自动填充到自选图形内，达到充分的美化效果，实现了图片转化为自选图形形状的目的，如图19-49所示。

图19-46

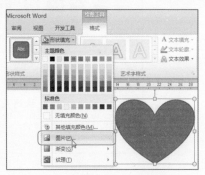

图19-47

图19-48

图19-49

技巧5　让文字环绕图片显示

在文档中插入图片会占据较大的版面，而文字和图片之间该以何种方式共同显示呢？其实，图片插入文本中默认的版式是嵌入式，如果需要让文字环绕图片显示，该怎么做呢？下面具体介绍如何让文字环绕图片显示。

❶ 单击"插入"选项卡下的"插图"选项组，再单击"图片"按钮，选择需要插入的图片，图片以"嵌入方式"插入文档中，如图19-50所示。

图19-50

❷ 选择图片，在"图片工具"的"格式"选项卡下的"排列"选项组中，单击"自动换行"按钮，打开下拉菜单，选择"紧密型环绕"命令，如图19-51所示。

图19-51

③ 所选择的图片在设置后实现了文字和图片的环绕显示，使用鼠标移动或按键盘上的方向键即可将图片移动到合适位置，如图19-52所示。

图19-52

第 *20* 章

页面设置和目录规划技巧

20.1 文档页面设置技巧

技巧1 直接在文档中调整页边距

在Word文档的编辑页面中可以直接手动调整页边距，具体操作方法如下。

❶ 打开Word文档，将鼠标移至顶部左边的标尺上，当鼠标指针变为左右对拉箭头且出现"左边距"提示文字时（如图20-1所示），按住鼠标左键向右拖动即可增大左边距，如图20-2所示。

图20-1　　　　　　　　　　　　　　图20-2

❷ 将鼠标移至左边上侧标尺上，当鼠标指针变成上下对拉箭头且出现"上边距"提示文字时（如图20-3所示），按住鼠标左键向下拖动即可增大上边距，如图20-4所示。

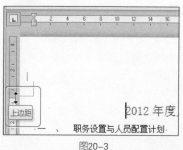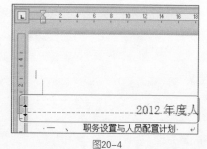

图20-3　　　　　　　　　　　　　　图20-4

❸ 按照相同的方法，可以分别对右页边距、下页边距进行调整。

技巧2 为需要装订成册的文档设置装订线位置

如果文档打印之后需要装订成册，那么则需要事先预留出装订线的位置，具体操作方法如下。

❶ 打开文档，切换到"页面设置"选项卡，在"页面设置"选项组中单击 按钮，打开"页面设置"对话框。

❷ 在"页面设置"对话框中切换到"页边距"标签，在"装订线"文本框中输入预留尺寸，接着在"装订线位置"下拉列表中设置装订线的位置，如"左"，如图20-5所示。

❸ 单击"确定"按钮，即可在文档左侧预留出指定宽度的装订线位置。

技巧3　设置对称页面页边距

对称页边距的设置用于文档需要双面打印并装订成册的情况，其设置的具体方法如下。

❶ 打开文档，切换到"页面设置"选项卡，在"页面设置"选项组中单击 🔳 按钮。

❷ 打开"页面设置"对话框，切换到"页边距"标签，在"页码范围"选项组下的"多页"下拉列表中选择"对称页边距"选项，如图20-6所示。

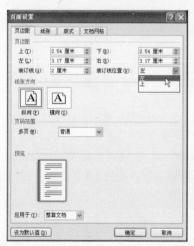

图20-5

图20-6

技巧4　让每页包含固定行数及每行字数

文档中的每页行数与每行字数会根据当前页面大小以及页边距产生默认值，要实现更改每页行数与每行字数的默认值，具体操作方法如下。

❶ 打开文档，接着打开"页面设置"对话框，切换到"文档网络"标签，在"网格"选项组中选中"指定行和字符网格"单选按钮，激活下面的"字符数"选项组，在"每行"文本框中输入每行的字符数，接着在"行数"选项组的"每页"文本框中输入每页的行数，如图20-7所示。

❷ 设置完成后，单击"确定"按钮，则当前文档将按指定的行数和字数显示，效果如图20-8所示。

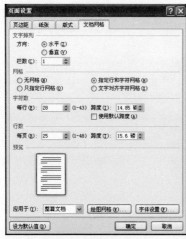

图20-7

图20-8

技巧5 重新设置起始行号及行号间隔

根据实际使用的需求，可以为文档添加行号，用户可以重新设置起始行号以及行号间距，具体操作方法如下。

1 打开文档，接着打开"页面设置"对话框，切换到"版式"标签，单击"行号"按钮，如图20-9所示。

2 打开"行号"对话框，选中"添加行号"复选框，接着分别对"起始编号"、"距正文"和"行号间隔"进行设置（如图20-10所示），设置完成后单击"确定"按钮即可。

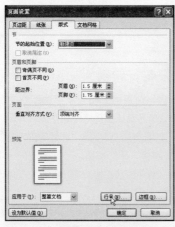

图20-9

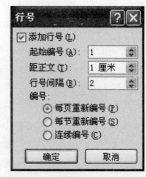

图20-10

技巧6 在指定位置分页

用户可以实现在文档中的指定位置将文档分页，具体操作方法如下。

1 打开文档，将光标定位到要进行分页的位置上，如图20-11所示。

2 切换到"插入"选项卡，在"页"选项组中单击"分页"按钮，即可将光标所在位置之前和之后的内容显示在不同的页中。

图20-11

技巧7 更改Word新文档模板的页面大小

在Word 2010中新建的文件默认为A4纸张，如果日常办公中不常用这种纸张和页边距，可以根据工作的需要来设置Word文档的页面大小和页边距等选项。

1 新建Word文档，打开"页面设置"对话框，根据使用需要设置好纸张的大小、页边距等。

2 单击"文件"标签，在Backstage视窗中单击"另存为"选项，打开"另存为"对话框，选择保存位置为"受信任模板"，设置保存文件名，如图20-12所示。

图20-12

③ 关闭当前所有Word文档，进入C:\Documents and Settings\Administrator\ Application Data\Microsoft\Tempaltes目录下，此时可以看到保存的所有模板，如图20-13所示，将Normal1.dot模板更改为其他任意名称，接着将刚刚保存的模板重命名为Normal1.dox即可。

图20-13

20.2 文档目录结构的创建与管理技巧

技巧1 利用大纲视图建立文档目录

规划一个清晰的目录是建立一篇长文档的基础，在大纲视图中可以快速地建立文档的目录，同时可以设置多个级别，具体操作方法如下。

① 新建Word文档，切换到"视图"选项卡，在"文档视图"选项组中单击"大纲视图"按钮，进入大纲视图，如图20-14所示。

② 在光标后可以直接输入一级目录标题，输入完成后可以在"格式"选项组中设置标题的字体和字号等，如图20-15所示。

图20-14

图20-15

❸ 按Enter键转到下一行，在"大纲视图"选项组中单击"大钢级别"下拉按钮，在其下拉列表中选择"2级"目录，如图20-16所示。

❹ 建立二级目录后可以看到输入二级目录标题右边的●变成了⊕，在标后面输入二级标题目录，如图20-17所示。

图20-16

图20-17

❺ 按Enter键转到下一行，在"大纲工具"选项组中单击"大纲级别"下拉按钮，在其下拉列表中选择"3级"目录，输入三级目录标题，如图20-18所示。

❻ 依次类推，即可创建文档的全部目录结构，创建好的目录结构如图20-19所示。

图20-18

图20-19

❼ 单击窗口左下角的"页面视图"按钮，回到页面视图中，设置好的目录结构效果如图20-20所示。

专家提示

　　在设置完某一级别的目录后，又出现上一级别的目录，则在按Enter键转换到下一行后，在"级别目录"下拉按钮中重新选择目录级别。

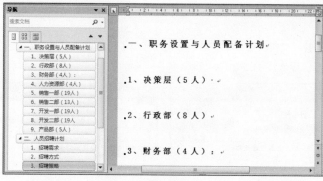

图20-20

技巧2 折叠显示长目录

当文档目录级别较多、目录较长时，则不太方便查看文档同级之间的规划是否合理，此时可以利用目录的折叠与展开功能让目录只显示需要查看的部分，具体操作方法如下。

（1）利用"级别显示"功能

① 切换到大纲视图中，在"大纲工具"选项组中单击"显示级别"下拉按钮，在其下拉列表中选择要查看的级别目录，如"2级"目录，如图20-21所示。

② 选择了二级目录后，则系统会只显示二级目录，如图20-22所示。

③ 按照相同的方法从"级别显示"下拉菜单中选择需要查看的目录级别，则系统根据设置显示目录级别。

图20-21

图20-22

（2）利用"折叠"按钮

① 单击"1级标题"前面的"⊕"选中所有目录，单击"折叠"按钮，即可折叠至倒数第2级目录，接着单击可以继续折叠，如图20-23所示。

② 选中某一目录前面的"⊕"单击"折叠"按钮，即可折叠该目录的下级

目录，如图20-24所示。

图20-23　　　　　　　　　　　　　　　　图20-24

技巧3　重新调整目录顺序

在规划目录时，由于众多因素，目录的顺序可能在后期需要重新调整，调整目录顺序可以按如下方法进行。

❶ 如果要调整的目录不包含下级目录，可直接单击该目录前面的符号选中，接着在"大纲工具"选项组中单击"上移"或"下移"按钮进行调整，如图20-25所示。

❷ 如果要调整的目录包含下级目录，且下级目录需要一同调整，可选中该目录折叠，接着在"大纲工具"选项组中单击"上移"或"下移"按钮进行调整，如图20-26所示。

图20-25　　　　　　　　　　　　　　　　图20-26

技巧4　提取文档目录

翻开一本书的时候，首先看到的是目录，在文档建立完成后，可以按如下方法将文档目录提取出来。

❶ 将光标定位到文档的起始位置，切换到"引用"选项卡，在"目录"选

项组中单击"目录"按钮，在其下拉菜单中选择"插入目录"命令，如图20-27所示。

② 打开"目录"对话框，即可显示文档目录结构，系统默认只显示3级目录，如果长文档目录级别超过3级，可在"常规"列表中的"显示级别"文本框中手动设置要显示的级别，如图20-28所示。

图20-27

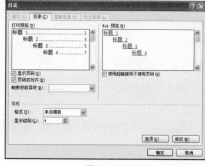

图20-28

③ 设置完成后，单击"确定"按钮，目录显示效果如图20-29所示。

图20-29

技巧5　目录的快速更新

当在长文档中插入了目录并使用了页码后，如果后期对目录进行了改变，或者插入了新的目录，可以对原目录进行更新，以符合文档需要。

① 对文档目录进行更改后，切换到"引用"选项卡，在"目录"选项组中单击"更新目录"按钮，如图20-30所示。

② 打开"更新目录"对话框，选中"更新整个目录"单选按钮，单击"确定"按钮（如图20-31所示），即可更新目录。

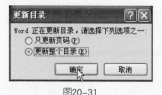

图20-30

图20-31

专家提示

建立了文档目录后，按住Ctrl键，然后在要查看的目录上单击鼠标，即可快速定位到对应的文档上。

技巧6 设置目录的文字格式

为文档添加的目录有其默认的字体，用户可以根据需要更改文字的格式，具体操作方法如下。

① 打开文档，切换到"引用"选项卡，在"目录"选项组中单击"目录"按钮，在其下拉菜单中选择"插入目录"命令，打开"目录"对话框。

② 单击"修改"按钮，打开"样式"对话框，如图20-32所示。

③ 在列表框中选择目录，可以看到预览效果，单击"修改"按钮，打开"修改样式"对话框，重新设置样式格式，如字体、字号、颜色等，如图20-33所示。

图20-32

图20-33

④ 设置完成后，单击"确定"按钮，返回到"样式"对话框，可以看到预览效果（如图20-34所示），选择"目录2"再次单击"修改"按钮，打开"修改样式"对话框进行设置。

⑤ 所有目录设置完成后，回到"目录"对话框中，可以看到预览效果，如图20-35所示。

图20-34

图20-35

⑥ 单击"确定"按钮退出"目录"对话框，弹出"是否替换所选目录"对话框，单击"是"按钮，设置好的效果即应用到目录中，如图20-36所示。

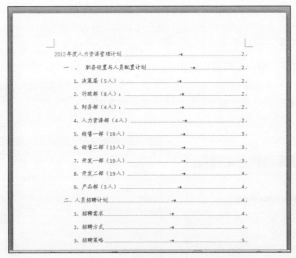

图20-36

第 *21* 章

Excel基础设置技巧

21.1 单元格格式设置与编辑技巧

技巧1 快速增减数据的小数位数

在Excel 2010中，用户可以通过设置数据的小数位数来满足工作的需要，具体操作方法如下。

❶ 打开工作表，选中需要更改小数位数的单元格并右击，在快捷菜单中选择"设置单元格格式"命令，如图21-1所示。

❷ 打开"设置单元格格式"对话框，在"分类"列表框中单击"货币"标签，即可在右侧"小数位数"文本框中增减小数位数，如图21-2所示。

图21-1

图21-2

技巧2 当输入内容超过单元格宽度时自动调整列宽

在单元格中输入数据时，如果数据长度超过了单元格的宽度，则超过的部分无法显示出来，通过对单元格设置"自动调整列宽"，则在输入的内容超过单元格宽度时自动调整列宽。

打开工作表，选中已经输入数据但不能完整显示的单元格或单元格区域，如A2:E2，切换到"开始"选项卡，在"单元格"选项组中单击"格式"按钮，在其下菜单中选择"自动调整列宽"命令（如图21-3所示），即可依据单元格的内容自动调整列

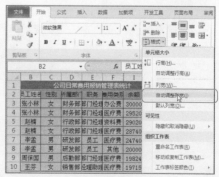

图21-3

宽，如图21-4所示。

	B	C	D	E	F	G	H	I	J
1				公司日常费用报销管理表统计					
2	员工姓名	性别	所属部门	职务	费用类别	入额	出额	余额	备注
3	张小林	女	财务部	部门经理	办公费	3000		30000	药品
4	张小林	女	财务部	部门经理	医疗费		480	29520	药品
5	赵楠	女	行政部	部门经理	资料费		500	29020	资料
6	赵楠	女	行政部	部门经理	医疗费		280	28740	注射
7	李孟	男	研发部	员工	医疗费		4000	24740	注射
8	李孟	男	研发部	员工	其他		4740	20000	采购
9	周保国	男	后勤部	部门经理	医疗费		176	19824	体检
10	王芬	女	销售部	经理助理	医疗费		108.8	19715.2	药品
11									

图21-4

技巧3 当输入内容超过单元格宽度时自动换行

在单元格中输入数据时，如果数据长度超过了单元格的宽度，则超过的部分无法显示出来，设置单元格自动换行，可以在输入的内容超过单元格宽度时自动转换到下一行显示，具体操作方法如下。

❶ 打开工作表，选中要自动换行的单元格或单元格区域，打开"设置单元格格式"对话框，在"文本控制"选项组中选中"自动换行"复选框，如图21-5所示。

❷ 单击"确定"按钮，返回到工作表中，在设置了自动换行的单元格输入内容超过单元格宽度时，系统会自动换行，如图21-6所示。

图21-5

H	I	J	K
出额	余额	备注	
	30000	用于购买必须物资	
480	29520	必须物资	
500	29020	资料	
280	28740	注射	
4000	24740	注射	

图21-6

技巧4 当输入内容超过单元格宽度时自动缩小字体

除了设置单元格自动换行外，用户还可以设置输入内容超过单元格宽度时自动缩小字体，具体操作方法如下。

❶ 打开工作表，选中要自动换行的单元格或单元格区域，打开"设置单元格格式"对话框，在"文本控制"选项组中勾选"缩小字体填充"复选框，如图21-7所示。

❷ 单击"确定"按钮，返回到工作表中，在设置了自动缩小字体的单元格中输入内容超过单元格宽度时，系统会自动缩小字体，如图21-8所示。

图21-7　　　　　　　　　　图21-8

技巧5　让单元格不显示"零"值

在Excel 工作表中，当单元格结果为0时，默认显示"0"值，如果不想显示，可按照以下方法操作。

1 打开工作表，单击"文件"标签，切换到Backstage视窗，在左侧窗格中单击"选项"标签，如图21-9所示。

2 打开"Excel选项"对话框，在左侧窗格选中"高级"标签，在右侧窗格中的"此工作表的显示选项"下拉列表中，取消选中下面的"在具有零值的单元格中显示零"复选框，单击"确定"按钮完成设置，如图21-10所示。

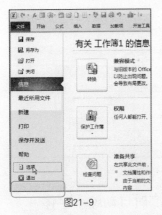

图21-9

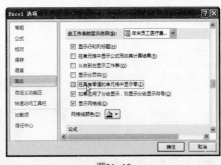

图21-10

技巧6　设置单元格边框效果

在默认情况下，为单元格添加的边框是黑色的实线，用户还可以根据自己的喜好设置边框的不同效果。

1 打开工作表，选中要设置边框效果的单元格或单元格区域，打开"设置单元格格式"对话框，切换到"边框"选项卡，在"颜色"下拉列表中选择边框的颜色（如图21-11所示），接着在"线条样式"列表框中选择要设置的外边框和内边框的线条，如图21-12所示。

图21-11　　　　　　　　　　　　　　　　图21-12

② 单击"确定"按钮，为单元格设置的边框效果如图21-13所示。

图21-13

技巧7　设置单元格的特效填充效果

默认情况下，单元格是没有填充效果的，如果需要给单元格设置特效填充效果，可以通过如下方法实现。

① 打开工作表，选中要设置特效填充效果的单元格或单元格区域，打开"设置单元格格式"对话框，切换到"填充"选项卡，在"背景色"列表下选择一种颜色，如图21-14所示。

② 单击"填充效果"按钮，打开"填充效果"对话框，在"颜色"列表框中选择颜色样式，如"双色"，在"颜色1"下拉列表中选择一种颜色，接着在"底纹样式"选项组中选择特效填充的底纹样式，如"中心辐射"样式，如图21-15所示。

③ 单击"确定"按钮，返回"设置单元格格式"对话框中，再次单击"确定"按

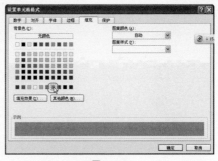

图21-14

钮，返回工作表中，设置的特殊填充效果如图21-16所示。

图21-15

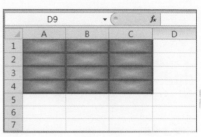

图21-16

技巧8 套用表格格式快速美化表格

Excel 2010提高了自动格式化功能，可以根据预设的样式将制作的表格美化，产生美观的效果，即Excel 2010中常用的自动套用表格样式。

❶ 打开工作表，选中需要套用表格格式的单元格区域，如A1:D10，在"开始"选项卡的"样式"选项组中单击"套用表格格式"按钮，在其下拉菜单中选择一种需要应用的方案，如图21-17所示。

❷ 打开"套用表格式"对话框，在"表数据的来源"文本框中显示了单元格区域，如图21-18所示。

❸ 单击"确定"按钮即可将该表格格式应用到选中的单元格区域中，如图21-19所示。

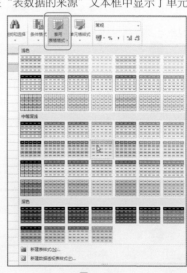

图21-17

图21-18　　　　　　　　　　　　图21-19

技巧9　为特定的单元格添加批注信息

为了方便查看工作表中的数据，可为一些单元格添加批注，具体操作方法如下。

1 打开工作表，选中要添加批注的单元格，如B12，切换到"审阅"选项卡，在"批注"选项组中单击"新建批注"按钮（如图21-20所示），即可显示批注编辑框，如图21-21所示。

图21-20　　　　　　　　　　　　图21-21

2 在批注编辑框中输入要批注的内容，并在其他单元格中单击，即可看到添加批注单元格的右上方显示红色小三角，如图21-22所示。

	B	C	D	E	F	G	H	I	J
1				公司日常费用报销管理表统计					
2	员工姓名	性别	所属部门	职务	费用类别	入额	出额	余额	备注
3	张小林	女	财务部	部门经理	办公费	30000		30000	需手写签名上报信息
4	张小林	女	财务部	部门经理	医疗费		480	29520	药品
5	赵楠	女	行政部	部门经理	资料费		500	29020	资料
6	赵楠	女	行政部	部门经理	医疗费		280	28740	注射
7	李孟	男	研发部	员工	医疗费		4000	24740	注射
8	李孟	男	研发部	员工	其他		4740	20000	采购
9	周保国	男	后勤部	部门经理	医疗费		176	19824	体检
10	王芬	女	销售部	经理助理	医疗费		108.8	19715.2	药品
11									
12									

图21-22

技巧10　为特定的单元格设置超链接

用户可以为工作表中的某一单元格设置超链接，下面介绍具体操作方法。

1 打开工作表，选中要添加超链接的单元格，切换到"插入"选项卡，在"链接"选项组中单击"超链接"按钮，如图21-23所示。

2 打开"插入超链接"对话框，在"链接到"列表中选择"现有文档或网页"选项，在右侧"当前文件夹"列表框中选择要为该单元格添加链接的位置，如"分类汇总"工作表，如图21-24所示。

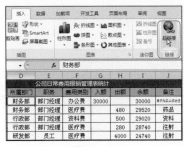

图21-23

图21-24

3 单击"屏幕提示"按钮，打开"设置超链接屏幕提示"对话框，在"屏幕提示文字"文本框中输入鼠标移动到设置超链接的单元格上时的提示信息，如图21-25所示。

4 单击"确定"按钮关闭所有对话框，即可看到添加超链接的单元格中的数据以蓝色显示，将鼠标移动到该单元格上，即可显示如图21-26所示的提示信息。单击该单元格，即可跳转到指定的对象中。

图21-25

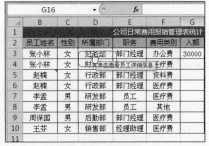

图21-26

技巧11　一次性清除表格中所有单元格的格式设置

当在工作表中进行了格式设置（如设置了文字格式、对齐方式等）后，如果不再需要这些格式了，可以一次性清除所有的格式。

① 打开工作表，按快捷键Ctrl+A选中整张工作表，或者选中要清除格式的单元格区域，切换到"开始"选项卡，在"编辑"选项组中单击"清除"下拉按钮，在其下拉菜单中选择"清除格式"命令，如图21-27所示。

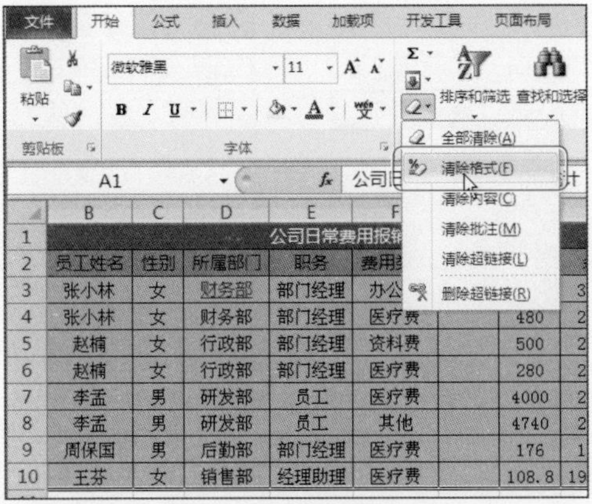

图21-27

② 清除工作表中使用的所有格式后效果如图21-28所示。

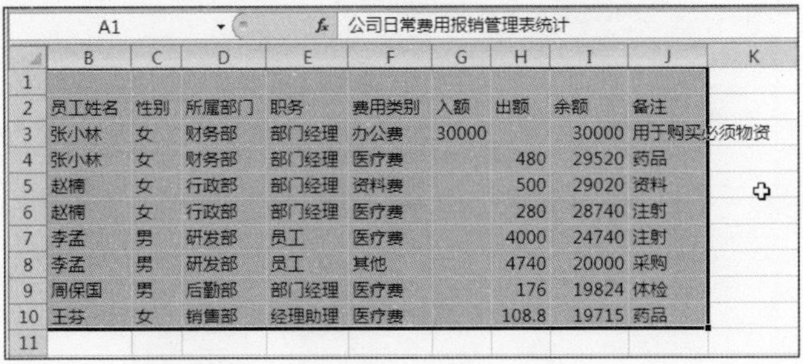

图21-28

21.2 数据的复制与粘贴技巧

技巧1 复制公式

在对单元格的数据使用了公式后，可以将使用的公式复制到其他单元格中使用。

① 选中使用公式的单元格，如E3单元格，按快捷键Ctrl+C复制公式，如图21-29所示。

② 选中要粘贴公式的单元格，如E4单元格，按快捷键Ctrl+V粘贴，即可完

成复制所选择的公式，并计算结果，效果如图21-30所示。

f_x	=C3*D3	
C	D	E

售员业绩分析		
销售金额	提成率	业绩奖金
3200	8.00%	256
4250	10.00%	
3887	8.00%	
6122	15.00%	
5601	0.1	

图21-29

f_x	=C4*D4	
C	D	E

售员业绩分析		
销售金额	提成率	业绩奖金
3200	8.00%	256
4250	10.00%	425
3887	8.00%	
6122	15.00%	
5601	0.1	

图21-30

技巧2 使用填充的方法快速复制公式

在工作表中，同一行或同一列所使用的公式是基本是相同的，此时可以使用填充的方法快速复制公式。

选中使用公式的单元格，将鼠标移动到单元格右下角，光标变成╋形状，按住鼠标左键向右（同一行）或向下（同一列）填充，释放鼠标，即可为填充的单元格复制公式，显示计算结果，效果如图21-31所示。

	E3		f_x	=C3*D3		
	A	B	C	D	E	F
1	**销售员业绩分析**					
2	姓名	销售数量	销售金额	提成率	业绩奖金	
3	刘洋	16	3200	8.00%	256	
4	黄建国	25	4250	10.00%	425	
5	陈磊	30	3887	8.00%	310.96	
6	夏雨	39	6122	15.00%	918.3	
7	罗小平	35	5601	0.1	560.1	
8						

图21-31

技巧3 使用数据行列转置

所谓行列转置，是在复制时将原本为行的数据粘贴为列显示，将原本为列的数据粘贴为行显示。

❶ 在工作表中选中要转置的数据源区域，按快捷键Ctrl+C复制，接着选中要粘贴数据的单元格区域，如图21-32所示。

❷ 切换到"开始"选项卡，在"剪贴板"选项组中单击"粘贴"按钮，在其下拉菜单中选择"转置"命令，即可实现将选中的单元格区域转置显示，如图21-33所示。

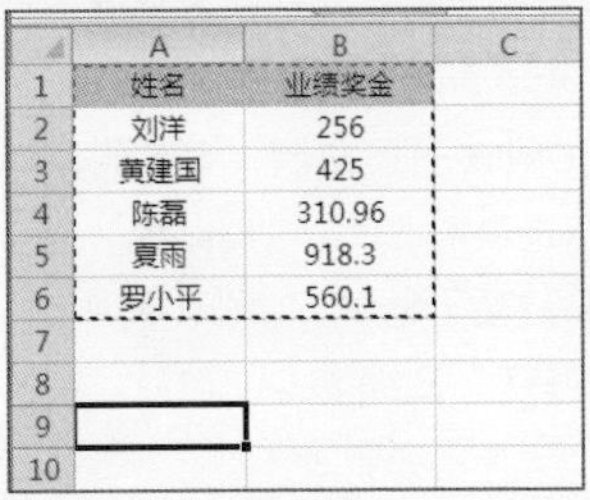

图21-32　　　　　　　　　　图21-33

技巧4　利用"选择性粘贴"实现加、减、乘、除运算

要实现对某些单元格中的数据加、减、乘或除同一个数值，可以通过选择性粘贴功能实现。

❶ 在一个空白的单元格中输入需要加（减、乘、除）的数据，如在E9单元格中输入1.2，选中E9单元格，按快捷键Ctrl+C复制，接着选择要进行运算的单元格，如图21-34所示。

❷ 切换到"开始"选项卡，在"剪贴板"选项组中单击"粘贴"按钮，在其下拉菜单中选择"选择性粘贴"命令，打开"选择性粘贴"对话框，在"运算"选项组下选中"乘"单选按钮，如图21-35所示。

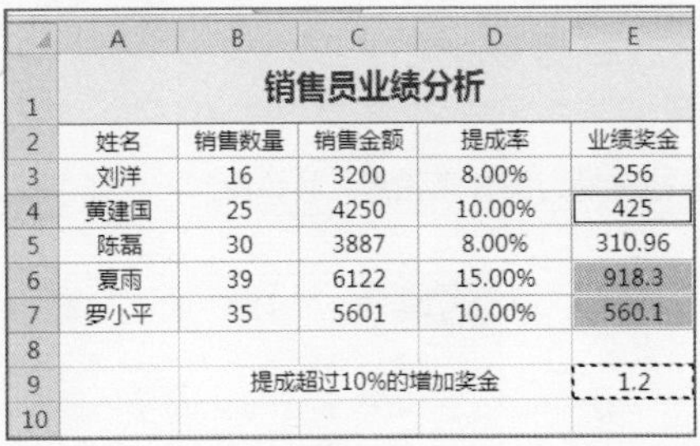

图21-34　　　　　　　　　　图21-35

❸ 单击"确定"按钮，则选中的单元格都进行了乘1.2的运算，效果如图21-36所示。

图21-36

技巧5 让粘贴数据随着原数据自动更新

如果想要实现让粘贴的数据随着原数据源自动更新，在粘贴数据时，可以使用"粘贴连接"功能实现。

1️⃣ 选中要复制的单元格区域，按快捷键Ctrl+C进行复制，切换到目标位置，选中目标位置的第一个单元格，在"开始"选项卡下单击"剪贴板"选项组中的"粘贴"按钮，在其下拉菜单中选择"粘贴链接"命令，如图21-37所示。

2️⃣ 执行上述操作后，即可实现两处数据的链接，当原数据更改时，粘贴的数据也会进行相应更改。

图21-37

技巧6 将表格粘贴为图片

建立表格后，可以根据需要将表格转换为图片来使用，具体操作方法如下。

1️⃣ 选中要转换为表格的单元格区域，选择放置位置，接着切换到"开始"选项卡，在"剪贴板"选项组中单击"粘贴"按钮，在其下拉菜单中选择"图片"命令，如图21-38所示。

2️⃣ 即可将选择的区域转换为图片显示出来，效果如图21-39所示。

图21-38

产品信息表				
编码	品牌	规格	单位	底价
A-001	依莲	藏青色	件	128
B-002	夏兰	3色	件	159
C-001	夏蔻	2色	套	109
D-009	Amue	蓝灰	件	49
D-010	Amue	3色	件	59
E-005	Zkite	蓝	件	99
E-009	Zkite	2色	件	279
F-001	纯姬	蓝	条	199
F-003	纯姬	3色	件	99
G-001	曼茜娜	2色	件	99
G-002	曼茜娜	印花	件	149
G-007	曼茜娜	蓝色	件	29

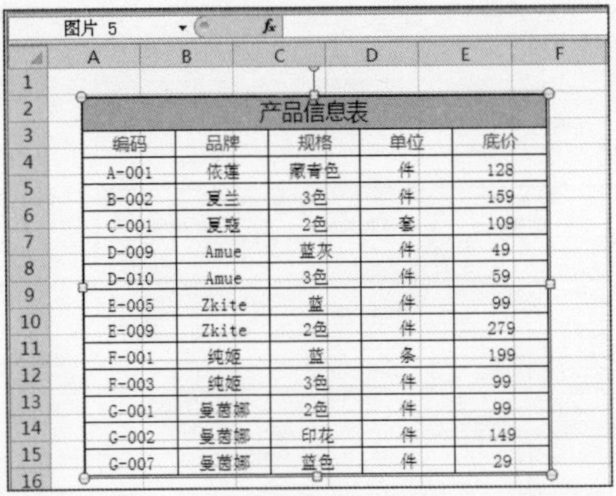

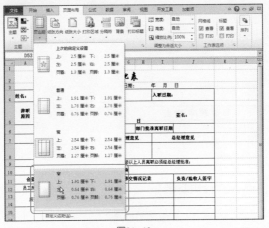

图21-39

21.3　Excel工作表页面布局设置

技巧1　根据需要更改表格页边距

Excel 2010默认的页边距是“普通”，如果用户不想使用默认的页边距，可以在工作簿中选择一种预设的页边距，具体方法如下。

❶ 打开需要设置页边距的工作表，切换到“页面布局”选项卡，在“页面设置”选项组中单击“页边距”按钮，在其下拉菜单中选择一种需要的页边距，如“窄”，如图21-40所示。

图21-40

❷ 更改表格的页边距后的效果如图21-41所示。

图21-41

技巧2　手动直观调整页边距

如果在"页边距"选项下预设的页边距值没有符合要求的，用户还可以在"自定义边距"对话框中手动微调页边距，使其满足文档的实际需要。

❶ 打开工作表，在"页面布局"选项卡下单击"页面设置"选项组中的 按钮，如图21-42所示。

❷ 打开"页面设置"对话框，切换到"页边距"标签，将页边距设置中的"上"、"下"、"左"、"右"4个页边距数值，按照当前文档需要重新设置即可，如图21-43所示。

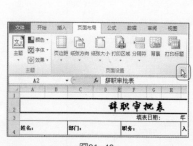

图21-42

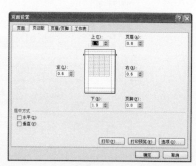

图21-43

技巧3　自定义打印纸张的大小

用户在打印文档的时候，系统默认设置是A4纸张，用户可以根据工作需要自定义打印纸张的大小，具体操作方法如下。

打开工作表，在"页面布局"选项卡下单击"页面设置"选项组中的 按钮，打开"页面设置"对话框，切换到"页面"选项卡，在"纸张大小"下拉列表中选择要打印的纸张，如"A5"（如图21-44所示），即可将打印的纸张更改为A5纸张。

技巧4　设置纸张方向

Excel工作表默认设置的打印纸张方向为"纵向"，用户可以根据实际工作需要，将纸张的方向改为"横向"，具体方法如下。

① 单击"页面布局"选项卡，在"页面设置"选项组中单击按钮，在打开的"页面设置"对话框中选择"横向"单选按钮，如图21-45所示。

图21-44　　　　　　　　　　　　　　　　图21-45

② 保存工作簿时设置生效。

技巧5　为表格添加页眉

页眉是文档中每个页面的顶部区域，常用于显示文档的附加信息，如果需要为表格添加页眉，具体操作方法如下。

① 打开工作表，切换到"插入"选项卡，在"文本"选项组中单击"页眉和页脚"按钮，如图21-46所示。

图21-46

② 接着Excel会切换到"页面布局"视图，在页面上方会出现一个页眉设

置区域，在该区域中共有左、中、右三个文本框可供输入页眉，本例中在中间的文本框中输入页眉文字，如图21-47所示。

③ 页面添加完成后，单击Excel主程序右下角的"页面视图"按钮，返回到页面视图，如图21-48所示。

图21-47　　　　　　　　　　图21-48

技巧6　插入自动页眉页脚效果

用户如果不想手动设置页眉页脚，可以插入Excel文件中自带的页眉、页脚效果，具体方法如下。

① 打开工作表，切换到"插入"选项卡，在"文本"选项组中单击"页眉和页脚"按钮。

② 系统自动切换到"页面布局"视图，将光标定位到页眉设置区域需要插入页眉的文本框中，切换到"设计"选项卡，在"页眉"下拉列表中选择一种页眉，如"员工离职审批表.第1页"样式，如图21-49所示。

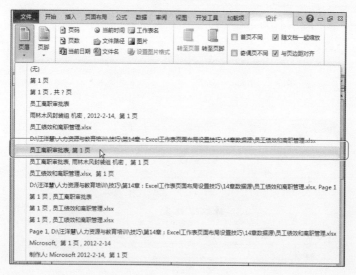

图21-49

③ 此时"员工离职审批表. 第1页"页眉样式就被插入到页眉文本框中，如图21-50所示。

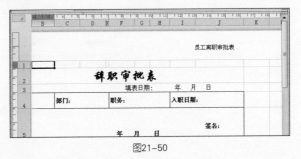

图21-50

④ 在"设计"选项卡下，单击"页脚"下拉按钮，按照相同的方法可以自动设置页脚。

技巧7　调整显示页眉页脚的预留尺寸

为工作表设置好页眉页脚后，可以在"页面设置"对话框中调整页眉页脚的预留尺寸，操作方法如下。

打开工作表，在"页面布局"选项卡下，单击"页面设置"选项组中的按钮，打开"页面设置"对话框，切换到"页边距"选项卡，分别在"页眉"和"页脚"文本框中手动调整需要预留的尺寸即可，如图21-51所示。

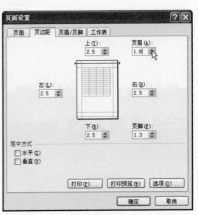

图21-51

技巧8　设置页脚起始页码为所需的页数

① 打开工作表，在"页面设置"选项组中单击按钮，打开"页面设置"对话框。

② 在"页面设置"对话框中的"起始页码"文本框中输入起始页码，如2，如图21-52所示。

③ 切换到"页眉/页脚"选项卡，接着单击"页脚"下拉按钮，在打开的下拉列表中选择一种页脚样式，如"第1页，共? 页，如图21-53所示。

图21-52

图21-53

④ 返回"页面布局"视图，则可看到页脚起始页码为第2页，如图21-54所示。

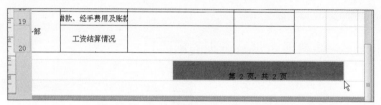
图21-54

技巧9 添加工作表的图片背景

如果觉得工作表背景单调，可以选择漂亮的图片作为背景，为工作表添加背景图片的具体操作方法如下。

① 打开工作表，切换到"页面布局"选项卡，在"页面设置"选项组中单击"背景"按钮，如图21-55所示。

图21-55

② 打开"工作表背景"对话框，选择要添加的背景图片，如图21-56所示。

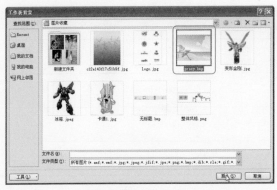

图21-56

③ 单击"插入"按钮，即可将背景插入到工作表中，效果如图21-57所示。

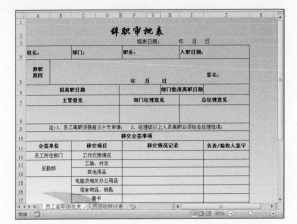

图21-57

第 *22* 章

Excel数据透视表与图表使用技巧

22.1 数据透视表编辑与设置技巧

技巧1 在当前工作表中显示数据透视表

在当前工作表中显示数据透视表的方法很简单，用户只需要选择创建数据透视表的单元格区域，然后将要分析的字段添加到数据透视表即可，具体操作方法如下。

❶ 打开工作表，选择工作表中任意一个含有数据的单元格。如A5单元格，切换到"插入"选项卡，在"表格"选项组中单击"数据透视表"按钮，如图22-1所示。

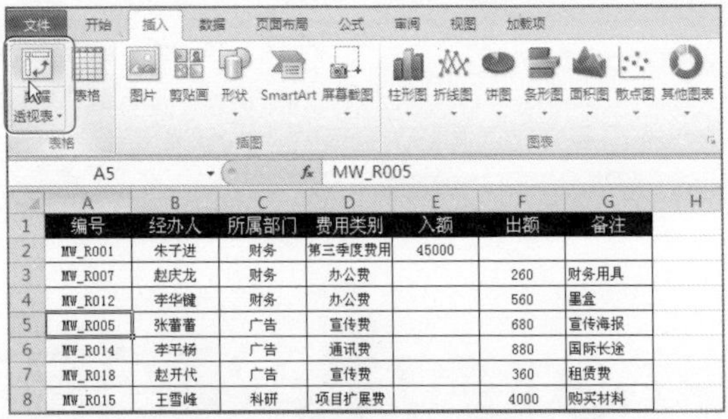

图22-1

❷ 打开"创建数据透视表"对话框，系统自动将A1:G20单元格区域添加到"表/区域"文本框中，如图22-2所示。

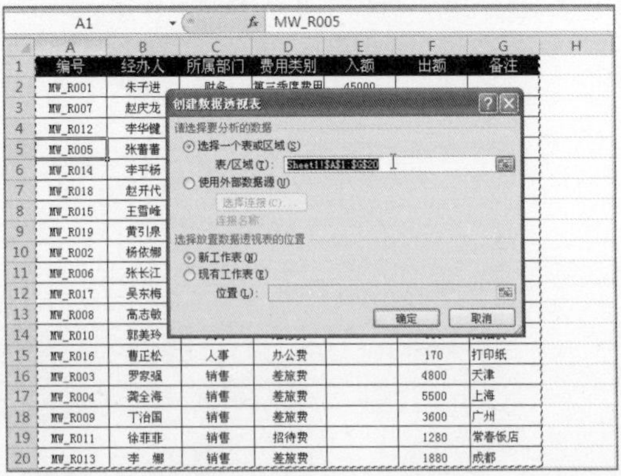

图22-2

❸ 在"选择放置数据透视表的位置"选项组下选择"现有工作表"单选按钮，将光标放入"位置"文本框，拖动鼠标在单元格内选择放置的位置，如

I2:M13单元格区域，如图22-3所示。

④ 单击"确定"按钮，即可在当前工作表中显示创建的数据透视表，如图22-4所示。

图22-3

图22-4

技巧2　使用外部数据源建立数据透视表

在Excel 2010中，创建数据透视表时，可以应用本工作簿中的数据资料创建数据透视表，也可以导入外部的数据用于创建数据透视表，具体操作方法如下。

① 打开工作表，单击"插入"选项卡，在"表格"选项组中单击"数据透视表"按钮。

② 打开"创建数据透视表"对话框，先在"选择放置数据透视表的位置"选项组下选择"现有工作表"单选按钮，将光标定位到"位置"文本框中，用鼠标在工作表中选中A1单元格，如图22-5所示。

③ 在对话框中选中"使用外部数据源"单选按钮，单击"选择链接"按钮，如图22-6所示。

图22-5

图22-6

④ 打开"现有连接"对话框，选择要连接的文件，如"企业员工工资统计"，如图22-7所示。

⑤ 单击"打开"按钮，返回"创建数据透视表"对话框中，单击"确定"按钮，即可完成设置如图22-8所示。

图22-7

图22-8

技巧3 更改透视表的数据源

❶ 单击"数据透视表字段列表",在功能区中出现"选项"标签,单击该标签,在"数据"组中单击"更改数据源"按钮,在打开的下拉菜单中选择"更改数据源"命令,如图22-9所示。

❷ 在打开的"移动数据透视表"对话框中选中"选择一个表或区域"单选按钮,在"表/区域"文本框中输入新的引用位置,如图22-10所示。

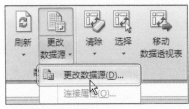

图22-9

图22-10

❸ 单击"确定"按钮,即可完成设置。

技巧4 将数据透视表转换为普通表格

当数据透视表的数据源数据量非常大时,由于庞大的数据源或数据透视表缓存会增大工作簿文件体积。

❶ 选择整个数据透视表,按快捷键Ctrl+C进行复制。

❷ 选择要粘贴的位置,切换到"开始"选项卡,在"剪贴板"选项组中单击"粘贴"按钮,在其下拉菜单中选择"选择性粘贴"命令,如图22-11所示。

❸ 打开"选择性粘贴"对话框,在"粘贴"选项组中选中"数值"单选按钮,接着单击"确定"按钮即可,如图22-12所示。

图22-11

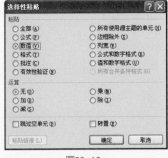

图22-12

技巧5 设置数据透视表分类汇总布局

数据透视表默认的汇总方式是求和，可以以其他方式进行汇总，具体操作方法如下。

1 在数据透视表中选中汇总项，如图22-13所示。

2 单击功能区中的"选项"选项卡，在"计算"选项组中单击"按值汇总"按钮，在打开的下拉菜单中选择一种汇总方式，如"平均值"，如图22-14所示。

图22-13

图22-14

3 此时数据透视表中对应的汇总方式就变成新设置的"平均值"了，如图22-15所示。

	A	B	C	D
	B3		平均值项:数量	
1				
2				
3	行标签	平均值项:数量	求和项:金额	
4	冰箱	6.833333333	82000	
5	电视	4.166666667	25000	
6	洗衣机	4.166666667	37500	
7	总计	5.055555556	144500	
8				
9				
10				

图22-15

第21章

第22章

第23章

第24章

第25章

技巧6　让数据透视表中显示数据为占总和的百分比

如果需要让数据透视表中显示数据为占总和的百分比，可以按如下方法来实现。

1 选中需要显示占总和的百分比的字段，如图22-16所示。

2 切换到"选项"选项卡，在"计算"选项组中单击

图22-16

"值显示方式"按钮，在打开的下拉菜单中选择"总计的百分比"命令（如图22-17所示），则金额按半分比显示，效果如图22-18所示。

图22-17

图22-18

技巧7　自定义公式求解销售员奖金

数据透视表可以根据当前分析需求自定义求解公式，比如在统计出各销售员的总销售金额之后，可以自定义公式求解销售员奖金，具体操作方法如下。

1 打开工作表，选中数据透视表，切换到"选项"选项卡，在"计算"选项组中单击"域、项目和集"按钮，在下拉菜单中选中"计算字段"命令，如图22-19所示。

图22-19

2 打开"插入计算字段"对话框，在"名称"文本框中输入名称，如"提成额"，然后在"公式"文本框中在英文状态下输入公式"=IF(销售金额

<=1000,销售金额*0.2,销售金额*0.25)",如图22-20所示。

③ 单击"确定"按钮,即可添加为计算字段,该字段会显示在"数据透视表字段"列表任务窗格的字段列表框中,将字段拖到"数值"列表框中即可,如图22-21所示。

图22-20

图22-21

技巧8 自定义公式求解各类商品利润率

在商品销售数据透视表中,用户可以根据利润额和销售收入额计算出各类商品的利润率,具体操作方法如下。

① 打开工作表,选中数据透视表,切换到"选项"选项卡,在"计算"选项组中单击"域、项目和集"按钮,在下拉菜单中选中"计算字段"命令,如图22-22所示。

图22-22

② 打开"插入计算字段"对话框,在"名称"文本框中输入名称,如"利润率",然后在"公式"文本框中在英文状态下输入公式"=(销售价-底价)/销售金额",如图22-23所示。

③ 单击"确定"按钮,,返回工作表中,即可看到数据透视

图22-23

表中添加了利润率字段，并计算出商品利润率，如图22-24所示。

	A	B	C	D	E
1					
2					
3	产品名称	求和项:销售金额	求和项:底价	求和项:销售价	求和项:利润率
4	不规则蕾丝外套	560	99	160	0.108928571
5	吊带蓬蓬连衣裙	640	128	200	0.1125
6	果色缤纷活力短裤	1520	69	130	0.040131579
7	华丽蕾丝亮面衬衫	560	259	450	0.341071429
8	假日质感珠绣层叠吊带衫	600	99	150	0.085
9	宽松舒适五分牛仔裤	720	199	300	0.140277778
10	霓光幻影网眼两件套T恤	882	89	120	0.035147392
11	欧美风尚百搭T恤	1440	98	140	0.029166667
12	修身短袖外套	1020	159	250	0.089215686
13	绣花天丝牛仔中裤	1400	339	500	0.115
14	薰衣草飘袖雪纺连衣裙	330	248	400	0.460606061
15	总计	9672	1786	2800	0.10483871
16					

图22-24

技巧9　双标签时数据字段的排序

当数据透视表中的行标签或列标签为双字段时，若要对其进行排序，则要先按第一个字段进行排序，再按同一分类中的第二个字段进行排序，具体操作方法如下。

① 打开工作表，在数据透视表中按费用类别字段进行排序，选中"求和项：出额"列中每种费用对应的出额汇总所在任意一个单元格并右击，如C5单元格，在快捷菜单中选择"排序"命令，如图22-25所示。

② 在打开的菜单中选中排序方式，如"降序"方式，返回数据透视表中，数据透视表依据"出额"对"费用类别"进行降序排列，如图22-26所示。

图22-25

图22-26

③ 接着按"部门"进行排序，选中"招待费"字段下任意部门对应的出额单元格，如C9单元格，在快捷菜单中选择"排序"命令，如图22-27所示。

④ 在打开的菜单中选中排序方式，如"升序"方式，返回数据透视表中，则在"招待费"字段下会依据"出额"对"部门"进行升序排列，如图22-28所示。

图22-27　　　　　　　　　　　　　图22-28

技巧10　重新设置数据的排序方向

在数据透视表中默认的排序方向是"从左到右"，用户可以根据需要将其更改为"从下到上"，具体操作方法如下。

1 选中数据透视表，切换到"选项"选项卡，在"排序和筛选"选项组中单击"排序"按钮，如图22-29所示。

2 打开"按值排序"对话框，在"排序方向"选项组中选中"从上到下"单选按钮，如图22-30所示。

图22-29

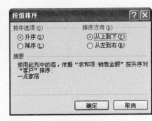

图22-30

3 单击"确定"按钮即可更改排序的方向。

技巧11　利用标签进行数据筛选

在Excel 2010中，用户可以利用标签在数据透视表中进行数据筛选，以筛选出符合的记录，具体操作方法如下。

1 打开数据透视表，单击"行标签"右侧的下拉按钮，在其下拉列表中选择"标签筛选"命令，在打开的菜单中选择"结尾是"命令，打开"标签筛选(产品名称)"对话框，如图22-31所示。

图22-31

②在对话框的右侧文本框中输入特定的字符，如"**衫"，如图22-32所示。

③单击"确定"按钮，即可在数据透视表中显示出产品名称结尾是"衫"的产品记录，如图22-33所示。

图22-32　　　　　　　　　　图22-33

技巧12　使用数据透视表数据建立数据透视图

使用数据透视图可以方便地查看模型和趋势，帮助用户根据数据分析结果做出可靠决策。用户可以使用数据透视表中的数据建立数据透视图，具体操作方法如下。

①在数据透视表中单击任意单元格，切换到"选项"选项卡，在"工具"选项组中单击"数据透视图"按钮，如图22-34所示。

②打开"插入图表"对话框，在左侧的窗格中选择一种图标类型，这里选择"柱形图"，接着在右侧的窗格中选择一种柱形图样式，这里选择"簇状柱形图"，如图22-35所示。

 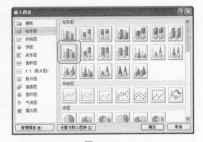

图22-34　　　　　　　　　　　　　　　图22-35

3 单击"确定"按钮，即可使用数据透视表数据建立一个数据透视图，如图22-36所示。

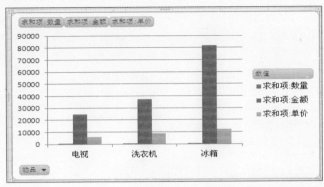

图22-36

22.2　图表的编辑与设置技巧

技巧1　选择不连续数据源创建图表

在Excel中，可以选择连续的数据建立图表，也可以选择不连续的数据建立图表，以达到两组或三组数据比较的目的，具体操作方法如下。

1 打开工作表，按住Ctrl键选中不连续的数据，如工作表中的2、3、5、7行。

2 切换到"插入"选项卡，单击"图表"选项组中的"柱形图"按钮，弹出下拉菜单，在该菜单中的"二维柱形图"中单击"堆积柱形图"按钮，如图22-37所示。

3 返回工作表中，即可为选中的不连续数据建立图表，如图22-38所示。

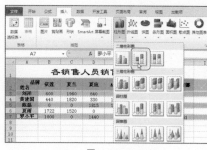

图22-37

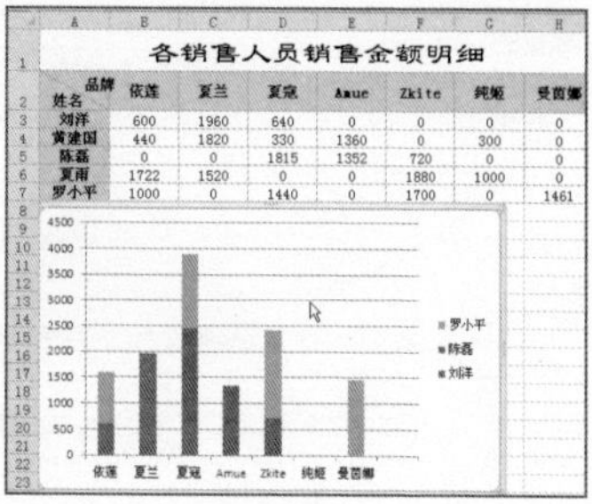

图22-38

技巧2 图表数据源不连续时，实现向图表中增加数据源

若图表中的数据源与原数据源不是连续显示的，则需要向不连续的数据源图表中添加数据系列，具体操作方法如下。

1 打开工作表，选中工作表中不连续数据源的图表，单击"设计"选项卡下"数据"选项组中的"选择数据"按钮，如图22-39所示。

2 打开"选择数据源"对话框，单击"图例项（系列）"列表框中的"添加"按钮，如图22-40所示。

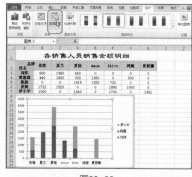

图22-39

图22-40

3 打开"编辑数据系列"对话框，在"系列名称"文本框中输入要添加的系列名称，如"夏雨"，如图22-41所示。

4 将光标定位到"系列值"文本框中，在工作表中拖动鼠标选中系列值所在的单元格区域A6:H6，如图22-42所示。

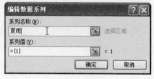

图22-41

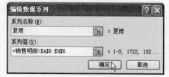

图22-42

⑤ 单击"确定"按钮返回"选择数据源"对话框中，再次单击"确定"按钮，返回工作表中，即可看到图表中添加了新的数据系列，如图22-43所示。

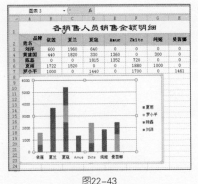

图22-43

技巧3 创建混合型图表

混合型图表是指同一图表中使用两种或两种以上的图表类型。用户可以根据工作需要建立混合型图表，下面介绍具体操作。

① 打开工作表，选中图表中的某一数据系列如"刘洋"，在快捷菜单中选择"更改系列图表类型"命令，如图22-44所示。

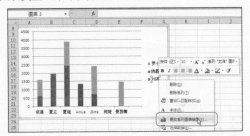

图22-44

② 打开"更改图表类型"对话框，在对话框中选择一种图表类型作为选中系列的图表，如"XY（散点图）"，如图22-45所示。

③ 单击"确定"按钮，返回工作表中，则选中数据系列应用了选择的图表类型，如图22-46所示。

图22-45

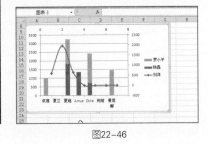

图22-46

技巧4 将创建的图表保存为模板

在日常工作中如果经常需要使用某一种类型的图表，则可以在建立图表后为其设置格式，如添加标题、设置图表样式、设置图表布局等样式后，将其保存为模板，下面介绍具体操作方法。

1 打开工作表，选中需要保存为模板的图表，切换到"设计"选项卡，在"类型"选项组中单击"另存为模板"按钮，如图22-47所示。

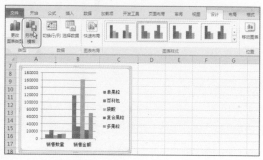

图22-47

2 打开"保存图表模板"对话框，设置模板的保存文件名，如"我的模板"，如图22-48所示。

图22-48

3 单击"保存"按钮，即可保存为模板。

技巧5 使用模板新建图表

将经常需要使用的图表保存为模板后，再次创建图表时，可以依据该模板来建立图表，从而省去了很多格式设置的过程，下面介绍具体的操作方法。

1 选择要建立图表的数据源，切换到"插入"选项卡，单击"图表"工具栏右下角的 按钮。

2 打开"插入图表"对话框，在左侧窗格中选择"模板"选项，在右侧窗格中选中要使用的模板，如图22-49所示。

图22-49

③ 单击"确定"按钮，返回工作表中，即可创建与模板样式相同的图表，如图22-50所示。

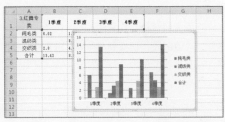

图22-50

技巧6　一次性设置图表中所有文字的格式

对于图表中数据系列中的数据标签文字、图例名称等文字，用户可以逐一设置其文字格式，也可以一次性设置，下面介绍具体的操作方法。

① 打开工作表，选中图表区，切换到"开始"选项卡，在"字体"选项组中设置字体，如：华文楷体，如图22-51所示。

图22-51

② 返回工作表中，即可看到图表中文字格式全部变为"华文楷体"，如图22-52所示。

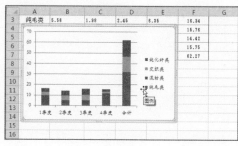

图22-52

技巧7 重新调整图例的显示位置

图例默认显示在图表右侧位置，通过图表的布局可以根据实际需要重新设置图例的显示位置，下面介绍具体操作方法。

❶ 打开工作表，选中图表，切换到"布局"选项卡，在"标签"选项组中单击"图例"按钮，在其下拉菜单中选择一种显示方式，如"在左侧显示图例"命令，如图22-53所示。

图22-53

❷ 返回工作表中，则系统将图例显示在图表的左侧，如图22-54所示。

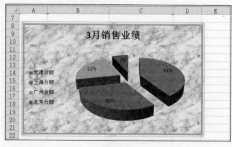

图22-54

技巧8　图例的删除与恢复显示

在添加背景后，用户如果觉得背景不适合，或者不想使用背景时，可以将工作表的背景删除，具体操作方法如下。

（1）删除图例

❶ 打开工作表，选中图表图例，在快捷菜单中选择"删除"命令，效果如图22-55所示。

❷ 返回工作表中，即可删除图表中的图例，效果如图22-56所示。

图22-55　　　　　　　　　　　　　图22-56

（2）恢复图例

❶ 打开工作表，选中图表，切换到"布局"选项卡，在"标签"选项组中单击"图例"按钮，在其下拉菜单中选择一种图例显示的样式，如：在顶部显示图例，效果如图22-57所示。

❷ 返回工作表中，即可看到图例依据样式显示在图表中，效果如图22-58所示。

图22-57　　　　　　　　　　　　　图22-58

技巧9　隐藏工作表中的图表

在工作表中建立图表之后，用户还可以将其隐藏起来，下面介绍具体的操作方法。

① 打开工作表，选中图表，切换到"格式"选项卡下，在"排列"选项组中单击"选择窗格"按钮，如图22-59所示。

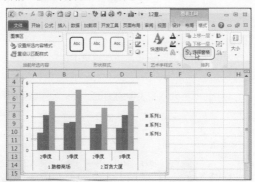

图22-59

② 打开"选择和可见性"任务窗格，单击选中图表名称右侧的"眼睛"图标，如图22-60所示。

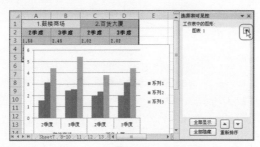

图22-60

③ 返回工作表中，即可看到选中的图表被隐藏起来，如图22-61所示。

图22-61

技巧10　根据图表需求更改刻度线标签的位置

一般情况下，系统默认图表刻度线标签是显示在坐标轴旁的，用户如果觉得刻度线标签显示在坐标轴旁会影响图表的整体效果，可以更改刻度线标签的位置，具体操作方法如下。

1 打开工作表，选中图表水平轴，在快捷菜单中选择"设置坐标轴格式"命令，如图22-62所示。

2 打开"设置坐标轴格式"对话框，在左侧窗格中选择"坐标轴选项"选项，在右侧窗格的"坐标轴标签"下拉列表中选择"低"选项，如图22-63所示。

图22-62　　　　　　　　　　　图22-63

3 单击"关闭"按钮，返回工作表中，即可看到刻度标签的位置发生更改，效果如图22-64所示。

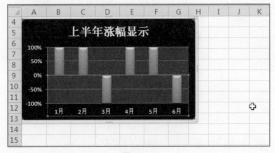

图22-64

技巧11　让垂直轴显示在右侧

在图表中实现让垂直轴显示在右侧，同样可以通过更改垂直轴与水平轴交叉位置来实现，具体操作方法如下。

1 打开工作表，选中图表垂直轴，在快捷菜单中选择"设置坐标轴格式"命令，如图22-65所示。

图22-65

2 打开"设置坐标轴格式"对话框,在右侧窗格的"纵坐标轴交叉"选项组下选中"最大分类"单选按钮,如图22-66所示。

3 单击"关闭"按钮,返回工作表中,此时垂直坐标轴将显示在图表右侧位置,效果如图22-67所示。

图22-66

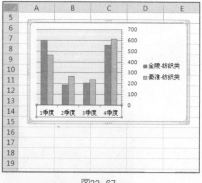

图22-67

技巧12 显示单个系列的数据标志

在图表中用户可以选择只将某一个系列的数据标志显示出来,具体操作方法如下。

1 打开工作表,选中要添加标签的图表的单个数据系列,切换到"布局"选项卡,在"标签"选项组中单击"数据标签"按钮,在其下拉菜单中选择"居中"命令,如图22-68所示。

2 返回工作表中,即可看见图表中只显示选中系列的数据标签,如图22-69所示。

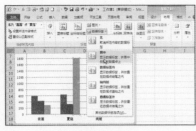
图22-68

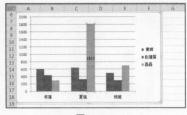
图22-69

技巧13　重新建立图表数据源与数据标签的链接

在默认情况下，数据标签与图表数据源是相链接的，即只要更改了数据源，数据标签也做相应的改变。但如果手工对数据标签更改，数据标签不再与单元格保持联系，用户可以重新建立链接，方法如下。

❶ 打开工作表，选中要重新建立链接的数据标签，在快捷菜单中选择"设置数据标签格式"命令，如图22-70所示。

❷ 打开"设置数据标签格式"对话框，单击"重设标签文本"按钮（如图22-71所示），即可重新建立图表数据源与数据标签的链接。

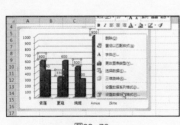
图22-70

图22-71

技巧14　隐藏特定的数据系列

在建立图表后，有时为了达到特定的显示效果，需要将数据系列隐藏起来，下面介绍具体操作方法。

❶ 打开工作表，选中图表中要隐藏的数据系列，切换到"格式"选项卡，在"形状样式"选项组中单击"形状填充"按钮，在其下拉菜单中选择"无填充颜色"命令，如图22-72所示。

❷ 单击"形状轮廓"按钮，在其下拉菜单中选择"无轮廓"命令，即可隐藏选中的系列，如图22-73所示。

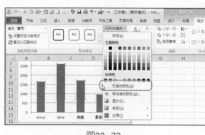

图22-72

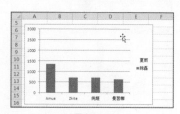

图22-73

技巧15　将饼图中的特定扇面分离出来

　　为图表建立饼型图后，对于特定的扇面（例如占比最大的扇面）可以将其分离出来以突出显示，下面介绍具体的操作方法。

　　❶ 打开工作表，选中图表，接着单击要分离的扇面，在快捷菜单中选择"设置数据点格式"命令，如图22-74所示。

　　❷ 打开"设置数据点格式"对话框，在右侧窗格中向右拖动"点爆炸型"选项组中的滑块，如图22-75所示。

图22-74

图22-75

　　❸ 设置完成后，单击"关闭"按钮，返回工作表中，即可看到图表中选中的扇面被分离出来，如图22-76所示。

图22-76

第 *23* 章

函数在行政工作
中的应用

技巧1　考评员工成绩是否达标

实例描述：对员工进行综合考评并统计成绩后，作为主管人员可以对员工的业绩进行评定。

达到目的：查看考评结果是否达标。

使用函数：IF

❶ 选中E2单元格，在公式编辑栏中输入公式：

=IF(D2>60,"达标","没有达标")

按Enter键，即可对员工的业绩进行考核。

❷ 将光标移到E2单元格的右下角，光标变成黑色十字形后，按住鼠标左键向下拖动进行公式填充，即可得出其他员工的业绩考核结果，如图23-1所示。

	A	B	C	D	E	F
	E2		▾	fx	=IF(D2>60,"达标","没有达标")	
1	员工姓名	答卷考核	操作考核	平均成绩	综合考评	
2	刘西平	87	76	81.5	达标	
3	杨静静	65	46	55.5	没有达标	
4	王善任	65	55	60	没有达标	
5	李菲	54	36	45	没有达标	
6	蒋玉寒	70	65	67.5	达标	
7						

图23-1

技巧2　使用AND函数配合IF函数进行成绩考评

实例描述：AND函数用于当所有的条件均为"真"（TRUE）时，返回的运算结果为"真"（TRUE）；反之，返回的运算结果为"假"（FALSE），所以它一般用来检验一组数据是否都满足条件。

达到目的：对成绩进行考评。

使用函数：IF、AND

❶ 选中E2单元格，在公式编辑栏中输入公式：

=IF(AND(B2>=60,C2>=60,D2>=60)=TRUE,"合格", IF(AND(B2<60,C2<60, D2<60)=FALSE,"不合格",""))

按Enter键，即可根据学生三门考试成绩判断是否合格。

❷ 将光标移到E2单元格的右下角，光标变成黑色十字形后，按住鼠标左键向下拖动进行公式填充，即可考评其他学生考试成绩是否合格，如图23-2所示。

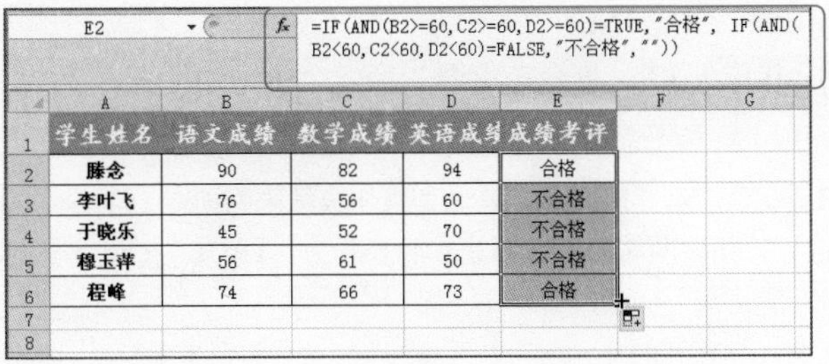

图23-2

技巧3　使用OR函数对员工的考核成绩进行综合评定

实例描述：作为公司的业务主管，每年年底都需要对员工进行技能考核，当考核成绩下来后，要检查哪些员工每项技能都没有达标，这时可以使用OR函数来实现。

达到目的：通过代码提取部门名称。

使用函数：OR

❶ 选中E2单元格，在公式编辑栏中输入公式：

`=OR(B1>=60,C1>=60,D1>=60)`

按Enter键，即可判断出员工每项技能考核是否都没有达标，都没有显示为FALSE；反之，显示为TRUE。

❷ 将光标移到D2单元格的右下角，光标变成黑色十字形后，按住鼠标左键向下拖动进行公式填充，即可判断其他员工的每项技能考核是否都没有达标，如图23-3所示。

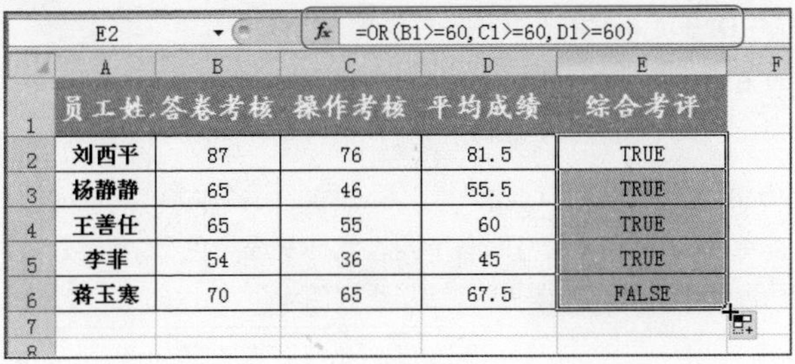

图23-3

技巧4　使用OR函数配合AND函数对考核成绩进行综合评定

实例描述：在对员工成绩考核后，考评员工笔试和操作技能的考核是否全部达标或平均成绩是否达标，这时可以使用OR函数配合AND函数来实现。

达到目的：对考核成绩进行综合考评。

使用函数：OR、AND

❶ 选中E2单元格，在公式编辑栏中输入公式：

=OR(AND(B2>=60,C2>=60,D2>=60))

按Enter键，即可根据员工笔试和操作成绩来判断是否全部达标或平均成绩是否达标，如果两者中有一项达标的显示为"TRUE"；均不达标的显示为"FALSE"。

❷ 将光标移到E2单元格的右下角，光标变成黑色十字形后，按住鼠标左键向下拖动进行公式填充，即可显示其他员工的综合评定结果，如图23-4所示。

	A	B	C	D	E	F
	E2			f_x =OR(AND(B2>=60,C2>=60,D2>=60))		
1	员工姓名	答卷考核	操作考核	平均成绩	综合考评	
2	刘西平	87	76	81.5	TRUE	
3	杨静静	65	46	55.5	FALSE	
4	王善任	65	55	60	FALSE	
5	李菲	54	36	45	FALSE	
6	蒋玉寒	70	65	67.5	TRUE	
7						

图23-4

技巧5 IF函数配合LEFT函数根据代码返回部门名称

实例描述：有些企业的报表中，部门名称的输入是以部门代码的形式输入的。当用户需要知道部门代码对应的具体部门时，可以使用IF函数配合LEFT函数来实现。

达到目的：通过代码提取部门名称。

使用函数：IF、LEFT

❶ 选中D2单元格，在公式编辑栏中输入公式：

=IF(LEFT(A2,4)="KB01","公关部",IF(LEFT(A2,4)="KB02","人事部",IF(LEFT(A2,4)="KB03","财务部","")))

按Enter键，即可根据部门代码得出相应的部门名称。

❷ 将光标移到D2单元格的右下角，光标变成黑色十字形后，按住鼠标左键向下拖动进行公式填充，即可快速提取所有部门名称，如图23-5所示。

	A	B	C	D	E	F	G
	D2		f_x =IF(LEFT(A2,4)="KB01","公关部",IF(LEFT(A2,4)="KB02","人事部",IF(LEFT(A2,4)="KB03","财务部","")))				
1	部门代码	员工姓名	职位	部门名称			
2	KB01	刘西平	经理	公关部			
3	KB03	杨静静	职员	财务部			
4	KB02	王善任	主管	人事部			
5	KB03	李菲	职员	财务部			
6	KB01	蒋玉寒	职员	公关部			
7							

图23-5

技巧6 自动生成凭证号

实例描述：在单元格中分别显示了每笔订单产生的年、月、日和序号，而最终的凭证号将由这几个数据合并得到。

达到目的：合并A、B、C、D列数据生成凭证号。

使用函数：CONCATENATE

① 选中E2单元格，在公式编辑栏中输入公式：

=CONCATENATE(A2,B2,C2,D2)

按Enter键，即可合并A2、B2、C2、D2几个单元格的值，从而生成凭证号。

② 将光标移到E2单元格的右下角，光标变成黑色十字形后，按住鼠标左键向下拖动进行公式填充，即可快速生成所有账目的凭证号，如图23-6所示。

	A	B	C	D	E	F	G
	年	月	日	序号	凭证号	公司代码	科目名称
2	12	03	24	01	12032401	210123	飞跃股份
3	12	04	24	02	12042402	210124	张东春
4	12	05	24	03	12052403	210125	智联教育
5	12	06	24	04	12062404	210126	博尔斯（中国）
6							

图23-6

技巧7 自动比较两个部门的采购价格是否一致

实例描述：在产品库存管理报表中，判断同类产品两个采购部门的采购价格是否相同。

达到目的：判断B、C两个单元格是否相同。

使用函数：EXACT

① 选中D2单元格，在公式编辑栏中输入公式：

IF(EXACT(B2,C2)=FALSE,B2-C2,EXACT(B2,C2))

按Enter键，即可比较出B2、C2单元格的值是否相同，如图23-7所示。

	A	B	C	D	E	F
1	产品名称	采购一部	采购二部	价格是否相同		
2	冰红茶	2.5	2.5	TRUE		
3	冰绿茶	2.5	2.5			
4	茉莉花茶	2.8	3			
5	柠檬茶	2.2	2.5			

图23-7

② 将光标移到D2单元格的右下角，光标变成黑色十字形后，按住鼠标左键向下拖动进行公式填充，可以看到采购价格相同的返回TRUE，采购价格不同的返回价格差值，如图23-8所示。

	D2	▼	f_x	=IF(EXACT(B2,C2)=FALSE,B2-C2,EXACT(B2,C2))		
	A	B	C	D	E	F
1	产品名称	采购一部	采购二部	价格是否相同		
2	冰红茶	2.5	2.5	TRUE		
3	冰绿茶	2.5	2.5	TRUE		
4	茉莉花茶	2.8	3	-0.2		
5	柠檬茶	2.2	2.5	-0.3		
6	香草茶	3.5	3.3	0.2		
7	柚子茶	3	3	TRUE		
8	小洋人	2.8	2.8	TRUE		
9	营养快线	3.5	3.4	0.1		
10						

图23-8

公式分析

如果B2与C2单元格中数值一样，则返回TURE，如果B2与C2单元格中数值不一样，则返回两个单元格数值之差。

技巧8 提取产品的类别编码

实例描述：在产品库存报表中，用户可以根据产品的具体编码提取其类别编码。

达到目的：在A列从B列单元格中提取编码。

使用函数：LEFT

❶ 选中B2单元格，在公式编辑栏中输入公式：

=LEFT(C2,4)

按Enter键，即可得到产品类别编码。

❷ 将光标移到B2单元格的右下角，光标变成黑色十字形后，按住鼠标左键向下拖动进行公式填充，即可提取所有产品编码的类别编码，如图23-9所示。

	B2	▼	f_x	=LEFT(C2,4)
	A	B	C	D
1	类别名称	类别编码	完成编码	
2	男士衬衫	NNCC	NNCC02345	
3	男士衬衫	NNCC	NNCC01234	
4	男士夹克	NNJK	NNJK12453	
5	男士夹克	NNJK	NNJK05678	
6	女士外套	NWWT	NWWT0987	
7	女士外套	NWWT	NWWT0989	
8				
9				

图23-9

公式分析

使用"=LEFT(C2,4)"返回B2单元格，提起字符串中的前面4个字符。

技巧9 统计各部门工资总额

实例描述： 如果要按照部门统计工资总额，可以使用SUMIF函数来实现。

达到目的： 统计不同部门的工资总额。

使用函数： SUMIF

❶ 选中C10单元格，在公式编辑栏中输入公式：

```
=SUMIF(B2:B8,"销售部",C2:C8)
```

按Enter键，即可统计出"销售部"的工资总额，如图23-10所示。

❷ 选中C11单元格，在公式编辑栏中输入公式：

```
=SUMIF(B3:B9,"人事部",C3:C9)"
```

按Enter键，即可统计出"人事部"的工资总额，如图23-11所示。

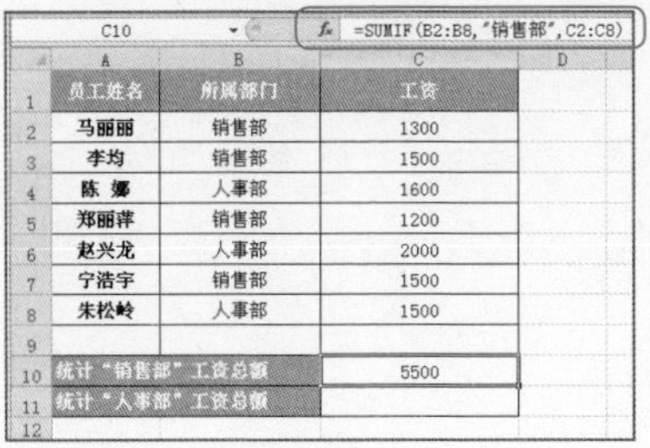

	A	B	C	D
	C10		=SUMIF(B2:B8,"销售部",C2:C8)	
1	员工姓名	所属部门	工资	
2	马丽丽	销售部	1300	
3	李均	销售部	1500	
4	陈娜	人事部	1600	
5	郑丽萍	销售部	1200	
6	赵兴龙	人事部	2000	
7	宁浩宇	销售部	1500	
8	朱松岭	人事部	1500	
9				
10	统计"销售部"工资总额		5500	
11	统计"人事部"工资总额			
12				

图23-10

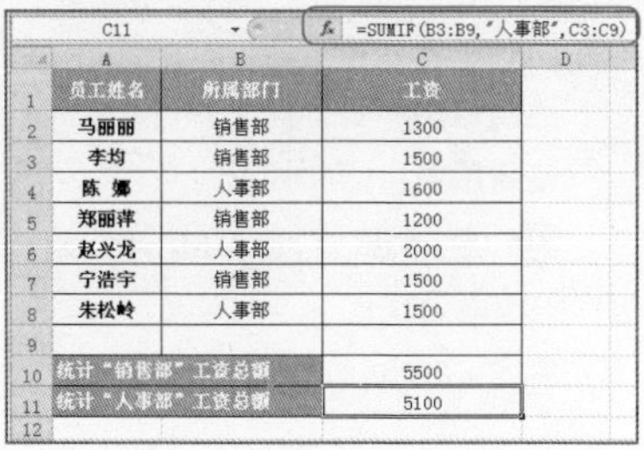

	A	B	C	D
	C11		=SUMIF(B3:B9,"人事部",C3:C9)	
1	员工姓名	所属部门	工资	
2	马丽丽	销售部	1300	
3	李均	销售部	1500	
4	陈娜	人事部	1600	
5	郑丽萍	销售部	1200	
6	赵兴龙	人事部	2000	
7	宁浩宇	销售部	1500	
8	朱松岭	人事部	1500	
9				
10	统计"销售部"工资总额		5500	
11	统计"人事部"工资总额		5100	
12				

图23-11

技巧10 使用CHOOSE函数评定多个等级

实例描述： 在产品销售统计报表中，可考评销售员的销售等级。约定当总销售额大于200 000时，销售等级为"四等销售员"；当总销售量在180 000~200 000时，销售等级为"三等销售员"；当总销售量在150 000~180 000时，销售等级为"二等销售员"；当总销售量小于150 000时，销售等级为"一等销售员"。

达到目的： 评定销售等级。

使用函数： CHOOSE

❶ 选中E2单元格，在公式编辑栏中输入公式：

```
=CHOOSE(IF(D2>200000,1,IF(D2>=180000,2,IF(D2>=150000,3,4))),"四等
销售员","三等销售员","二等销售员","一等销售员")
```

按Enter键，即可评定销售员"王涛"等级为"二等销售员"。

❷ 将光标移到E2单元格的右下角，光标变成黑色十字形后，按住鼠标左键向下拖动进行公式填充，即可判断其他销售员的等级，如图23-12所示。

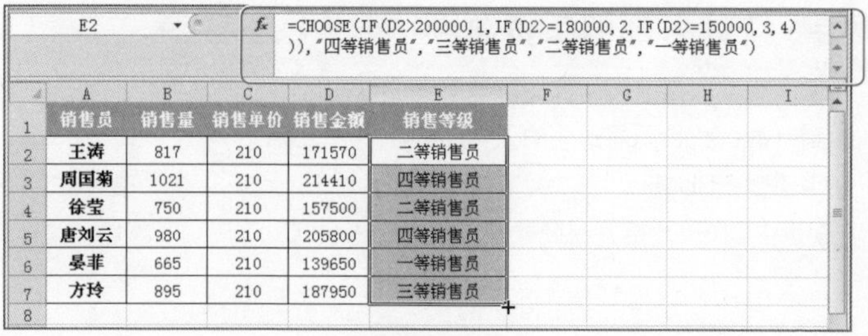

E2　=CHOOSE(IF(D2>200000,1,IF(D2>=180000,2,IF(D2>=150000,3,4))),"四等销售员","三等销售员","二等销售员","一等销售员")

销售员	销售量	销售单价	销售金额	销售等级
王涛	817	210	171570	二等销售员
周国菊	1021	210	214410	四等销售员
徐莹	750	210	157500	二等销售员
唐刘云	980	210	205800	四等销售员
晏菲	665	210	139650	一等销售员
方玲	895	210	187950	三等销售员

图23-12

技巧11　使用LOOKUP函数进行查询（数组型）

实例描述： 在档案管理表、销售管理表等数据表中，通常都需要进行大量数据的查询操作。通过LOOKUP函数建立公式，实现输入编号后即可查询相应信息。

达到目的： 查询员工信息。

使用函数： LOOKUP

❶ 建立相应查询列标识，并输入要查询的编号。选中B9单元格，在公式编辑栏中输入公式：

```
=LOOKUP($A$9,$A2:B6)
```

按Enter键，即可得到编号为“KB-002”的员工姓名。

❷ 将光标移到B9单元格的右下角，光标变成黑色十字形后，按住鼠标左键向右拖动进行公式填充，即可得到该编号员工的其他相应销售信息，如图23-13所示。

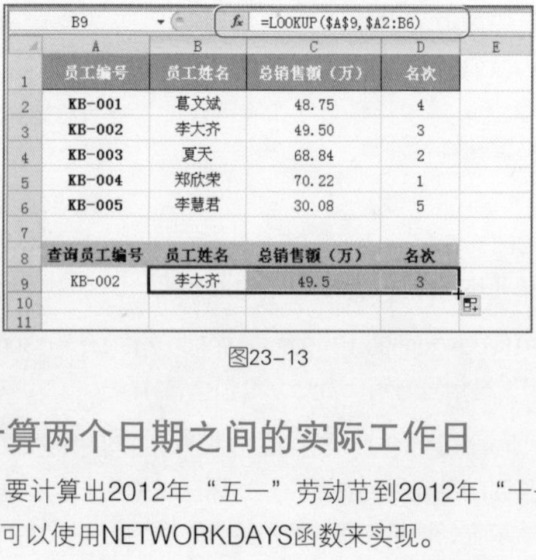

B9　=LOOKUP($A$9,$A2:B6)

员工编号	员工姓名	总销售额（万）	名次
KB-001	葛文斌	48.75	4
KB-002	李大齐	49.50	3
KB-003	夏天	68.84	2
KB-004	郑欣荣	70.22	1
KB-005	李慧君	30.08	5
查询员工编号	员工姓名	总销售额（万）	名次
KB-002	李大齐	49.5	3

图23-13

技巧12　计算两个日期之间的实际工作日

实例描述： 要计算出2012年“五一”劳动节到2012年“十一”国庆节之间的实际工作日，可以使用NETWORKDAYS函数来实现。

达到目的：计算出"五一"到"十一"之间的实际要工作的日期。

使用函数：NETWORKDAYS

①选中C2单元格，在公式编辑栏中输入公式：

`=NETWORKDAYS.INTL(A2,B2,1,B5:B7))`

②按Enter键，即可计算出2012年"五一"劳动节到2012年"十一"国庆节间的实际工作日（B5:B7单元格区域中显示的是除周六、周日之外还应去除的休息日），如图23-14所示。

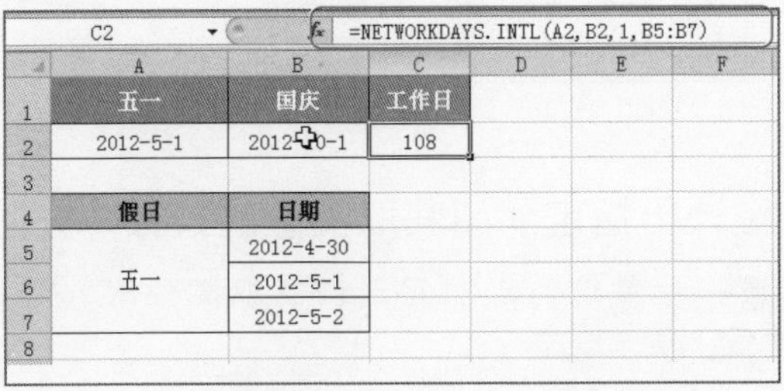

図23-14

技巧13　计算指定日期到月底的天数

实例描述：要计算指定日期到月底的天数，需要使用EOMONTH函数首先计算出相应的月末日期，然后再减去指定日期。

达到目的：通过A列单元格计算出A列单元格日期到月底的天数。

使用函数：EOMONTH

①选中B2单元格，在公式编辑栏中输入公式：

`=EOMONTH(A2,0)-A2`

按Enter键，将光标移到B2单元格的右下角，光标变成黑色十字形后，按住鼠标左键向下拖动进行公式填充，即可计算出指定日期到月末的天数（默认返回日期值），如图23-15所示。

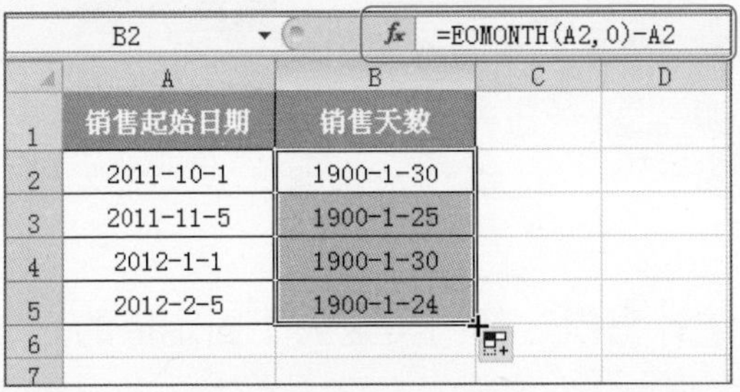

销售起始日期	销售天数
2011-10-1	1900-1-30
2011-11-5	1900-1-25
2012-1-1	1900-1-30
2012-2-5	1900-1-24

図23-15

❷ 选中返回的结果，重新设置其单元格格式为“常规”，显示出天数，如图23-16所示。

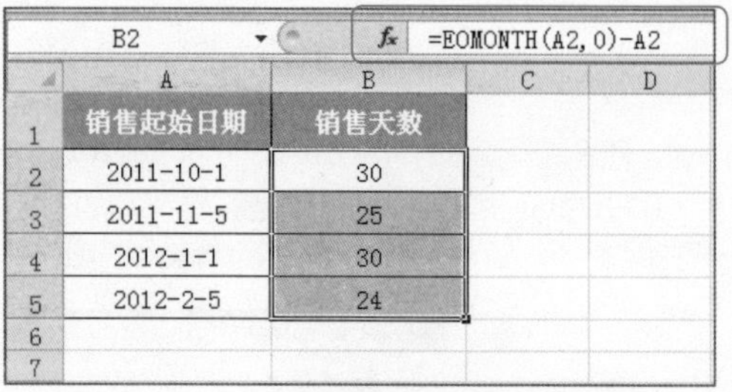
B2 =EOMONTH(A2,0)-A2

	A	B	C	D
1	销售起始日期	销售天数		
2	2011-10-1	30		
3	2011-11-5	25		
4	2012-1-1	30		
5	2012-2-5	24		
6				
7				

图23-16

技巧14　统计出指定部门获取奖金的人数（去除空值）

实例描述： 若要统计出指定部门获取奖金的人数，可以使用SUMPRODUCT函数来实现。

达到目的： 统计出获取奖金的人数。

使用函数： SUMPRODUCT

❶ 选中F5单元格，在公式编辑栏中输入公式：

```
=SUMPRODUCT(($B$2:$B$12=E5)*(C$2:C$12<>""))
```

按Enter键，即可统计出所属部门为“销售部”获取奖金的人数。

❷ 将光标移到F5单元格的右下角，光标变成黑色十字形后，按住鼠标左键向下拖动进行公式填充，即可快速统计出指定部门获取奖金的人数，如图23-17所示。

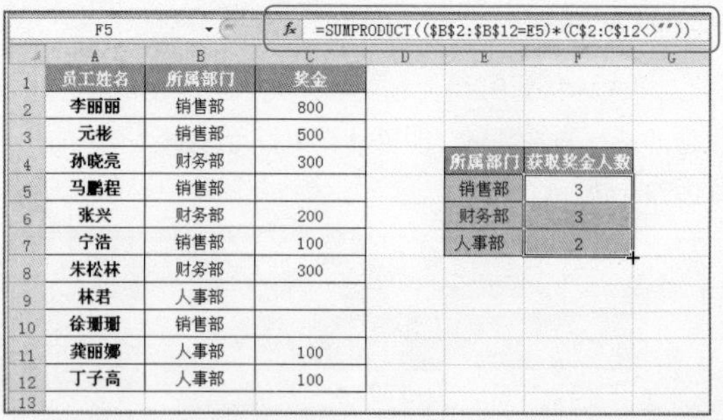
F5 =SUMPRODUCT(($B$2:$B$12=E5)*(C$2:C$12<>""))

	A	B	C	D	E	F	G
1	员工姓名	所属部门	奖金				
2	李丽丽	销售部	800				
3	元彬	销售部	500				
4	孙晓亮	财务部	300		所属部门	获取奖金人数	
5	马鹏程	销售部			销售部	3	
6	张兴	财务部	200		财务部	3	
7	宁浩	销售部	100		人事部	2	
8	朱松林	财务部	300				
9	林君	人事部					
10	徐珊珊	销售部					
11	龚丽娜	人事部	100				
12	丁子高	人事部	100				
13							

图23-17

技巧15　统计出指定部门奖金大于固定值的人数

实例描述： 若要统计出指定部门获取奖金的人数，可以使用SUMPRODUCT

函数来实现。

达到目的：统计出奖金大于200的人数。

使用函数：SUMPRODUCT

❶ 选中F5单元格，在公式编辑栏中输入公式：

```
=SUMPRODUCT((B$2:B$12=E5)*(C$2:C$12>200))
```

按Enter键，即可统计出所属部门为“销售部”奖金额大于200的人数。

❷ 将光标移到F5单元格的右下角，光标变成黑色十字形后，按住鼠标左键向下拖动进行公式填充，即可快速统计出指定部门奖金额大于200的人数，如图23-18所示。

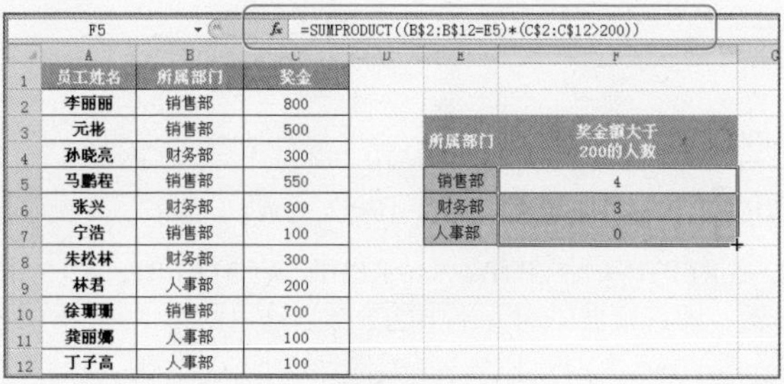

员工姓名	所属部门	奖金
李丽丽	销售部	800
元彬	销售部	500
孙晓亮	财务部	300
马鹏程	销售部	550
张兴	财务部	300
宁浩	销售部	100
朱松林	财务部	300
林君	人事部	200
徐珊珊	销售部	700
龚丽娜	人事部	100
丁子高	人事部	100

所属部门	奖金额大于200的人数
销售部	4
财务部	3
人事部	0

图23-18

技巧16　从E-mail地址中提取账号

实例描述：从用户的E-mail地址中提取出E-mail的用户名称。

达到目的：在C列从B列单元格中提取账号。

使用函数：LEFT

❶ 选中C2单元格，在公式编辑栏中输入公式：

```
=LEFT(B2,FIND("@",B2)-1)
```

按Enter键，即得到用户的账号。

❷ 将光标移到C2单元格的右下角，光标变成黑色十字形后，按住鼠标左键向下拖动进行公式填充，即可快速从B列中提取其他用户的账号，如图23-19所示。

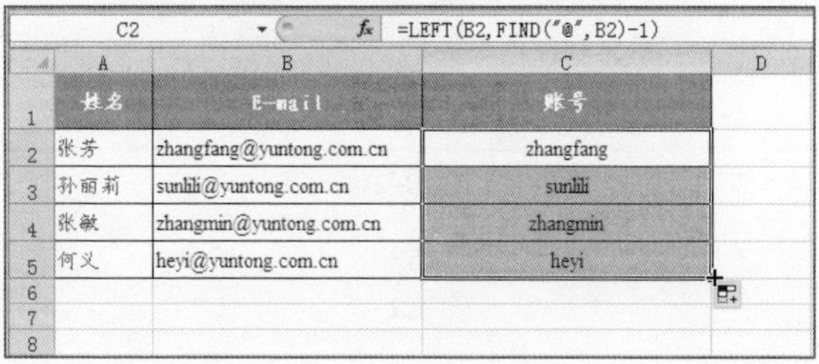

姓名	E-mail	账号
张芳	zhangfang@yuntong.com.cn	zhangfang
孙丽莉	sunlili@yuntong.com.cn	sunlili
张敏	zhangmin@yuntong.com.cn	zhangmin
何义	heyi@yuntong.com.cn	heyi

图23-19

公式分析

使用"FIND("@",B2)-1"返回"@"在B2单元格中字符串的位置，然后使用LEFT函数从B2单元格中字符串的最左边开始提取数据，提取长度为"@"

之前的一个字符。

技巧17　使用"★"为考评结果标明等级

实例描述：在投标企业考评得分统计报表中，可以使用"★"为考评结果标明等级。

达到目的：根据企业得分评级。

使用函数：REPT

❶ 选中C2单元格，在公式编辑栏中输入公式：

=IF(B2<5,REPT("★",2),IF(B2<<10,REPT("★",3),REPT("★",5)))

按Enter键，即可根据B2单元格中的分数自动返回指定数目的"★"号，如图23-20所示。

	C2	fx	=IF(B2<5,REPT("★",2),IF(B2<10,REPT("★",3),REPT("★",5)))

	A	B	C	D	E	F
1	企业名称	分数	等级			
2	科宝集团	7	★★★			
3	飞星科技	8				
4	三河四子	4				

图23-20

❷ 将光标移到C2单元格的右下角，光标变成黑色十字形后，按住鼠标左键向下拖动进行公式填充，即可根据B列中的销售额自动返回指定数目的"★"号，如图23-21所示。

	C2	fx	=IF(B2<5,REPT("★",2),IF(B2<10,REPT("★",3),

	A	B	C	D	E	F
1	企业名称	分数	等级			
2	科宝集团	7	★★★			
3	飞星科技	8	★★★			
4	三河四子	4	★★			
5	百合网	10	★★★★★			
6						
7						
8						

图23-21

第 *24* 章

函数在人事管理工作中的应用

技巧1 使用LEN函数验证身份证号码的位数

实例描述： 在员工信息管理报表中，验证输入的身份证号码的位数否正确。

达到目的： 在C列单元格判断B列单元格是否是15或18位数字。

使用函数： IF、LEN

❶ 选中C2单元格，在公式编辑栏中输入公式：

> =IF(OR(LEN(B2)=15,LEN(B2)=18),"","错误")

按Enter键，即可判断B2单元格中身份证号码的位数。如果为15位或18位，则返回空值。

❷ 将光标移到C2单元格的右下角，光标变成黑色十字形后，按住鼠标左键向下拖动进行公式填充，即可对其他输入的身份证号码的位数进行验证，如图24-1所示。

C2	f_x =IF(OR(LEN(B2)=15,LEN(B2)=18),"","错误")				
	A	B	C	D	E
1	姓名	身份证号码	位数		
2	李丽敏	342526198005128844			
3	张淑仪	34526219780623213	错误		
4	何飞	465423800212441			
5	陈冲	48235165120145	错误		
6	张毅	320222198807088000			
7					
8					
9					

图24-1

公式分析

> 当参数中有一个结果为真时，OR函数返回为真值，因此"=IF(OR(LEN(B2)=15,LEN(B2)=18),"有一个结果为真时，返回空值；否则返回为"错误"。

技巧2 使用MID函数提取产品的类别编码

实例描述： 在产品库存报表中，用户可以根据产品的具体编码提取其类别编码。

达到目的： 在A列从B列单元格中提取编码。

使用函数： MID

❶ 选中B2单元格，在公式编辑栏中输入公式：

> =MID(C2,1,3)

按Enter键，即可在B2单元格字符串中提取前面3个字符，即得到产品类别编码。

2 将光标移到B2单元格的右下角，光标变成黑色十字形后，按住鼠标左键向下拖动进行公式填充，即可快速从B列中提取前3个字符，即提取所有产品编码的类别编码，如图24-2所示。

	A	B	C	D
	B2	▼	fx =MID(C2,1,3)	
1	类别名称	类别编码	完成编码	
2	男士衬衫	NCC	NCC02345	
3	男士衬衫	NCC	NCC01234	
4	男士夹克	NJK	NJK12453	
5	男士夹克	NJK	NJK05678	
6	女士外套	WWT	WWT0987	
7	女士外套	WWT	WWT0989	
8				

图24-2

 公式分析

　　使用MID函数返回产品的类别编码与LEFT函数返回编码的效果是一样的。

技巧3　从身份证号码中提取出生年份

　　实例描述：在员工信息管理报表中，员工的身份证号码有的是18位，有的是15位，其中包含了持证人的出生年份信息。

　　达到目的：从身份证号码提取出生年份。

　　使用函数：LEN、MID

1 选中C2单元格，在公式编辑栏中输入公式：

=IF(LEN(B2)=18,MID(B2,7,4),"19"&MID(B2,7,2))

　　按Enter键，即可从员工"李丽敏"身份证号码中提取出出生年份。

2 将光标移到C2单元格的右下角，光标变成黑色十字形后，按住鼠标左键向下拖动进行公式填充，即可快速从其他员工的身份证号码中提取出出生年份，如图24-3所示。

	A	B	C	D	E	F
	C2	▼	fx =IF(LEN(B2)=18,MID(B2,7,4),"19"&MID(B2,7,2))			
1	姓名	身份证号码	出生年份			
2	李丽敏	342526198005128844	1980			
3	张淑仪	345262197906232162	1979			
4	何飞	465423840212441	1984			
5	陈冲	482351901201457	1990			
6	张毅	320222198807088000	1988			
7						
8						

图24-3

公式分析

　　如果B2单元格中的字符串为18位"(LEN(B2)=18"，则返回B2单元格字符串的7~10位数"MID(B2,7,4)"，否则返回B2单元格字符串的7~10位数"MID(B2,7,2)"，并在前面加上19。

技巧4　从身份证号码中提取完整的出生日期

　　实例描述：在员工信息管理报表中，从身份证号码中提取持证人完整的出生日期，如"1980-01-01"这种形式。

　　达到目的：从身份证号码提取出生年份。

　　使用函数：CONCATENATE、LEN、MID

　　❶ 选中D2单元格，在公式编辑栏中输入公式：

=IF(LEN(B2)=15,CONCATENATE("19",MID(B2,7,2),"-",MID(B2,9,2),"-",MID(B2,11,2)),CONCATENATE(MID(B2,7,4),"-",MID(B2,11,2),"-",MID(B2,13,2))

　　按Enter键，即可从员工"李丽敏"身份证号码中提取出完整的出生日期，如图24-4所示。

D2　fx =IF(LEN(B2)=15,CONCATENATE("19",MID(B2,7,2),"-",MID(B2,9,2),"-",MID(B2,11,2)),CONCATENATE(MID(B2,7,4),"-",MID(B2,11,2),"-",MID(B2,13,2)))

	A	B	C	D	E	F
1	姓名	身份证号码	出生年份	完整出生日期		
2	李丽敏	342526198005128844	1980	1980-05-12		
3	张淑仪	345262197906232162	1979			
4	何飞	465423840212441	1984			

图24-4

　　❷ 将光标移到D2单元格的右下角，光标变成黑色十字形后，按住鼠标左键向下拖动进行公式填充，即可快速从其他员工的身份证号码中提取出完整的出生日期，如图24-5所示。

D2　fx =IF(LEN(B2)=15,CONCATENATE("19",MID(B2,7,2),"-",MID(B2,

	A	B	C	D	E	F
1	姓名	身份证号码	出生年份	完整出生日期		
2	李丽敏	342526198005128844	1980	1980-05-12		
3	张淑仪	345262197906232162	1979	1979-06-23		
4	何飞	465423840212441	1984	1984-02-12		
5	陈冲	482351901201457	1990	1990-12-01		
6	张毅	320222198807088000	1988	1988-07-08		
7						
8						
9						

图24-5

公式分析

①"=IF(LEN(B2)=15"，判断身份证号码是否为15位，如果判断为"真"（TURE），则执行公式的前半部分，即"CONCATENATE("19",MID(B2,7,2),"-",MID(B2,9,2),"-",MID(B2,11,2))"，反之执行后半部分。

②"CONCATENATE("19",MID(B2,7,2),"-",MID(B2,9,2),"-",MID(B2,11,2))"对19和15位身份证号码中提取的年月日进行合并，因为15位身份证号码提取的出生年份不包含19，所以要使用CONCATENATE函数将19与函数求得的值合并。

③"CONCATENATE(MID(B2,7,4),"-",MID(B2,11,2),"-", MID(B2,13,2)))"对从18位身份证号码中提取的年月日进行合并。

技巧5　从身份证号码中判别性别

实例描述：身份证号码中包含了持证人的性别信息，要想将这种信息提取出来，需要配合IF、LEN、MOD、MID几个函数来实现。

达到目的：从身份证号码中提取性别。

使用函数：IF、LEN、MOD、MID

❶ 选中E2单元格，在公式编辑栏中输入公式：

=IF(LEN(B2)=15,IF(MOD(MID(B2,15,1),2)=1,"男","女"),IF(MOD(MID(B2,17,1),2)=1,"男","女"))

按Enter键，即可从员工"李丽敏"身份证号码中提取出其性别，如图24-6所示。

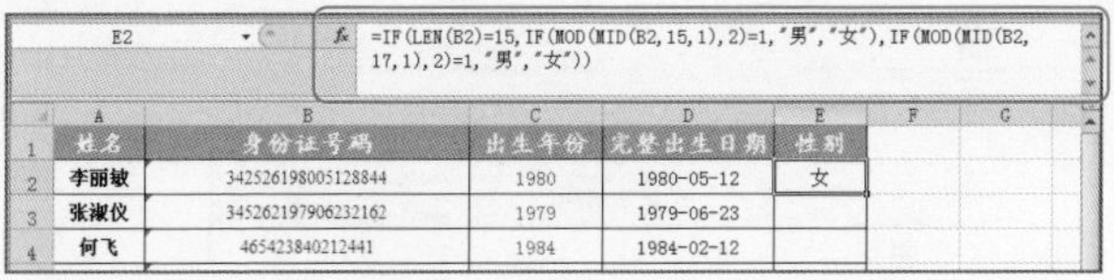

图24-6

❷ 将光标移到E2单元格的右下角，光标变成黑色十字形后，按住鼠标左键向下拖动进行公式填充，即可快速从其他员工的身份证号码中提取出员工的性别，如图24-7所示。

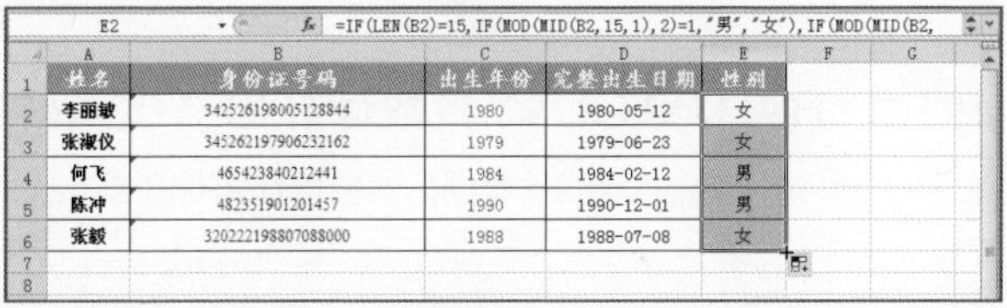

图24-7

公式分析

①"=IF(LEN(B2)=15",判断身份证号码是否为15位,如果判断为"真"(TURE),则执行IF(MOD(MID(B2,15,1),2)=1,"男","女"),反之执行"IF(MOD(MID(B2,17,1),2)=1,"男","女"))"。

②"MOD(MID(B2,15,1),2)=1",判断15位身份证号码的最后一位是否能被2整除;"MOD(MID(B2,17,1),2)=1,"男","女"))",判断18位身份证号码的最后一位是否能被2整除。

③"IF(MOD(MID(B2,15,1),2)=1,"男","女")",如果"(MOD(MID(B2,15,1),2)=1,"男","女")"成立,返回"男";反之返回"女";"IF(MOD(MID(B2,17,1),2)=1,"男","女")",如果"(MOD(MID(B2,175,1),2)=1,"男","女")"成立,返回"男";反之返回"女"。

技巧6　根据员工的出生日期快速计算其年龄

实例描述:如果要根据员工的出生日期快速计算出其年龄,则可以使用DATEDLF函数来实现。

达到目的:从身份证号码中提取出生年份。

使用函数:DATEDLF

❶ 选中D2单元格,在公式编辑栏中输入公式:

=DATEDIF(C2,TODAY(),"Y")

按Enter键,即可计算出第一位员工年龄。

❷ 将光标移到D2单元格的右下角,光标变成黑色十字形后,按住鼠标左键向下拖动进行公式填充,即可快速计算出其他员工的年龄,如图24-8所示。

	A	B	C	D	E
				fx =DATEDIF(C2,TODAY(),"Y")	
1	姓名	性别	出生日期	年龄	
2	李丽芬	女	1993-3-15	19	
3	葛景明	男	1982-5-26	29	
4	李阳	男	1981-6-1	30	
5	夏天	女	1989-12-14	22	
6					
7					

图24-8

技巧7　使用YRAR与TODAY函数计算出员工工龄

实例描述:当得知员工进入公司的日期后,使用YEAR和TODAY函数可以计算出员工工龄。

达到目的:计算员工工龄。

使用函数：YEAR、TODAY

1 选中E2单元格，在公式编辑栏中输入公式：

=YEAR(TODAY())-YEAR(D2)

按Enter键返回日期值，将光标移到E2单元格的右下角，光标变成黑色十字形后，按住鼠标左键向下拖动进行公式填充，如图24-9所示。

	A	B	C	D	E	F
	E2	▼	f_x =YEAR(TODAY())-YEAR(D2)			
1	编号	姓名	出生日期	入职日期	工龄	
2	KB001	李丽芬	1993-3-15	2006-5-13	1900-1-6	
3	KB002	葛景明	1982-5-26	2008-8-19	1900-1-4	
4	KB003	李阳	1981-6-1	2010-11-2	1900-1-2	
5	KB004	夏天	1989-12-14	2010-12-5	1900-1-2	
6	KB005	穆玉凤	1986-12-3	2005-2-17	1900-1-7	
7						

图24-9

2 选中"工龄"列函数返回的日期值，设置其单元格格式为"常规"，即可以根据入公司日期返回员工工龄，如图24-10所示。

	A	B	C	D	E	F
	E2	▼	f_x =YEAR(TODAY())-YEAR(D2)			
1	编号	姓名	出生日期	入职日期	工龄	
2	KB001	李丽芬	1993-3-15	2006-5-13	6	
3	KB002	葛景明	1982-5-26	2008-8-19	4	
4	KB003	李阳	1981-6-1	2010-11-2	2	
5	KB004	夏天	1989-12-14	2010-12-5	2	
6	KB005	穆玉凤	1986-12-3	2005-2-17	7	
7						

图24-10

技巧8　使用YRAR与TODAY函数计算出员工年龄

实例描述：当得知员工的出生日期之后，使用YEAR与TODAY函数可以计算出员工年龄。

达到目的：计算员工年龄。

使用函数：YEAR、TODAY

1 选中E2单元格，在公式编辑栏中输入公式：

=YEAR(TODAY())-YEAR(C2)

按Enter键返回日期值，将光标移到E2单元格的右下角，光标变成黑色十字形后，按住鼠标左键向下拖动进行公式填充，如图24-11所示。

图24-11

2 选中"年龄"列函数返回的日期值，重新设置其单元格格式为"常规"格式，即可以根据出生日期返回员工年龄，图24-12所示。

图24-12

技巧9　使用DATEDIF函数自动追加工龄工资

实例描述：财务部门在计算工龄工资时通常是以其工作年限来计算，如本例中实现根据入职年龄，每满一年，工龄工资自动增加50元。

达到目的：计算员工的工龄工资。

使用函数：DATEDIF

1 选中B2单元格，在公式编辑栏中输入公式：

```
=DATEDIF(A2,TODAY(),"y")*50,"
```

按Enter键返回日期值，按住鼠标左键向下拖动进行公式填充，如图24-13所示。

图24-13

❷ 选中"工龄工资"列函数返回的日期值，重新设置其单元格格式为"常规"，即可根据入职时间自动显示工龄工资，如图24-14所示。

	A	B	C	D	E	F
C2			fx =DATEDIF(E2,TODAY(),"y")*50			
1	员工姓名	入职时间	工龄工资			
2	李丽芬	2000-1-20	600			
3	葛景明	2005-5-20	300			
4	李阳	2008-8-16	150			
5	夏天	2009-12-1	100			
6	穆玉凤	2010-12-9	50			
7						
8						

图24-14

技巧10　统计出指定部门、指定职务的员工人数

实例描述：若要在档案中统计出指定部门、指定职务的员工人数，可以使用SUMPRODUCT函数来实现。

达到目的：查询指定的元素。

使用函数：SUMPRODUCT

❶ 选中G5单元格，在公式编辑栏中输入公式：

=SUMPRODUCT(($B$2:$B$12=E5)*($C$2:$C$12=F5))

按Enter键，即可从档案中统计出所属部门为"业务部"且职务为"职员"的人数。

❷ 将光标移到G5单元格的右下角，光标变成黑色十字形后，按住鼠标左键向下拖动进行公式填充，即可快速统计出指定部门、指定职务的员工人数，如图24-15所示。

	A	B	C	D	E	F	G	H
G5				fx =SUMPRODUCT(($B$2:$B$12=E5)*($C$2:$C$12=F5))				
1	员工姓名	所属部门	职务					
2	李丽丽	销售部	主管					
3	元彬	销售部	职员					
4	孙晓亮	财务部	职员		所属部门	职务	人数	
5	马鹏程	销售部	经理		销售部	职员	3	
6	张兴	财务部	总监		财务部	职员	2	
7	宁浩	销售部	职员		人事部	职员	0	
8	朱松林	财务部	职员					
9	林君	人事部	秘书					
10	徐丽丽	销售部	职员					
11	龚丽娜	人事部	职员					
12	丁子高	人事部	主任					
13								

图24-15

技巧11　使用IF函数计算个人所得税

实例描述：在企业中不同的工资额应缴的个人所得税税率是各不相同的，因此可以使用IF函数判断出当前员工应缴纳的税率，并自动计算出应缴的个人所得税。

达到目的：计算应缴个人所得税。

使用函数：IF

① 选中C2单元格，在公式编辑栏中输入公式：

=IF((B2-3500)<=1500,ROUND((B2-3500)*0.03,2),IF((B2-3500)<=4500,ROUND(((B2-3500)*0.1-105),2),IF((B2-3500)<=9000,ROUND((B2-3500)*0.2-555,2),IF((B2-3500)<=35000,ROUND((B2-3500)*0.25-1005,2),IF((B2-3500)<=55000,ROUND((B2-3500)*0.3-2755,2),IF((B2-3500)<=80000,ROUND((B2-3500)*0.35-5505,2),ROUND((B2-3500)*0.45-13505,2)))))))

按Enter键，即可根据员工工资总额计算出员工应缴纳的个人所得税。

② 将光标移到C2单元格的右下角，光标变成黑色十字形后，按住鼠标左键向下拖动进行公式填充，即可显示其他员工应缴的个人所得税，如图24-16所示。

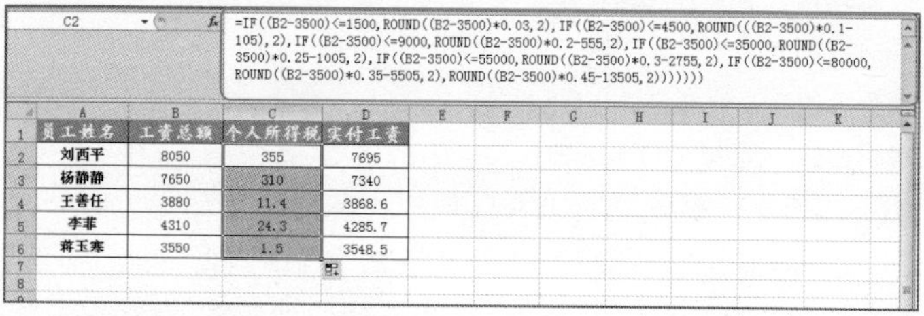

图24-16

专家提示

公式中后出现的25、125、375是个人所得税的速算扣除数，表15-1是标准的个人所得税税率速算扣除数。

表24-1 个人所得税税率表

级 数	全月应纳税所得额（含税）	税率（%）	速算扣除数
1	不超过1 500元	3	0
2	超过1 500元至4 500元的部分	10	105
3	超过4 500元至9 000元的部分	20	555
4	超过9 000元至3 5000元的部分	25	1 005
5	超过3 5000元至5 5000元的部分	30	2 755
6	超过5 5000元至80 000元的部分	35	5 505
7	超过80 000元的部分	45	13 505

第 **25** 章

函数在销售中的应用

技巧1　计算总销售额（得知每种产品的销售量与销售单价）

　　实例描述：在统计了每种产品的销售量与销售单价后，可以直接使用SUM函数统计出这一阶段的总销售额。

　　达到目的：统计某产品的销售总额。

　　使用函数：SUM

　　❶ 选中B8单元格，在公式编辑栏中输入公式：

　　=SUM(B2:B5*C2:C5)

　　❷ 按快捷键Ctrl+Shift+Enter（必须按此快捷键数组公式才能得到正确结果），即可通过销售数量和销售单价计算出总销售额，如图25-1所示。

	A	B	C	D	E
		B8		f_x {=SUM(B2:B5*C2:C5)}	
1	产品名称	销售数量	单价		
2	瑜伽服	20	216		
3	跳舞毯	60	228		
4	瑜伽垫	123	56		
5	登山鞋	68	235		
6					
7					
8	总销售额	40868			
9					

图25-1

技巧2　使用SUM函数统计不同时间段不同类别产品的销售笔数

　　实例描述：销售记录表是按日期进行统计的，而且根据不同的销售日期，销售产品的规格具有不确定性，此时需要分时间段来统计出不同规格产品的阶段销售笔数，统计表格与求解知识如下。

　　达到目的：统计某时间销售情况。

　　使用函数：SUM

　　❶ 选中F4单元格，在公式编辑栏中输入公式：

　　=SUM(($A$2:$A$11<$E4)*($B$2:$B$11=F$3))

　　按快捷键Ctrl+Shift+Enter即可统计出在"2012-2-1～2012-2-10"这个时间段中，规格为"名匠轩"的产品的销售笔数。

　　❷ 将光标移到F4单元格的右下角，光标变成黑色十字形后，按住鼠标左键向右下拖动进行公式填充，即可统计出在这个时间段其他产品的销售笔数，如图25-2所示。

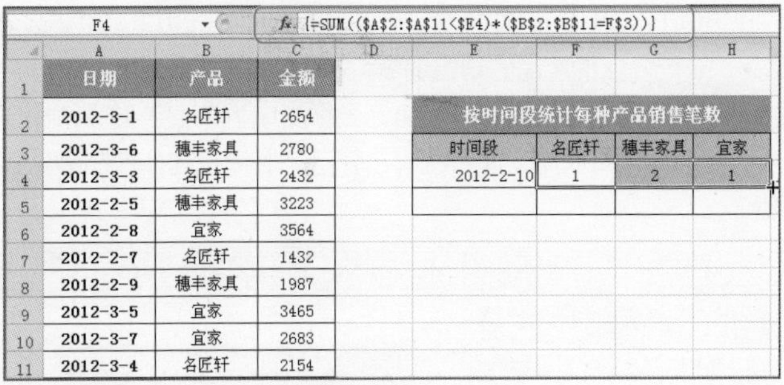

图25-2

③ 选中F5单元格，在公式编辑栏中输入公式：

=SUM(($A$2:$A$11<$E5)*($A$2:$A$11>$E4)*($B$2:$B$11=F$3))

按快捷键Ctrl+Shift+Enter，即可统计出在"2011-3-1～2011-3-10"这个时间段中，规格为"名匠轩"的产品的销售笔数。

④ 将光标移到F4单元格的右下角，光标变成黑色十字形后，按住鼠标左键向右下拖动进行公式填充，即可统计出这个时间段其他产品的销售笔数，如图25-3所示。

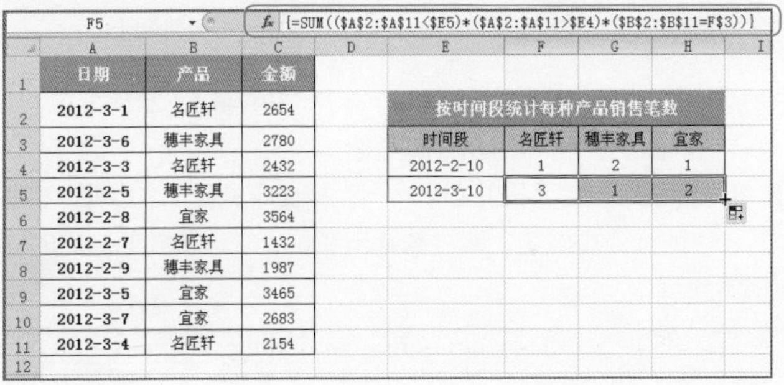

图25-3

技巧3　使用SUM函数统计不同时间段不同类别产品的销售金额

实例描述：销售记录表是按日期进行统计的，而且根据不同的销售日期，销售产品的规格具有不确定性，此时需要分时间段来统计出不同规格产品的阶段销售金额。

达到目的：统计不同时间不同产品的销售金额。

使用函数：SUM

① 选中F4单元格，在公式编辑栏中输入公式：

=SUM(($A$2:$A$11<$E4)*($B$2:$B$11=F$3)*($C$2:$C$11))

按快捷键Ctrl+Shift+Enter即可统计出在"2012-2-1～2012-2-10"这个时间段中，规格为"名匠轩"的产品的销售金额。

② 将光标移到F4单元格的右下角，光标变成黑色十字形后，按住鼠标左键向右下拖动进行公式填充，即可统计出在这个时间段其他产品的销售金额，如图25-4所示。

F4			f_x {=SUM(($A$2:$A$11<$E4)*($B$2:$B$11=F$3)*($C$2:$C$11))}					
	A	B	C	D	E	F	G	H	I
1	日期	产品	金额					
2	2012-3-1	名匠轩	2654		按时间段统计每种产品销售笔数			
3	2012-3-6	穗丰家具	2780		时间段	名匠轩	穗丰家具	宜家
4	2012-3-3	名匠轩	2432		2012-2-10	1432	5210	3564
5	2012-2-5	穗丰家具	3223		2012-3-10	3	1	2
6	2012-2-8	宜家	3564					
7	2012-2-7	名匠轩	1432					
8	2012-2-9	穗丰家具	1987					
9	2012-3-5	宜家	3465					
10	2012-3-7	宜家	2683					
11	2012-3-4	名匠轩	2154					
12								

图25-4

③ 选中F5单元格，在公式编辑栏中输入公式：

=SUM(($A$2:$A$11<$E5)*($A$2:$A$11>$E4)*($B$2:$B$11=F$3))

按快捷键Ctrl+Shift+Enter，即可统计出在"2011-3-1～2011-3-10"这个时间段中，规格为"名匠轩"的产品的销售金额。

④ 将光标移到F4单元格的右下角，光标变成黑色十字形后，按住鼠标左键向右下拖动进行公式填充，即可统计出在这个时间段其他产品的销售金额笔，如图25-5所示。

F5			f_x {=SUM(($A$2:$A$11<$E5)*($A$2:$A$11>$E4)*($B$2:$B$11=F$3)*($C$2:$C$11))}					
	A	B	C	D	E	F	G	H	I	J
1	日期	产品	金额					
2	2012-3-1	名匠轩	2654		按时间段统计每种产品销售笔数			
3	2012-3-6	穗丰家具	2780		时间段	名匠轩	穗丰家具	宜家
4	2012-3-3	名匠轩	2432		2012-2-10	1432	5210	3564
5	2012-2-5	穗丰家具	3223		2012-3-10	7240	2780	6148
6	2012-2-8	宜家	3564					
7	2012-2-7	名匠轩	1432					
8	2012-2-9	穗丰家具	1987					
9	2012-3-5	宜家	3465					
10	2012-3-7	宜家	2683					
11	2012-3-4	名匠轩	2154					

图25-5

技巧4　按业务发生时间进行汇总

实例描述：要实现按业务发生时间进行汇总，可以使用SUM函数来实现。例如本例中要统计出指定年份与月份下的出货数据合计值。

达到目的：统计数据综合。

使用函数：SUM

1 选中E2单元格，在公式编辑栏中输入公式：

=SUM((TEXT($A$2:$A$10,"yyyymm")=TEXT(D2,"yyyymm"))*$B$2:$B$10)

按快捷键Ctrl+Shift+Enter即可统计出2011年1月份出货数量合计值。

2 将光标移到E2单元格的右下角，光标变成黑色十字形后，按住鼠标左键向下拖动进行公式填充，即可分别统计出其他指定年份与月份中出货数量合计值，如图25-6所示。

	E2	▼						
	A	B	C	D	E	F	G	H
1	日期	出货数量		月份	数量合计			
2	2012-1-5	567		2012年1月	2758			
3	2012-1-20	1354		2012年2月	2223			
4	2012-1-29	837		2012年3月	2155			
5	2012-2-3	456						
6	2012-2-15	1135						
7	2012-2-20	632						
8	2012-3-3	358						
9	2012-3-5	832						
10	2012-3-8	965						
11								
12								

fx {=SUM((TEXT($A$2:$A$10,'yyyymm')=TEXT(D2,'yyyymm'))*$B$2:$B$10)}

图25-6

技巧5　统计某个时段之前或之后的销售总金额

实例描述：本例表格中按销售日期统计了产品的销售记录，现在要统计出前半月与后半月的销售金额，此时可以使用SUMIF函数来设计公式。

达到目的：统计前后半月销售金额。

使用函数：SUMIF

1 选中F4单元格，在公式编辑栏中输入公式：

=SUMIF(A2:A11,"<=2012-2-15",C2:C11)

按Enter键，即可统计出前半月销售金额，如图25-7所示。

	F4	▼	fx	=SUMIF(A2:A11,'<=2012-2-15',C2:C11)		
	A	B	C	D	E	F	G
1	日期	类别	金额				
2	2012-2-1	瑜伽服	228				
3	2012-2-3	跳舞毯	210				
4	2012-2-4	瑜伽垫	320		前半月销售金额	1868	
5	2012-2-8	跆拳道服	560				
6	2012-2-9	手套	200		后半月销售金额		
7	2012-2-12	头盔	350				
8	2012-2-18	瑜伽垫	450				
9	2012-2-20	瑜伽服	520				
10	2012-2-21	跆拳道服	360				
11	2012-2-25	跳舞毯	264				
12							

图25-7

2 选中F6单元格，在公式编辑栏中输入公式：

`=SUMIF(A2:A11,">2012-2-15",C2:C11)`

按Enter键，即可统计出后半月的销售金额，如图25-8所示。

	A	B	C	D	E	F
	日期	类别	金额			
2	2012-2-1	瑜伽服	228			
3	2012-2-3	跳舞毯	210			
4	2012-2-4	瑜伽垫	320		前半月销售金额	1868
5	2012-2-8	跆拳道服	560			
6	2012-2-9	手套	200		后半月销售金额	1594
7	2012-2-12	头盔	350			
8	2012-2-18	瑜伽垫	450			
9	2012-2-20	瑜伽服	520			
10	2012-2-21	跆拳道服	360			
11	2012-2-25	跳舞毯	264			
12						

图25-8

技巧6 使用SUMIF函数统计两种类别或多种类别品总销售金额

实例描述：在本例中按类别统计了销售记录表，此时需要统计出某两种或多种类别产品总销售金额，需要配合使用SUM函数与SUMIF函数来实现。

达到目的：统计多种产品销售总额。

使用函数：SUMIF、SUM

1 选中F4单元格，在公式编辑栏中输入公式：

`=SUM(SUMIF(B2:B11,{"瑜伽服","瑜伽垫"},C2:C11))`

2 按Enter键即可统计出"瑜伽服"与"瑜伽垫"两种产品总销售金额，如图25-9所示。

	A	B	C	D	E	F
	日期	类别	金额			
2	2012-2-1	瑜伽服	228			
3	2012-2-3	跳舞毯	210			
4	2012-2-4	瑜伽垫	320		瑜伽服瑜伽垫总合	1518
5	2012-2-8	跆拳道服	560			
6	2012-2-9	手套	200			
7	2012-2-12	头盔	350			
8	2012-2-18	瑜伽垫	450			
9	2012-2-20	瑜伽服	520			
10	2012-2-21	跆拳道服	360			
11	2012-2-25	跳舞毯	264			
12						

图25-9

技巧7 使用SUMIFS函数实现多条件统计

实例描述：本例中按日期、类别统计了销售记录。现在要使用SUMIFS函数统计出上半月中各类别产品的销售金额合计值。

达到目的：统计不同时间段的销售总额。

使用函数：SUMIFS

① 选中F4单元格，在公式编辑栏中输入公式：

=SUMIFS(C$2:C$11,A$2:A$11,"<=2012-2-15",B$2:B$11,E4)

按Enter键，即可统计出"瑜伽服"产品上半月的销售金额。

② 将光标移到F5单元格的右下角，光标变成黑色十字形后，按住鼠标左键向下拖动进行公式填充，即可快速统计出各类别产品上半月销售金额，如图25-10所示。

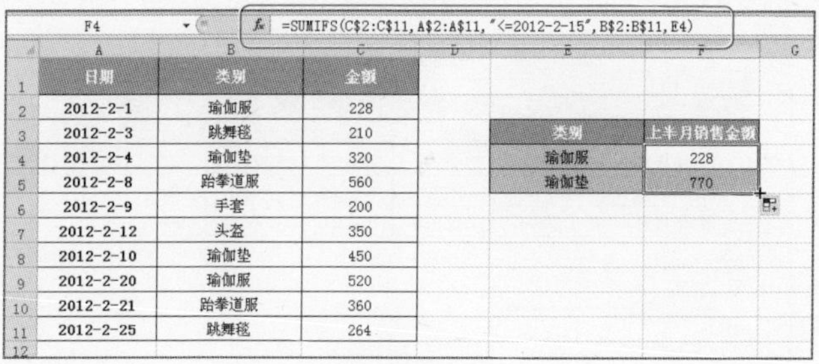

图25-10

技巧8　使用SUMIFS函数统计某一日期区域的销售金额

实例描述：本例中按日期、类别统计了销售记录。现在要使用SUMIFS函数统计出上半月中各类别产品的销售金额合计值。

达到目的：统计各类别的限售金额。

使用函数：SUMIFS

① 选中E5单元格，在公式编辑栏中输入公式：

=SUMIFS($C2:C11,A2:A11,">2012-2-10",A2:A11,"<2012-2-20")

② 按Enter键，即可统计出2012年2月中旬销售总金额，如图25-11所示。

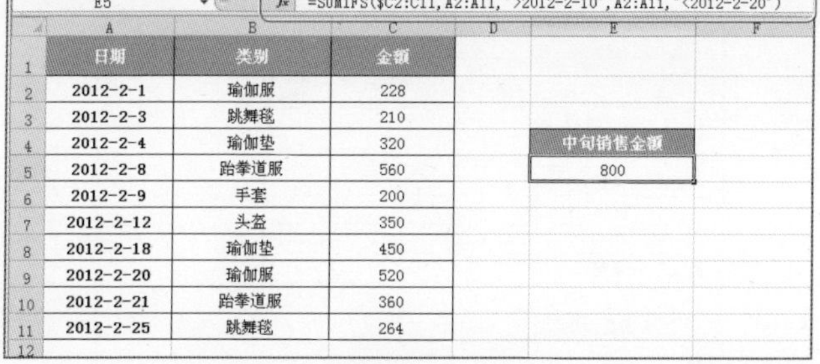

图25-11

技巧9 使用INT函数对平均销售量取整

实例描述：若要计算销售员三个月的产品平均销售量，可以使用INT函数来实现。

达到目的：计算产品每月平均销售量。

使用函数：INT

➊ 选中B7单元格，在公式编辑栏中输入公式：

=INT(B6/3)

➋ 按Enter键，即可计算出第一节度每月销售量，如图25-12所示。

	B7	▼	f_x =INT(B6/3)			
	A	B	C	D	E	F	G
1		宜家	丰穗家具	名匠轩	藤缘名居	一点家居	
2	1月销售量	88400	149860	770240	159340	282280	
3	2月销售量	62120	95320	582200	96520	182600	
4	3月销售量	125200	106520	562350	452600	98500	
5							
6	季度总销售量	3814050					
7	平均销售量	1271350					
8							
9							

图25-12

技巧10 使用SUMPRODUCT函数计算总销售额

实例描述：当统计了各类产品的销售量和销售单价后，可以使用SUMPRODUCT函数来计算产品总销售额。

达到目的：计算产品总销售额。

使用函数：SUMPRODUCT

➊ 选中B9单元格，在公式编辑栏中输入公式：

=SUMPRODUCT(B2:B7,C2:C7)

➋ 按Enter键，即可计算出产品总销售额，如图25-13所示。

	B9	▼	f_x =SUMPRODUCT(B2:B7,C2:C7)	
	A	B	C	D	E
1	销售产品	销售量	销售单价		
2	显示器	156	864		
3	主机箱	140	210		
4	键盘	280	65		
5	鼠标	389	24		
6	CPU	286	654		
7	音箱	364	187		
8					
9	总销售金额	446832			
10					

图25-13

技巧11 从销售统计表中统计指定类别产品的总销售额

实例描述：本例中按类别统计了销售记录表，此时需要统计出某两种或多种类别的产品总销售金额，可以直接使用SUMPRODUCT函数来实现。

达到目的：计算产品销售总额。

使用函数：SUMPRODUCT

❶ 选中F4单元格，在公式编辑栏中输入公式：

=SUMPRODUCT(((B2:B11="瑜伽服")+(B2:B11="瑜伽垫")),$C$2:$C$11)

❷ 按Enter键，即可统计出"瑜伽服"与"瑜伽垫"两种规格产品的总销售额，如图25-14所示。

	A	B	C	D	E	F	G
F4			fx	=SUMPRODUCT(((B2:B11="瑜伽服")+(B2:B11="瑜伽垫")),$C$2:$C$11)			
1	日期	类别	金额				
2	2012-2-1	瑜伽服	228				
3	2012-2-3	跳舞毯	210				
4	2012-2-4	瑜伽垫	320		瑜伽服瑜伽垫总金额	1518	
5	2012-2-8	跆拳道服	560				
6	2012-2-9	手套	200				
7	2012-2-12	头盔	350				
8	2012-2-18	瑜伽垫	450				
9	2012-2-20	瑜伽服	520				
10	2012-2-21	跆拳道服	360				
11	2012-2-25	跳舞毯	264				
12							

图25-14

技巧12 使用SUMPRODUCT函数同时统计出某两种型号产品的销售件数

实例描述：在产品销售报表中，若要统计指定型号的产品销售件数（例如，统计KB_a和KB_b产品型号的销售件数），可以使用SUMPRODUCT函数来实现。

达到目的：同时计算销售件数。

使用函数：SUMPRODUCT

❶ 选中E4单元格，在公式编辑栏中输入公式：

=SUMPRODUCT((($A$2:$A$7="KB_a")+($A$2:$A$7="KB_b")),$B$2:$B$7)

❷ 按Enter键，即可计算出产品型号为KB_a和KB_b的销售件数，如图25-15所示。

	A	B	C	D	E	F	G	H
E4				fx	=SUMPRODUCT((($A$2:$A$7="KB_a")+($A$2:$A$7="KB_b")),$B$2:$B$7)			
1	产品型号	销售件数						
2	KB_a	23						
3	KB_b	16						
4	KB_c	24		统计KB_a和KB_b产品型号的销售件数：	72			
5	KB_a	16						
6	KB_e	28						
7	KB_a	17						
8								
9								

图25-15

技巧13 按指定条件求销售平均值

实例描述：在企业各部门的产品销售量统计报表中，计算出各部门的产品平均销售量。

达到目的：统计平均销售量。

使用函数：AVERAGE

❶ 选中F4单元格，在公式编辑栏中输入公式：

```
=AVERAGE(IF($B$2:$B$13=E4,$C$2:$C$13))
```

按快捷键Ctrl+Shift+Enter，即可计算出“销售1部”的平均销售量。

❷ 将光标移到F4单元格的右下角，光标变成黑色十字形后，按住鼠标左键向下拖动进行公式填充，即可计算出其他部门的平均销售量，如图25-16所示。

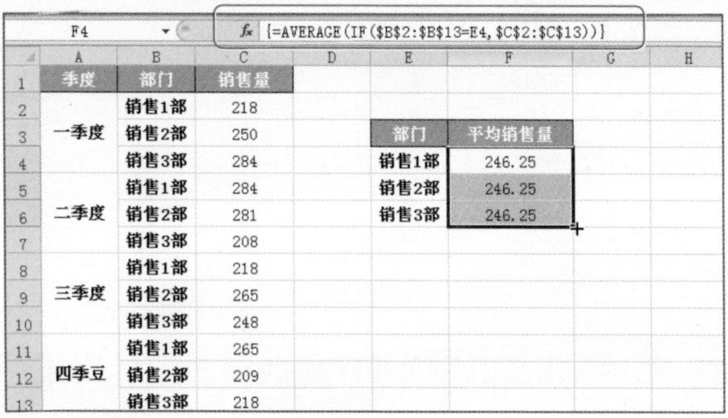

F4 | fx | {=AVERAGE(IF($B$2:$B$13=E4,$C$2:$C$13))}

	A	B	C	D	E	F	G	H
1	季度	部门	销售量					
2		销售1部	218					
3	一季度	销售2部	250		部门	平均销售量		
4		销售3部	284		销售1部	246.25		
5		销售1部	284		销售2部	246.25		
6	二季度	销售2部	281		销售3部	246.25		
7		销售3部	208					
8		销售1部	218					
9	三季度	销售2部	265					
10		销售3部	248					
11		销售1部	265					
12	四季豆	销售2部	209					
13		销售3部	218					

图25-16

技巧14 使用COUNT函数统计销售记录条数

实例描述：在员工产品销售数据统计报表中，统计记录的销售记录的销售记录条数。

达到目的：统计出销售记录条数。

使用函数：COUNT

❶ 选中C12单元格，在公式编辑栏中输入公式：

```
=COUNT(A2:C10)
```

❷ 按Enter键，即可统计出销售记录条数为“9”，如图25-17所示。

技巧15 使用COUNTIF函数避免重复输入

实例描述：从产品销售记录表中提取今日已售产品名称，重复出现者忽略。

达到目的：避免重复数据的输入。

使用函数：COUNTIF

❶ 选中D2单元格，在公式编辑栏中输入公式：

=INDEX(B:B,MATCH(0,COUNTIF($D$1:D1,B$2:B$11),0)+1)

按快捷键Ctrl+Shift+Enter即可返回第一个产品名称。

❷ 将光标移到D2单元格的右下角，光标变成黑色十字形后，按住鼠标左键向下拖动进行公式填充，即可统计出其他已销售产品，如图25-18所示。

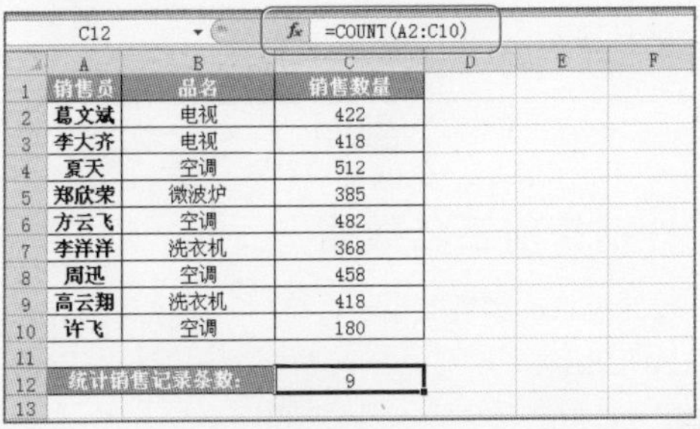

C12　=COUNT(A2:C10)

	A	B	C
1	销售员	品名	销售数量
2	葛文斌	电视	422
3	李大齐	电视	418
4	夏天	空调	512
5	郑欣荣	微波炉	385
6	方云飞	空调	482
7	李洋洋	洗衣机	368
8	周迅	空调	458
9	高云翔	洗衣机	418
10	许飞	空调	180
11			
12	统计销售记录条数:		9

图25-17

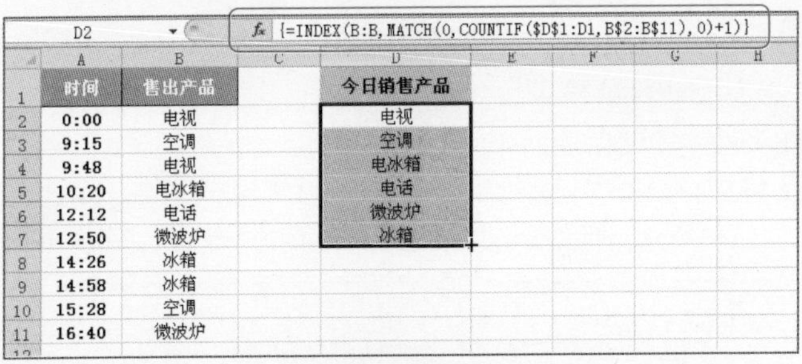

D2　{=INDEX(B:B,MATCH(0,COUNTIF($D$1:D1,B$2:B$11),0)+1)}

	A	B	C	D
1	时间	售出产品		今日销售产品
2	0:00	电视		电视
3	9:15	空调		空调
4	9:48	电视		电冰箱
5	10:20	电冰箱		电话
6	12:12	电话		微波炉
7	12:50	微波炉		冰箱
8	14:26	冰箱		
9	14:58	冰箱		
10	15:28	空调		
11	16:40	微波炉		

图25-18

技巧16　统计指定区域中满足多个条件记录数目

实例描述：根据统计的产品的销售记录，统计出指定类别产品的销售记录条数，可使用COUNTIFS函数来设置多重条件。

达到目的：统计出指定产品的销售记录条数。

使用函数：COUNTIFS

❶ 选中F4单元格，在公式编辑栏中输入公式：

=COUNTIFS($B$2:$B$11,E4,$A$2:$A$11,"<2011-9-15")

按Enter键，即可统计出“电视”的销售记录条数为“2”。

❷ 将光标移到F4单元格的右下角，光标变成黑色十字形后，按住鼠标左键向下拖动进行公式填充，即可统计出其他产品上半月的销售记录条数，如图25-19所示。

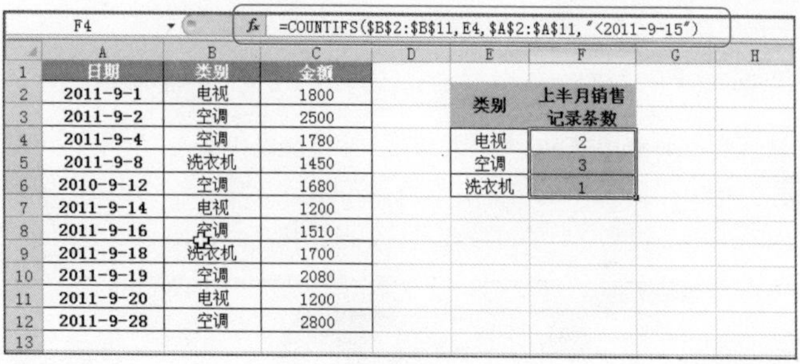
F4 =COUNTIFS($B$2:$B$11,E4,$A$2:$A$11,"<2011-9-15")

	A	B	C	D	E	F
1	日期	类别	金额			
2	2011-9-1	电视	1800		类别	上半月销售记录条数
3	2011-9-2	空调	2500			
4	2011-9-4	空调	1780		电视	2
5	2011-9-8	洗衣机	1450		空调	3
6	2010-9-12	空调	1680		洗衣机	1
7	2011-9-14	电视	1200			
8	2011-9-16	空调	1510			
9	2011-9-18	洗衣机	1700			
10	2011-9-19	空调	2080			
11	2011-9-20	电视	1200			
12	2011-9-28	空调	2800			

图25-19

技巧17　统计销售前三名数据

实例描述： 根据统计的销售数据表，统计一季度中前三名的销售量分别为多少，可以使用LARGE函数。

达到目的： 统计出前三名数据。

使用函数： LARGE

❶ 选中C7单元格，在公式编辑栏中输入公式：

```
=LARGE($B$2:$E$4,B7)
```

按Enter键，即可返回B2:E4单元格区域中的最大值。

❷ 将光标移到C7单元格的右下角，光标变成黑色十字形后，按住鼠标左键向下拖动进行公式填充，即可快速返回第2名、第3名的销售数量，如图25-20所示。

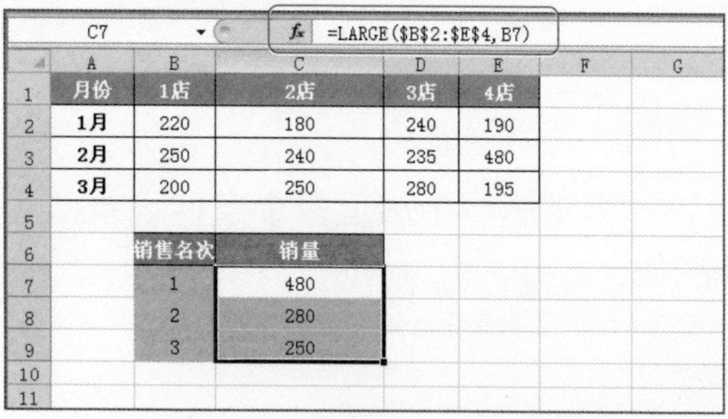
C7 =LARGE($B$2:$E$4,B7)

	A	B	C	D	E
1	月份	1店	2店	3店	4店
2	1月	220	180	240	190
3	2月	250	240	235	480
4	3月	200	250	280	195
5					
6		销售名次	销量		
7		1	480		
8		2	280		
9		3	250		

图25-20

技巧18　使用MAX（MIN）函数统计最高（最低）销售量

实例描述： 可以使用MAX（MIN）函数返回最高（最低）销售量。

达到目的： 统计出最高或最销售量。

使用函数： MAX、MIN

❶ 选中B6单元格，在公式编辑栏中输入公式：

=MAX(B2:E4)

按Enter键，即可返回B2:E4单元格区域中最大值，如图25-21所示。

B6　fx =MAX(B2:E4)

	A	B	C	D	E
1	月份	百大店	鼓楼店	女人街店	四牌楼店
2	1月	400	380	280	190
3	2月	620	468	265	290
4	3月	480	320	180	156
5					
6	最高销量	620			
7	最低销量				
8					
9					

图25-21

❷ 选中B7单元格，在公式编辑栏中输入公式：

=MIN(B2:E4)

按Enter键，即可返回B2:E4单元格区域中最小值，如图25-22所示。

B7　fx =MIN(B2:E4)

	A	B	C	D	E
1	月份	百大店	鼓楼店	女人街店	四牌楼店
2	1月	400	380	280	190
3	2月	620	468	265	290
4	3月	480	320	180	156
5					
6	最高销量	620			
7	最低销量	156			
8					
9					
10					

图25-22

技巧19　计算销售提成

实例描述： 在员工产品销售统计报表中，根据总销售金额自动返回每位员工的销售提成率。

达到目的： 计算员工的销售提成率。

使用函数： HLOOKUP

❶ 设置销售成绩区间所对应的提成率。选中D2单元格，在公式编辑栏中输入公式：

=HLOOKUP(C3,$A$9:$E$11,3)

按Enter键，即可获取员工“吴媛媛”的销售业绩提成率为“8%”。

❷ 将光标移到D2单元格的右下角，光标变成黑色十字形后，按住鼠标左键向下拖动进行公式填充，即可获取其他员工的销售业绩提成率，如图25-23所示。

D3 =HLOOKUP(C3,$A$9:$E$11,3)

	A	B	C	D	E
1	销售人员业绩分析				
2	姓名	销售数量	销售金额	提成率	业绩奖金
3	吴媛媛	350	88400	8.00%	
4	孙飞飞	220	149860	10.00%	
5	滕念	545	770240	15.00%	
6	廖可	450	159340	15.00%	
7	彭宇	305	282280	15.00%	
8					
9	销售额	0	50001	100001	150001
10		50000	100000	150000	
11	提成率	0.05	0.08	0.1	0.15

图25-23

技巧20　使用VLOOKUP函数进行查询

实例描述：实现根据编号查询指定员工的销售数据，使用VLOOKUP函数的操作如下。

达到目的：查询销售数据。

使用函数：VLOOKUP

❶ 建立相应查询列标识，并输入要查询的编号。选中B9单元格，在公式编辑栏中输入公式：

=VLOOKUP($A$9,$A$2:$D$6,COLUMN(B1),FALSE)

按Enter键，即可得到编号为“KB-003”的员工姓名。

❷ 将光标移到B9单元格的右下角，光标变成黑色十字形后，按住鼠标左键向右拖动进行公式填充，即可获取其他编号员工的相关销售信息，如图25-24所示。

B9 =VLOOKUP($A$9,$A$2:$D$6,COLUMN(B1),FALSE)

	A	B	C	D	E	F
1	员工编号	员工姓名	总销售额（万）	名次		
2	KB-001	葛文斌	48.75	4		
3	KB-002	李大齐	49.50	3		
4	KB-003	夏天	68.84	2		
5	KB-004	郑欣荣	70.22	1		
6	KB-005	李慧君	30.08	5		
7						
8	查询员工编号	员工姓名	总销售额（万）	名次		
9	KB-003	夏天	68.84	2		
10						
11						

图25-24

技巧21　使用INDEX函数实现查找（数组型）

实例描述：在产品销售统计报表中，查找销售员指定季度的产品销售数量。

达到目的： 查询销售产品数量。

使用函数： INDEX

❶ 选中C7单元格，在公式编辑栏中输入公式：

=INDEX(A2:F5,2,4)

按Enter键，即可查找到“滕念”第三季度产品销售量，如图25-25所示。

C7　fx =INDEX(A2:F5,2,4)

	A	B	C	D	E	F
1	销售员	第一季度销售量	第二季度销售量	第三季度销售量	第四季度销售量	总销售量
2	孙飞飞	152	250	158	120	680
3	滕念	153	186	123	136	598
4	廖可	163	163	156	158	640
5	彭宇	105	120	325	147	697
6						
7	滕念第三季度销售量:		123			
8	廖可总销售量:					
9						

图25-25

❷ 选中C8单元格，在公式编辑栏中输入公式：

=INDEX(A2:F5,4,6)

按Enter键，即可查找到销售员“廖可”全年总销售量，如图25-26所示。

C8　fx =INDEX(A2:F5,4,6)

	A	B	C	D	E	F
1	销售员	第一季度销售量	第二季度销售量	第三季度销售量	第四季度销售量	总销售量
2	孙飞飞	152	250	158	120	680
3	滕念	153	186	123	136	598
4	廖可	163	163	156	158	640
5	彭宇	105	120	325	147	697
6						
7	滕念第三季度销售量:		123			
8	廖可总销售量:		697			
9						

图25-26

技巧22　使用INDEX配合其他函数实现查询出满足同一条件的所有记录

实例描述： 本例中统计了各个门面的销售情况，现在要实现将某一个店面的所有记录都依次显示出来。我们可以使用INDEX函数配合SMALL和ROW函数来实现。

达到目的： 显示店面销售记录。

使用函数： INDEX、SMALL、ROW

❶ 在工作表中建立查询表。选中F4:F11单元格区域，在编辑栏中输入公式：

=IF(ISERROR(SMALL(IF(($A$2:$A$11=$H$1),ROW(2:11)),ROW(1:11))),"",INDEX(A:A,SMALL(IF(($A$2:$A$11=$H$1),ROW(2:11)),ROW(1:11))))

同时按快捷键Ctrl+Shift+Enter，可一次性将A列中所有等于H1单元格中指定的店面的记录都显示出来。

❷ 选中F4:F11单元格，将光标移到右下角，光标变成黑色十字形后，按住鼠标左键向右拖动进行公式填充，即可得到H1单元格中指定店面的所有记录，如图25-27所示。

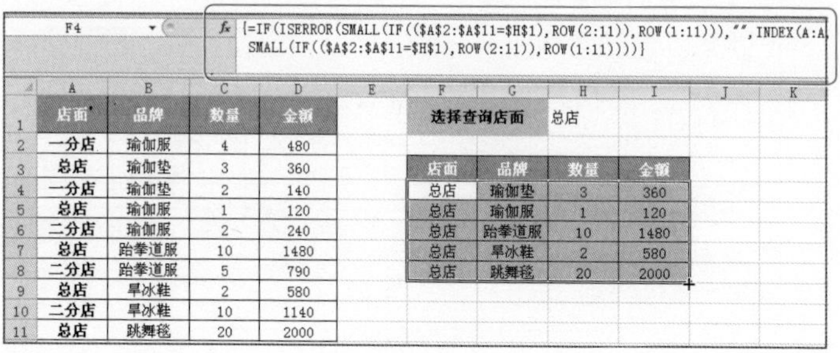

店面	品牌	数量	金额
一分店	瑜伽服	4	480
总店	瑜伽垫	3	360
一分店	瑜伽垫	2	140
总店	瑜伽服	1	120
二分店	瑜伽服	2	240
总店	跆拳道服	10	1480
二分店	跆拳道服	5	790
总店	旱冰鞋	2	580
二分店	旱冰鞋	10	1140
总店	跳舞毯	20	2000

店面	品牌	数量	金额
总店	瑜伽垫	3	360
总店	瑜伽服	1	120
总店	跆拳道服	10	1480
总店	旱冰鞋	2	580
总店	跳舞毯	20	2000

图25-27

❸ 当需要查询其他店面的销售记录时，只需要在H1单元格中重新选择店面名称即可，如图25-28所示。

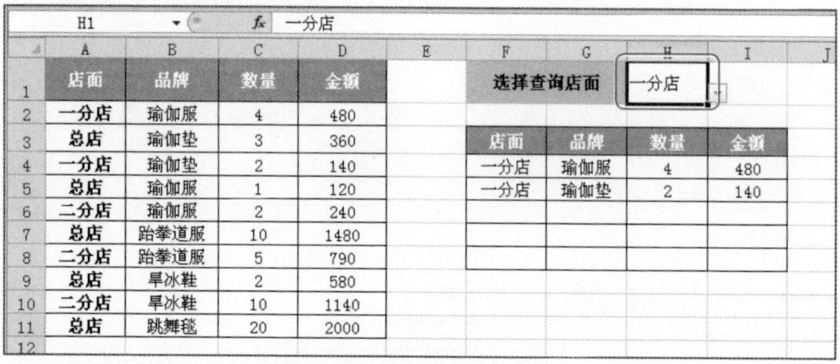

店面	品牌	数量	金额
一分店	瑜伽服	4	480
总店	瑜伽垫	3	360
一分店	瑜伽垫	2	140
总店	瑜伽服	1	120
二分店	瑜伽服	2	240
总店	跆拳道服	10	1480
二分店	跆拳道服	5	790
总店	旱冰鞋	2	580
二分店	旱冰鞋	10	1140
总店	跳舞毯	20	2000

店面	品牌	数量	金额
一分店	瑜伽服	4	480
一分店	瑜伽垫	2	140

图25-28

技巧23　统计特定产品的总销售数量

实例描述： 在销售统计数据库中，若要统计特定产品的总销售数量，可以使用DSUM函数来实现。

达到目的： 统计纽曼MP4的总销售数量。

使用函数： DSUM

❶ 在C14:C15单元格区域中设置条件，其中包括列标识，产品名称为“纽曼MP4”。

❷ 选中D15单元格，在公式编辑栏中输入公式：

```
=DSUM(A1:F12,4,C14:C15)
```

按Enter键，即可在销售报表中统计出产品名称为"纽曼MP4"的总销售数量，如图25-29所示。

	A	B	C	D	E	F
	销售日期	产品名称	销售单价	销售数量	销售金额	销售员
2	2011-3-1	纽曼MP4	320	16	5120	刘勇
3	2011-3-1	飞利浦音箱	350	20	7000	马梅
4	2011-3-2	三星显示器	1040	8	8320	吴小华
5	2011-3-2	飞利浦音箱	345	21	7245	唐虎
6	2011-3-2	纽曼MP4	325	32	10400	马梅
7	2011-3-3	三星显示器	1030	24	24720	吴小华
8	2011-3-4	纽曼MP4	330	33	10890	刘勇
9	2011-3-4	飞利浦音箱	370	26	9620	吴小华
10	2011-3-5	纽曼MP4	335	18	6030	马梅
11	2011-3-5	三星显示器	1045	8	8360	吴小华
12	2011-3-6	飞利浦音箱	350	10	3500	唐虎
13						
14			产品名称	销售数量		
15			纽曼MP4	99		
16						

D15 =DSUM(A1:F12,4,C14:C15)

图25-29

技巧24　统计出去除某一位或多位销售员之外的销售数量

实例描述：要实现统计出去除某一位或多位销售员之外的销售数量，关键仍然在于条件的设置，具体操作如下。

达到目的：统计除刘勇与马梅之外的销售数量。

使用函数：DSUM

① 在E3:G4单元格区域中设置条件，其中要包括列标识，然后分别在F4、G4单元格中设置条件为"<>刘勇、<>马梅"，表示不统计这两位销售员的销售数量。

② 选中E6单元格，在公式编辑栏中输入公式：

=DSUM(A1:C12,2,E3:G4)

按Enter键，即可计算出去除"刘勇"和"马梅"两位销售员的所有销售数量之和，如图25-30所示。

	A	B	C	D	E	F	G	H
1	销售日期	销售数量	销售员			条件设置		
2	2012-3-1	16	刘勇					
3	2012-3-1	20	马梅			销售员	销售员	销售员
4	2012-3-2	15	吴小华				<>刘勇	<>马梅
5	2012-3-2	21	唐虎			计算结果		
6	2012-3-2	32	马梅			104		
7	2012-3-3	24	吴小华					
8	2012-3-4	33	刘勇					
9	2012-3-4	26	吴小华					
10	2012-3-5	18	马梅					
11	2012-3-5	8	吴小华					
12	2012-3-6	10	唐虎					
13								
14								

E6 =DSUM(A1:C12,2,E3:G4)

图25-30

技巧25　模糊统计某一类型的销售数量

实例描述：产品编号中有B和以B开头的其他编号，在统计B编号产品销售数量时出错，具体为统计结果将以B开头的其他编号产品的销售数量也统计进来，此时要实现只统计出编号B产品的销售数量。

达到目的：统计编号为B的销售数量。

使用函数：DSUM

❶ 选中F5单元格，在公式编辑栏中输入公式：

=DSUM(A1:C10,3,E4:E5)

按Enter键得到错误的计算结果（通过数据表可以看到，编号为B的产品销售数量并非为94），如图25-31所示。

	F5		*fx*	=DSUM(A1:C10, 3, E4:E5)	
	A	B	C	D	E	F
1	销售日期	产品编号	销售数量			
2	2012-3-1	B	16			
3	2012-3-1	BWO	20		返回结果错误	
4	2012-3-2	ABW	15		产品编号	销售数量
5	2012-3-3	BUUD	24		B	94
6	2012-3-4	AXCC	33			
7	2012-3-4	BOUC	26		正确的结果	
8	2012-3-5	PIA	18		产品编号	销售数量
9	2012-3-5	B	8		=B	
10	2012-3-6	PIA	10			
11						

图25-31

❷ 出现这种统计错误是因为数据库函数是按模糊匹配的，设置的条件B表示以B开头的字段，因此编号B和以B开头的字段都被计算进来。此时需要完整匹配字符串，选中E9单元格，设置公式为"="=B""，如图25-32所示。

	E9		*fx*	="=B"	
	A	B	C	D	E	F
1	销售日期	产品编号	销售数量			
2	2012-3-1	B	16			
3	2012-3-1	BWO	20		返回结果错误	
4	2012-3-2	ABW	15		产品编号	销售数量
5	2012-3-3	BUUD	24		B	94
6	2012-3-4	AXCC	33			
7	2012-3-4	BOUC	26		正确的结果	
8	2012-3-5	PIA	18		产品编号	销售数量
9	2012-3-5	B	8		=B	
10	2012-3-6	PIA	10			
11						

图25-32

❸ 选中F9单元格，在公式编辑栏中输入公式：

=DSUM(A1:C10,3,E8:E9)

按Enter键得到正确的计算结果，如图25-33所示。

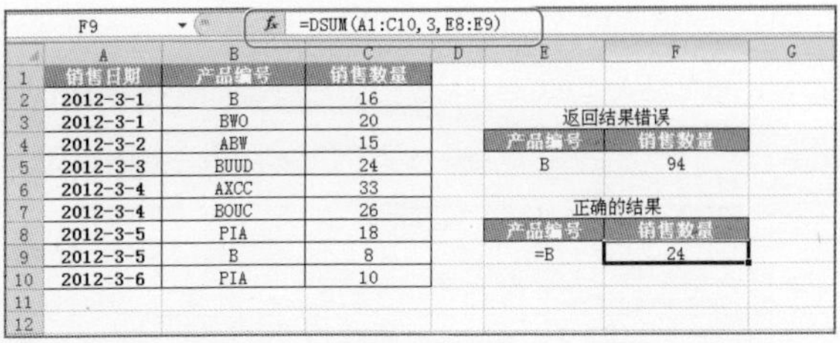

图25-33

技巧26　计算出指定销售日期之前或之后平均销售金额

实例描述：要计算出指定销售日期之前或之后平均销售金额，可以使用DAVERAGE函数来实现，不过关键还是在于条件的设置。

达到目的：统计平均销售金额。

使用函数：DAVERAGE

❶ 在C14:C15单元格区域中设置条件，销售日期"＞=2012-3-3"。

❷ 选中D15单元格，在公式编辑栏中输入公式：

```
=DAVERAGE(A1:F12,5,C14:C15)
```

按Enter键即可统计出销售日期大于等于2012-3-3的平均销售金额，如图25-34所示。

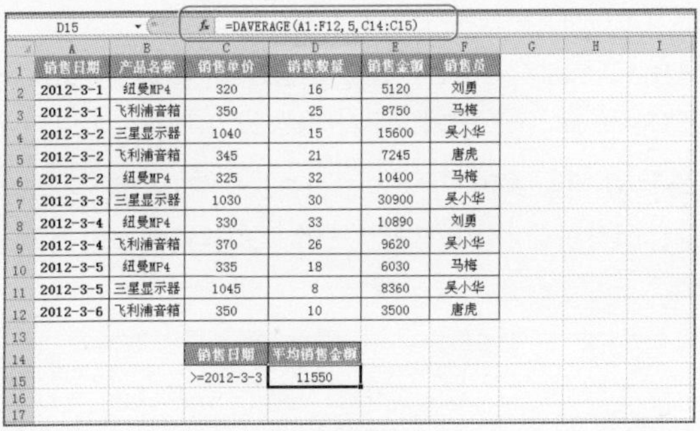

图25-34

技巧27　统计满足条件的记录条数

实例描述：在销售统计数据库中，若要统计出销售数量>20件的记录条数，可以使用DCOUNT函数来实现。

达到目的：统计销售数量大量>20的记录条数。

使用函数：DCOUNT

❶ 在C14:C15单元格区域中设置条件，其中包括列标识，销售数量">20"。

② 选中D15单元格，在公式编辑栏中输入公式：

> =DCOUNT(A1:F12,4,C14:C15)

按Enter键，即可统计出销售数量大于20的记录条数，如图25-35所示。

	A	B	C	D	E	F	G
	D15		ƒx	=DCOUNT(A1:F12,4,C14:C15)			
1	销售日期	产品名称	销售单价	销售数量	销售金额	销售员	
2	2012-3-1	纽曼MP4	320	16	5120	刘勇	
3	2012-3-1	飞利浦音箱	350	25	8750	马梅	
4	2012-3-2	三星显示器	1040	15	15600	吴小华	
5	2012-3-2	飞利浦音箱	345	21	7245	唐虎	
6	2012-3-2	纽曼MP4	325	32	10400	马梅	
7	2012-3-3	三星显示器	1030	30	30900	吴小华	
8	2012-3-4	纽曼MP4	330	33	10890	刘勇	
9	2012-3-4	飞利浦音箱	370	26	9620	吴小华	
10	2012-3-5	纽曼MP4	335	18	6030	马梅	
11	2012-3-5	三星显示器	1045	8	8360	吴小华	
12	2012-3-6	飞利浦音箱	350	10	3500	唐虎	
13							
14			销售日期	记录条数			
15			>20	11			
16							

图25-35

技巧28　使用DCOUNT函数实现双条件统计

实例描述：要实现统计出产品销售数量大于20且销售员为指定名称的记录条数。

达到目的：统计大于20且销售人员为刘勇的销售记录。

使用函数：DCOUNT

① 在C14:D15单元格区域中设置条件，销售数量"≥20"、销售员"刘勇"。

② 选中E15单元格，在公式编辑栏中输入公式：

> =DCOUNT(A1:F12,4,C14:D15)

按Enter键，即可统计出销售数量大于等于20且销售员为刘勇的记录条数，如图25-36所示。

	A	B	C	D	E	F	G
	E15		ƒx	=DCOUNT(A1:F12,4,C14:D15)			
1	销售日期	产品名称	销售单价	销售数量	销售金额	销售员	
2	2012-3-1	纽曼MP4	320	16	5120	刘勇	
3	2012-3-1	飞利浦音箱	350	25	8750	马梅	
4	2012-3-2	三星显示器	1040	15	15600	吴小华	
5	2012-3-2	飞利浦音箱	345	21	7245	唐虎	
6	2012-3-2	纽曼MP4	325	32	10400	马梅	
7	2012-3-3	三星显示器	1030	30	30900	吴小华	
8	2012-3-4	纽曼MP4	330	33	10890	刘勇	
9	2012-3-4	飞利浦音箱	370	26	9620	吴小华	
10	2012-3-5	纽曼MP4	335	18	6030	马梅	
11	2012-3-5	三星显示器	1045	8	8360	吴小华	
12	2012-3-6	飞利浦音箱	350	10	3500	唐虎	
13							
14			销售日期	销售员	记录条数		
15			>20	刘勇	2		
16							

图25-36